大型复杂边坡灾害防控技术与工程实践

王旭春　张　鹏　王晓磊　朱　珍　著

科 学 出 版 社
北京

内 容 简 介

本书以安太堡露天矿高陡边坡滑坡监测工程为背景，运用理论分析、现场试验、数值计算等方法，对大型露天矿复杂边坡稳定性分析和滑坡监测预警进行了系统研究。主要内容包括边坡稳定性分析方法、复杂高陡边坡变形破坏机制、大型露天矿复杂边坡位移-滑动力耦合监测预警体系建立、滑坡灾害防治工程以及防治效果评价等。

本书可供采矿、水利工程、工业民用建筑、道路工程等领域的科研工作者、工程技术人员及高校师生参考。

图书在版编目（CIP）数据

大型复杂边坡灾害防控技术与工程实践 / 王旭春等著. —北京：科学出版社，2024.6

ISBN 978-7-03-051518-6

Ⅰ. ①大… Ⅱ. ①王… Ⅲ. ①边坡稳定性-研究 Ⅳ. ①TV698.2

中国版本图书馆CIP数据核字（2016）第324069号

责任编辑：李 雪 / 责任校对：王萌萌

责任印制：师艳茹 / 封面设计：无极书装

科学出版社 出版

北京东黄城根北街16号

邮政编码：100717

http://www.sciencep.com

北京厚诚则铭印刷科技有限公司印刷

科学出版社发行 各地新华书店经销

*

2024年6月第 一 版 开本：720×1000 B5

2024年6月第一次印刷 印张：14

字数：282 000

定价：128.00元

（如有印装质量问题，我社负责调换）

前　言

我国传统的矿产资源生产模式是以地下开采为主，露天开采为辅。改革开放以后，露天开采工艺的改进、新型开采设备的投入以及先进管理理念的引入，极大地促进了我国露天采矿事业的发展与进步。然而，随着露天矿的开采深度不断增加，露天矿边坡的稳定性问题日渐显露。采场边坡不断地加高，形成了许多高陡边坡，这些高陡边坡的稳定性直接威胁着矿山人员、设备及周边建(构)筑物的安全并严重影响生产的连续性。因此，针对露天矿边坡工程的灾害防治及其控制对策，开展深入系统的研究，建立大型露天矿边坡灾害评价体系、监测预警体系、应急及防治体系，具有重大的理论意义和工程实用价值。

位于山西朔州的安太堡露天煤矿是我国规模最大的露天煤矿之一，其总面积达 376km^2，地质储量达 126 亿 t，边坡高而陡，高度均在 200m 以上，最高达 400m 以上。本书研究对象区域位于安太堡露天矿的西北帮下露天转地下斜井开采两层煤，高峰年产 1500 万 t。需要重点研究防控的是长 1700m、高 330m 环状边坡区域，下方有一对斜井井筒、工业广场和运输通道，是较为复杂的复合动态系统，在多因素相互干扰和叠加下，露天采坑岩体应力状态和变化过程不同于单一条件下的开采，在岩体移动和变形范围、过程和机理方面也较为复杂。同时，由于长期受风吹日晒、雨水冲刷入渗等自然营力的作用，采场边坡表层岩体结构日渐松散，矿区排水能力弱，地表水、地下水及施工用水的汇积侵蚀边坡坡脚，且西北帮区域内有较大断层构造，边坡上方有大型排土场堆载，坡体内部存在小煤窑及采空区，导致边坡整体稳定性差。

本书以采场影响下安太堡露天矿高陡边坡工程实例为背景，运用理论分析、现场试验、数值计算等方法，对大型露天矿复杂边坡进行了系统研究。主要介绍边坡稳定性分析方法；研究复杂高陡边坡变形破坏机制；应用位移-滑动力耦合监测手段建立适用于大型露天矿复杂边坡的稳定性监测预警体系；实施滑坡灾害防治工程，并对其防治效果进行评价。

全书共分为 8 章。第 1 章阐述大型露天矿高陡边坡研究的背景及意义，总结边坡工程相关理论与方法的研究进展，同时对本书的研究内容、研究方法及研究特色进行简单介绍；第 2 章介绍安太堡露天矿高陡边坡工程地质条件；第 3 章分析安太堡露天矿高陡边坡的安全隐患与边坡稳定性影响因素；第 4 章采用 FLAC3D 及 MSARMA 对安太堡露天矿高陡边坡在各种工况条件下的稳定性进行分析计算；第 5 章对边坡工程勘察技术进行详细介绍；第 6 章介绍安太堡露天矿西北帮高陡边坡滑坡灾害监测技术；第 7 章介绍安太堡露天矿西北帮滑坡综合防治措施；第 8 章对安太堡露天矿高陡边坡综合治理措施的应用效果进行评价分析。

本书出版得到了国家重点研发计划项目(2018YFC1505302)和(2023YFC2907601)、国家自然科学基金面上项目(42177167)的资助，中煤平朔集团有限公司给予课题资助和现场研究支持。课题研究得到了中国科学院院士何满潮教授的指导和支持，并受其鼓励融合信息技术研发边坡位移-应力耦合监测技术及三维可视化滑坡综合预警系统；得到了陶志刚教授、王树仁教授、衡朝阳高级工程师和毛利勤高级工程师的帮助，他们提出了很多宝贵的意见和建议，同时为课题的前期研究做出了重要贡献。在写作过程中，笔者受到了诸多同行的鼓励与指导。另外，在资料整理和排版过程中得到了张广招博士、周光宏博士、卢泽霖博士、王宁博士、王鹏军硕士、丁仓硕士、赵军祥硕士、于云龙硕士、李伟硕士、余志伟硕士、于兆成硕士、左继翔硕士等的帮助以及中煤平朔集团有限公司的张水生、刘建宇、邓增兵、李卫红、张旺、刘爱兰等领导及现场工程师们的大力支持，在此表示衷心的感谢。

本书第 1、3、4、7、8 章由王旭春、张鹏、朱珍撰稿；第 2、5、6 章由王晓磊、张鹏撰稿。全书由王旭春、王晓磊统稿，并负责终稿。限于编者水平，书中错误和不妥之处，恳请专家、学者不吝批评和赐教。

王旭春

2023 年 11 月

目　录

第1章　绪　　论

边坡破坏的类型很多，常见的有崩塌和滑坡。边坡滑坡是一种全球性的地质灾害，我国疆域辽阔，地质环境复杂，是世界上遭受滑坡灾害最严重的国家之一，也是对有关滑坡灾害记载最早的国家之一[1-4]。我国地质灾害以突发性地质灾害为主，其中滑坡发生数量最多[5-11]。据自然资源部统计，2021 年，全国共发生地质灾害 4772 起，其中滑坡 2335 起、崩塌 1746 起、泥石流 374 起、地面塌陷 285 起、地裂缝 21 起、地面沉降 11 起，如图 1-1 所示。2012 年至 2021 年十年间，全国发生地质灾害情况及滑坡灾害占比情况如图 1-2 所示。

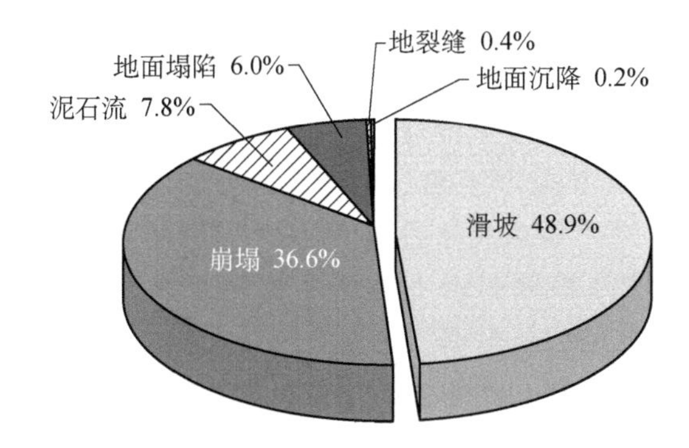

图 1-1　2021 年全国地质灾害类型构成

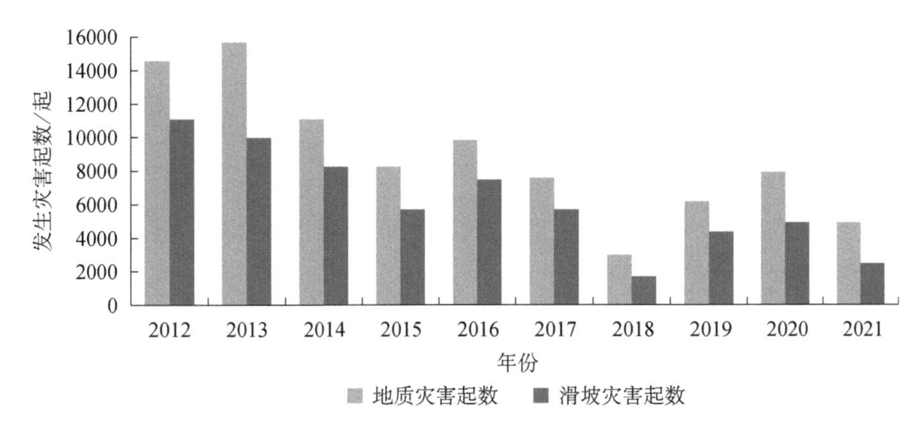

图 1-2　2012～2021 年期间全国地质灾害总起数与滑坡灾害起数

随着我国大规模能源开发及其他大型工程的兴建，边坡工程稳定性问题已普遍出现，并形成了具有当今特色的主要工程课题之一。

我国传统的矿产生产模式是以地下开采为主，露天开采为辅。改革开放后，露天开采工艺的改进、新型开采设备的投入以及先进管理理念的引入，极大地促进了我国露天采矿事业的发展与进步。然而，伴随着露天矿事业的蓬勃发展，露天矿边坡的稳定性问题日渐显露，滑坡灾害时有发生，威胁着矿区作业人员和生产设施的安全，同时，造成了很多负面的社会影响。

安太堡露天矿位于山西省北部，该露天矿一部分为复合开采，即部分矿层为露天开采，另一部分矿层为露天与井工联合开采。其复杂的开采方式在一定程度上降低了该矿区边坡的整体稳定性(图 1-3)。历史上该矿区曾发生过多次大规模滑坡，造成了巨大的损失。1991 年 10 月 29 日 0 时 10 分，矿区南排土场靠工业广场一侧发生大规模滑坡，滑坡体的最大走向约 1095m，滑后倾向覆盖最大宽度约 665m(其中滑体宽约 420m，前缘坡底冲出距离约 245m)，滑体垂直高度约 135m，海拔 1315～1450m，滑落体积约 1000 万 m^3。滑坡发生后，造成矿区 7 台设备陷于滑体内，致使平鲁公路堵塞 1000m，毁坏 750m，滑坡体前缘冲入工业广场，摧毁并埋没了洗车间、灯桥、矿区大门守卫室等建筑设施。2006 年，该矿区西北帮边坡蠕滑区域发生滑坡，滑坡方量约 20 万 m^3，滑落的岩土体推倒了下方的矿区办公楼，并掩埋了部分生产设备。2010 年雨季期间，受持续强降雨的影响，露天矿工业广场东北角边坡出现了大量裂缝，随着雨水的不断渗入，裂缝宽度加大，边坡内部软弱岩土体遇水软化，强度降低，形成了“滑坡通道”。9 月 21 日，东北角边坡沿该“通道”发生了整体滑移，边坡表面坠落的碎石及滑坡舌涌入煤炭输出区，严重阻碍了矿区的正常运营。

图 1-3　安太堡露天矿边坡

露天矿边坡滑坡灾害频繁发生，已经成为露天矿安全生产不可忽视的关键问题。针对大型复杂露天矿边坡工程的灾害防治及其控制对策，开展深入系统的研究，加快建立大型露天矿边坡灾害评价体系、监测预警体系、应急及防治体系，具有重大的理论意义和工程实用价值。

1.1　边坡稳定性分析方法

边坡稳定性分析方法是边坡问题的重要研究内容，也是边坡稳定性研究的基础。边坡稳定性分析过程的一般步骤为实际边坡—力学模型—数学模型—计算方法—结论。其核心内容是对力学模型、数学模型、计算方法的研究，即对边坡稳定性分析方法的研究。边坡稳定性分析作为岩土工程学科中的一个非常重要分支，在其自身发展的历程中不断自我完善。近年来在该领域已经取得了许多新的进展，可大致归纳如下。

1. 定性分析方法

定性分析方法是通过分析影响边坡稳定性的主要因素、失稳的力学机制及可能的破坏形式等，对边坡的成因及演化历史进行分析，以此评价边坡稳定状况及其可能的发展趋势。综合地考虑影响边坡稳定性的因素，快速地对边坡的稳定状况及其发展趋势做出评价是该方法的优点，在边坡工程抢险中，定性评价显得非常重要。定性分析方法主要包括地质分析法、工程地质类比法等。

1) 地质分析法(历史成因分析法)

根据边坡的地形地貌形态、地质条件和边坡变形破坏规律，追溯边坡演变的全过程，预测边坡稳定性发展的总趋势及其破坏方式，对边坡稳定性作出评价。由于主要依靠经验和定性分析进行边坡的稳定性评价，故此方法多用于天然斜坡的稳定性评价。

2) 工程地质类比法

该方法的实质是把已有的自然边坡或人工边坡的研究设计经验应用到条件相似的新边坡和人工边坡的研究设计中。需要对已有边坡进行详细的调查研究，全面分析工程地质因素的相似性和差异性，分析影响边坡变形发展的主导因素的相似性和差异性，同时，还应考虑工程的类别、等级及其对边坡的特定要求等。它虽然是一种经验方法，但在边坡设计，特别是在中小型边坡工程的设计中是一种很通用的方法。

3) 图解法

图解法可以分为两类：第一类，用一定的曲线和诺模图来表征与边坡有关参数之间的定量关系，由此求出边坡稳定性系数。或在已知稳定性系数，其他参数(结构面倾角、坡角、坡高)仅有一个未知的情况下，求出稳定坡角或极限坡高。这是力学计算的简化。第二类，利用图解法求边坡变形破坏的边界条件，分析软弱结构面的组合关系，分析滑体的形态、滑动方向，评价边坡的稳定程度，为力学计算创造条件。常用的图解法有赤平极射投影分析法和实体比例投影法。

4) 边坡稳定性分析专家系统

工程地质领域最早研制出的专家系统是用于地质勘查的专家系统 Propecter 由斯坦福大学于 20 世纪 70 年代中期完成。另外，同时期研制的咨询专家系统 MIT 也得到成功的应用。在国内，许多单位也正在进行研制咨询专家系统，并取得了一系列成果。专家系统使得一般工程技术人员在解决工程地质问题时能像有经验的专家一样给出比较正确的判断并做出结论，因此专家系统的应用为工程地质的发展提供了一条新思路。然而，专家知识的有效获取，推理规则的完备性以及结果的多解性问题如何科学解决尚需进一步研究探索。

5) RMR-SMR 法

在对岩体进行分类的方法中，较著名的有巴顿等提的 Q 值分类法(主要用于隧道支护设计的岩体工程分类)、RMR 值分类法和 SMR 分类方法。

SMR 分类方法是从 RMR 方法演变而来的。利用 SMR 方法来评价边坡岩体的稳定性，方便快捷，且能够综合反映各种因素对边坡稳定性的影响。RMR-SMR 体系既具有一定的实际应用背景，又是在国际上获得较广泛应用的方法。我国工程界对此体系的研究也十分活跃。

2. 定量分析方法

定量评价方法实质是一种半定量的方法，虽然评价结果表现为确定的数值，但最终判定仍依赖人为的判断。目前，所有定量的计算方法都是基于定性分析。

1) 极限平衡法

极限平衡法在工程中应用最为广泛。工程实践中，常用的边坡稳定性评价指标是边坡稳定性系数，它的计算就是基于极限平衡理论。极限平衡法的基本假设是边坡变形破坏时其破坏面(可以是平面、圆弧面、多级折面、不规则面等)满足破坏准则。早期边坡稳定性分析将滑面假定为平面或圆弧面，并认为滑体整体滑动，随后为提高计算精度和处理复杂滑动面边坡，将滑动体划分成若干个条块，假定条块为刚塑性体，建立静力平衡方程，然后求解析解或迭代求数值解。基于该原理的方法有很多，如圆弧法、瑞典条分法、Bishop 法、Janbu 法、不平衡传递系数法等。

2) 数值分析方法

数值分析方法主要是利用某种数值方法求出边坡的应力分布和变形情况，是研究岩体中应力和应变的变化过程，求得各点上的局部稳定系数，由此判断边坡的稳定性。其主要有以下几种方法。

有限单元法(FEM)：该方法是目前应用最广泛的数值分析方法。其优点是部分地考虑了边坡岩体的非均质、不连续介质特征，考虑了岩体的应力应变特征，可以避免将坡体视为刚体、过于简化边界条件的缺点，能够接近实际地从应力应变特征分析边坡的变形破坏机制，对了解边坡的应力分布及位移变化很有利。其不足之处是数据准备工作量大，原始数据易出错，不能保证整个区域内某些物理量的连续性；对解决无限性问题、应力问题等精度比较差。

边界单元法(BEM)：该方法只需对研究区的边界进行离散化，具有输入数据少的特点。其计算精度较高，在处理无限域方面有明显的优势。其不足之处为一般边界单元法得到的线性方程组的关系矩阵是满的不对称矩阵，不便应用有限元中成熟的对稀疏对称矩阵的系列解法。另外，边界单元法在处理材料的非线性和严重不均匀的边坡问题方面，远不如有限单元法。

离散单元法(DEM)：是由 Cundall 于 1971 年首先提出的。离散单元法可以直观地反映岩体变化的应力场、位移场及速度场等各个参量的变化，可以模拟边坡失稳的全过程。该方法特别适合块裂介质的大变形及破坏问题的分析。其缺点是计算时步需要很小，阻尼系数难以确定等。

块体理论(BT)：是由 Goodman 和 Shi 于 1985 年提出的，该方法是利用拓扑学和群论评价三维不连续岩体稳定性，并且是建立在构造地质和简单的力学平衡计算的基础上。块体理论为三维分析方法，通过对关键块体类型的确定，能找出具有潜在危险的关键块体在临空面的位置及其分布。

此外，近些年来数值方法发展很快，新出现了不连续变形分析(DDA)等方法。另外，由于工程实践的需要，还出现了大量的各种数值方法的耦合算法。例如，有限元、边界元、无穷元、离散元、块体元等相互耦合，以及数值解和解析解的结合，数理统计与数值解的结合等。这些结合充分发挥了各个方法的优点，能更好地反映出岩体工程的计算特点，适应岩体的非均质、不连续的特点，更好地表现出无限域及其近场和远场效应，表达了工程因素的时空变化和岩体力学参数的不稳定性。这些耦合计算使得岩体结构离散合理化，复杂岩体结构进一步简化，从而达到经济、高效的目的。

边坡工程数值方法以其独特的优势，弥补了理论分析和极限平衡等分析方法的不足，其主要优点如下：①由于边坡具有复杂的边界条件和地质环境，如岩土体的非均匀性，会造成边坡工程问题的非线性等特性，这些问题仅用弹塑性理论和极限平衡分析方法是无法解决的，而数值方法可以方便地处理上述问题。②数值方法可以得到边坡的应力场、应变场和位移场，非常直观地模拟边坡变形破坏过程。③数值方法适用于分析边坡工程的分步开挖，边坡岩土体与加固结构的相互作用，地下水渗流、爆破和地震等因素对边坡稳定性的影响。④数值分析能根据岩土体的破坏准则，确定边坡的塑性区域或拉裂区域，分析边坡的累进性破坏过程和确定边坡的起始破坏部位。⑤采用离散元法可以仿真模拟边坡整体滑动的过程，对于预测边坡的破坏规模和方式具有重要意义。

3. 不确定性分析方法

1) 系统分析方法

由于边坡处于复杂的岩土体力学环境条件下，其稳定性的涉及面很广，且稳定程度非常复杂，可以认为其是一个复杂系统，因此边坡问题也是一个系统工程问题。只有利用系统分析方法才能把各个侧面的研究有机结合起来，为实现稳定性评价及预测这一系统的总目标服务。应用系统分析方法应该遵循的途径：岩体力学环境条件的研究—变形破坏机制研究—稳定性计算分析。目前，系统分析方法广泛应用于边坡稳定性分析之中。

2) 可靠度分析方法

确定性分析方法中经常用到安全系数的概念，由于其实际上只是滑动面上的平均安全系数，而没有考虑影响安全系数的各个因素的变异性，故有时会导致产生与实际情况不相符的计算结果。所以要求在分析边坡的稳定性时，应充分考虑各随机要素的变异性。而可靠度分析方法则考虑了这一点，可靠度方法在分析边坡的稳定性时，充分考虑各个随机要素(如岩体及结构面的物理力学性质，地下水的作用包括静水压力、动水压力、裂隙水压力、软化作用、浮托力，各种荷载等)的变异性。

3) 灰色系统方法

灰色系统信息一部分明确、一部分不明确。灰色系统理论主要以信息的利用与开拓为宗旨，以客观现象量化为目标，除对事物进行描述外，更侧重对事物发展过程进行动态研究。其在滑坡研究中的应用主要有两方面：一是用灰色预测模型进行滑坡失稳时间的预报，实践证明该理论预测的精度相当高；二是用灰色聚类理论进行边坡稳定性分级、分类。该方法的局限性是聚类指标的选取、灰元的白化等带有经验性质。

4) 模糊数学评判法

模糊数学在处理经验模糊性的事物和概念时具有一定的优势。该方法首先找出影响边坡稳定性的因素，并进行分类，分别赋予一定的权值，然后根据最大隶属度原则判断边坡单元的稳定性。实践证明，模糊评判法效果较好，为多变量、多因素影响的边坡稳定性的综合定量评价提供了一种有效的手段。其缺点是各个因素的权重选取带有主观判断的性质。

4. 确定性和不确定性方法的结合

确定性和不确定性方法的结合主要是概率分析方法与有限元法或边界元的结合而形成的随机有限元法或随机边界元法等。这类方法变材料常数为随机变量，故其结果更能客观地模拟边坡岩体力学性质、变形破坏发展及其性态的变化，从而成为数值模拟方法发展的新途径，是边坡稳定性研究的新手段。

5. 物理模拟方法

1971年，帝国学院的Ashby[12]最早把倾斜台面模型技术用于研究边坡倾倒破坏机理及过程中。随后，帝国学院又试制了基底摩擦试验模型，它广泛应用于边坡块状倾倒及弯折倾倒。1990年Prichard[13]也进行过类似试验，并与数值模拟进行了对比，对在可控制条件下简单的弯折倾倒现象进行了模拟，此模型能很好地显示边坡破坏的发展过程。1981年Bray和Goodman建立了基底摩擦试验理论，阐述了极限平衡方程[14]。

然而，在二维、三维模型特别是大型复杂工程的模拟中，其应用受到模型尺寸的限制。针对这种情况，离心模型试验技术快速地发展起来。国外早在20世纪30年代就已经起步，特别是近20年来，这一技术有了快速发展，并得到了广泛应用。离心模型试验主要模拟以自重为主荷载的岩土结构，在模型试验过程中模型出现了与原型相同的应力状态，从而避免了使用相似材料，而直接使用原型材料。因此，这项技术已被广泛地应用在滑坡研究的各个方面。

边坡工程中的离心模型试验也存在一些尚未解决的问题，其主要是一些模拟理论问题。由于在相似规律条件下用原材料进行试验，并不能使模型满足所有的条件，从而会引起固有误差。此外，如何确定参数也有待进一步研究。

总结查阅国内外的相关文献，具体研究进展如下。

苏永华等[15]研究了边坡稳定性分析的Sarma模式及其可靠度计算方法；童志怡等[16]提出了边坡稳定性分析的条块稳定系数法；张子新等[17，18]研究了边坡稳定性极限分析上限解法；Razdolsky、Baker等[19-22]通过分析对比滑动力和抗滑力来研究边坡稳定性；郭明伟、葛修润等[23，24]基于力的矢量特性和边坡体真实应力场的分析方法进行了边坡稳定性分析；雷远见、徐卫亚、吴顺川和宗全兵等[25-28]分别基于离散元、Dijkstra算法、广义Hoek-Brown的强度折减法分析岩质边坡稳定性；李湛等[29]研究了渗流作用下边坡稳定性分析的强度折减弹塑性有限元法。唐春安、李连崇等[30，31]提出了基于RFPA强度折减法的边坡稳定性分析方法；Cheng、Bojorque等[32，33]进行了基于极限平衡和强度折减法的二维边坡稳定性分析；蒋青青、刘爱华、王瑞红等[34-36]研究了基于有限元方法的三维岩质边坡稳定性分析；Lu等[37]应用有限元法分析边坡稳定性；D'Acunto等[38]研究了地下水条件下的边坡二维稳定性模型；Li[39]应用非线性破坏准则和有限元方法分析了边坡稳定性；陈昌富等[40]基于Morgenstern-Price极限平衡三维分析法进行了边坡稳定性分析；邓东平等[41]提出了一种三维均质土坡滑动面搜索的新方法。Brideau、Chang等[42，43]进行了三维边坡的稳定性分析；Griffiths等[44]进行了三维边坡稳定的弹塑性有限元分析；高玮、徐兴华、孙书伟、杨静、刘思思、于怀昌、黄建文等[45-51]分别研究了基于蚁群聚类算法、多重属性区间数决策模型以及基于模糊理论、均匀设计与灰色理论、自组织神经网络与遗传算法、FCM算法的粗糙集理论、AHP的模糊评判法的边坡稳定性分析；Xie [52]研究了RBF神经网络在边坡稳定性评价中的应用；Sengupta、Zolfaghari等[53，54]研究了采用遗传算法来定位边坡的临界破坏面和稳定性；刘立鹏等[55]进行了基于Hoek-Brown准则的岩质边坡稳定性分析；邬爱清等[56]研究了DDA方法在岩质边坡稳定性分析中的应用；高文学等[57]研究了爆破开挖对路堑高边坡稳定性影响分析；沈爱超和李铀[58]研究了单一地层任意滑移面的最小势能边坡稳定性分析方法；许宝田、钱七虎等[59]研究了多层软弱夹层边坡岩体稳定性；黄宜胜等[60]研究了基于抛物线型D-P准则的岩质边坡稳定性分析；张永兴等[61]研究了极端冰雪条件下岩石边坡倾覆稳定性分析；周德培等[62]研究了基于坡体结构的岩质边坡稳定性分析；姜海西等[63]研究了水下岩质边坡稳定性的模型试验；李宁、钱七虎 [64]研究了岩质高边坡稳定性分析与评价中的四个准则；Zamani[65]研究了适用于岩质边坡稳定性分析通用模型；Hadjigeorgiou等[66]采用断裂理论来研究岩质边坡的稳定性；陈昌富等[67]考虑了强度参数时间和深度效应边坡稳定性分析；Cha和Kim[68]研究了边坡稳定性分析和评价方法；Turer、Legorreta-Paulin等[69，70]研究了土层边坡的稳定性分析的方法；Conte等[71]研究了边坡稳定性分析中的土体应变软化行为；Huat等[72]研究了非饱和残积土边坡的稳定性；Chen等[73]进行了边坡稳定性分析系统的开发；Roberto等[74]进行了尾矿边坡的动态坡稳定性分析；Kalinin等[75]提出了边坡稳定性分析的一种新方法；Perrone等[76]研究了孔隙水压力作用下边坡稳定性分析方法；Navarro等[77]研究了将灵敏度分析应用于边坡稳定破坏分析；Bui等[78]进行了基于弹塑性光滑粒子流体力学(SPH)的边坡稳定性分析；王栋和金霞[79]考虑了强度各向异性的边坡稳定有限元分析；周家文、吴长富、廖红建等[80-82]基于饱和非饱和渗流理论进行了降雨和渗流作用下的边坡稳定性分析；刘才华、谭儒蛟、张国栋等[83-85]研究了地震作用下岩土边坡的动力稳定性分析及评价方法；Presti、Latha等[86，87]研究了位于地震区中的边坡的稳定性；Chehade等[88]进行了地震作用下已加固边坡的非线性动力学稳定性分析；Li等[89]采用性极限分析方法研究了地震区岩石边坡的稳定性。高荣雄、谭晓慧等[90，91]进行了边坡稳定的有限元可靠度分析方法研究；吴振君等[92]提出了一种新的边坡稳定性可靠度分析方法；Abbaszadeh、Massih等[93，94]研究了可靠性分析在边坡稳定性中的应用；徐卫亚、蒋中明、张新敏等[95-97]较系统地研究了边坡岩体参数模糊性特点及其对边坡稳定性影响，同时，也初步研究了基于参数模糊化的边坡稳定性分析方法。蒋坤、冯树荣等[98，99]进行了节理岩体的边坡稳定性分析；陈安敏、Yoon等[100，101]从地质力学角度出发，研究了边坡楔体稳定性问题；李爱兵和周先明[102]进行了三维楔体稳定性分析；陈祖煜等[103，104]从塑性力学角度出发，在理论上对楔体的稳定性问题进行分析，从而证明了边坡稳定性分析的“最大最小原理”；Nouri、Kumsar等[105，106]对考虑了地震影响下的楔体滑动稳定性进行了分析；McCombie[107]研究了多楔边坡的稳定性；刘志平等[108]进行了基于多变量最大Lyapunov指数高边坡稳定分区研究；黄润秋和唐世强[109]研究了边坡的变形分区；曹平等[110]研究了分区搜索方法确定复杂边坡的滑动面；Nizametdinov等[111]研究了露天矿边坡稳定性分区的方法。

1.2　滑坡灾害及防治方法

滑坡监测是一项集地质学、测量学、力学、数学、物理学、水文气象学为一体的综合性学科，始于20世纪30～40年代，其主要职能包括滑坡的成灾条件、成灾过程、防治过程监测，以及防治效果的监测反馈。滑坡监测已广泛应用于生产实践和科学研究领域，已成为掌握边坡动态、确保工程安全、了解失稳机理和开展边坡稳定性预警预报的重要手段。

回顾国内外滑坡监测的内容，主要有变形监测、应力监测、水文监测、岩体破坏声发射监测等，其中应用最为广泛的是变形监测。

1. 变形监测方法

变形监测主要包括地质宏观形迹观测法、大地测量法、GPS测量法、钻孔测斜法等，常用的变形监测仪器见表1-1。

表1-1　常用的变形监测仪器及特点

仪器名称	特点及适用范围
钻孔多点位移计	多用于边坡深部岩土体相对位移量的监测
收敛计	应用范围广，操作简便快捷，但在高差较大时操作难度高
测斜仪	多用于观测不稳定边坡潜在危险滑动面位置或已有滑动面的变形位置，适用于滑坡变形量较小的坡体中
全站仪	可用于滑体地表监测点的三维测量，具备精度高、操作方便、测量速度快和降低测量劳动强度等优点，但其应用受限于通视条件
GPS卫星定位仪	能够实现自动化、远距离、无线监测传输，提高了工作效率
TDR监测系统	具备价格低廉、监测时间短、远程访问、数据提供快捷、安全性高等优点，缺点是不能用于需要监测倾斜情况但不存在剪切作用的区域

1）地质宏观形迹观测法

地质宏观形迹观测法，是用常规地质调查方法，对崩塌、滑坡的宏观变形迹象和与其相关的各种异常现象进行定期的观测、记录，以便随时掌握崩塌、滑坡的变形动态及发展趋势，以达到科学预报的目的。

2）大地测量法

大地测量法通常用于监测灾害体表层各部位的位移，主要方法包括两方向（或三方向）前方交会法、双边距离交会法、视准线法、小角法、测距法、几何水准测量法及精密三角高程测量法等。常用仪器有经纬仪、水准仪、测距仪、全站仪等。

3）GPS 测量法

GPS 测量法的基本原理是用 GPS 卫星发送的导航定位信号进行空间后方交会测量，确定地面待测点的三维坐标，根据坐标值在不同时间的变化来获取绝对位移的数据及其变化情况，GPS 方法由于采用了自动化远距离监测，节省了大量的人力物力，可实时获取位移量值。

4）钻孔测斜法

滑坡的变形监测除进行地表变形监测外，还包括边坡岩体内部的变形监测，代表性的方法主要有钻孔测斜法。钻孔测斜技术就是采用某种测量方法和仪器，测量钻孔轴线在地下空间的坐标位置。通过测量钻孔测点的顶角、方位角和孔深度，经计算可知测点的空间坐标位置，获得钻孔弯曲情况。

5）滑坡监测新技术

近年来，随着科学技术的不断发展与进步，滑坡监测领域出现了越来越多的新型技术与方法。诸如，3S 技术、TDR 技术、无线传感器技术等已逐步应用于滑坡监测领域，并形成了“天-空-地”协同滑坡监测技术，即通过构建基于卫星平台的 InSRA 和高分辨率光学影像、基于航空平台的无人机摄影测量和机载 LiDAR 技术、基于地面平台的斜坡地表和内部监测感知的多元立体监测体系，实现对重大滑坡灾害隐患的多层次、多角度、多手段的全天候监测。

针对变形监测的研究方法，总结查阅了国内外相关文献。国外研究方面，2009 年 Morimoto 等开展了精确位移监测的研究[112]；2011 年 Song、Hsu、Su 和 Chang 及 2004 年 Souza 和 Ebecken 分别借助 ASTER、遥感和 GIS 技术及钻孔测斜等方法进行滑坡预测预报的研究[113]。2006 年 Terzis、Anandarajah 和 Tejaswi[114]，2007 年 Mehta 等采用无线传感器技术进行滑坡监测[115]；2011 年 Hosseyni 和 Bromhead 采用 RFID 技术监测地下水位进行滑坡实时监测和预警[116]。国内方面，李炼、陈从新等[117]利用红外测距仪、水准仪、测斜仪、多点位移计等对边坡进行了地表位移和岩体内部监测。吴常栋、樊宽林[118]利用大地测量法实现施工期边坡稳定性实时准动态监测。王秀美等[119]采用了数字化近景摄影测量系统，用电子经纬仪虚拟照片法和专用量测相机的摄影法进行滑坡监测。黄声享和罗力[120]通过三峡库区某滑坡的变形监测介绍了 GPS 用于滑坡变形监测的整个过程。张保军等[121]进行了以仪器监测为主的稳定性监测，同时结合地质调查和宏观巡视检查，对杨家槽古滑坡进行了稳定性监测。孙世国等[122]对露天边坡地表平面位移监测方法进行了优化分析。丁瑜等在岩土工程位移监测中应用了灰色系统理论预报位移发展趋势[123]。此外，很多学者还提出了一些新的方法。2002年靳晓光等[124]研究了基于滑坡深部位移监测的滑坡时空运动特征和稳定性分析；2011年王桂杰等[125]基于D-InSAR技术进行滑坡位移监测；2008年王仁波等[126]基于GPS进行滑坡位移实时监测；2011年白永健等[127]基于GPS、InSAR、深部位移监测滑坡动态变形过程三维系统监测。2003年朱建军等[128]研究了集成地质、力学信息和监测数据的滑坡动态模型。香港理工大学研制的多天线GPS系统实现了多点位置的监测，大大降低了应用成本，同时，开发了自动化集成边坡监测预警系统[129]。

2. 应力监测方法

应力监测方法主要包括应力解除法、水压致裂法、声发射法等，主要应力监测仪器见表1-2。

表1-2　常用的应力监测仪器及特点

仪器名称	特点及适用范围
岩石压力计	主要用于监测岩土体内部应力的变化，获取岩土体与人工建筑之间的应力变化信息。适用于滑坡变形缓慢的蠕变阶段和治理工程监测，为滑坡的防治工程提供可靠的数据信息
锚索测力计	预应力锚索测力计主要用于监测锚索预应力的变化。适用于滑坡治理工程的监测

1) 应力解除法

应力解除法能够相对准确地确定岩体中某点的三维应力状态。在三维应力场作用下，一个无限体中钻孔表面岩石及围岩的应力分布状态可借助现代弹性理论给出精确解答。利用应力解除测量钻孔表面的应变，即可求出钻孔表面的应力，进而能够精确地计算出原岩应力的状态。

2) 水压致裂法

水压致裂是指在水压驱动下微裂纹萌生、扩展、贯通，直到宏观裂纹产生，并导致低渗性岩石破裂的过程。它既是岩体工程领域的一种天然行为，又是改变岩体结构形态的重要人为手段。同时，也是测量地应力、岩石断裂韧度等相关参数的重要手段与方法。在煤矿突水、水电工程建设、地下核废料储存岩体注水弱化或提高渗透率等工程领域得到了广泛应用。

3) 声发射法

声发射(acoustic emission，AE)是指固体在产生塑性变形或破坏时，由于储存于物体内部的变形能被释放出来而产生弹性波的现象。利用该方法可推断岩石内部的形态变化，反演岩石的破坏机制。

岩体声发射技术是国际上工业发达国家积极开发、应用于岩质工程稳定性评价或失稳预测预报的有效技术手段，该技术的研究始于20世纪50年代，早在80年代初期，美国、苏联、加拿大、南非、波兰、印度、瑞典等已应用岩体声发射技术，实现了矿井大范围岩体冒落的成功预报、露天边坡岩体垮落等事故的提前预警，以及岩土工程的稳定性监测、安全性评价等。

3. 水文监测方法

水是影响边坡稳定性最重要的因素之一，对边坡的危害包括冲刷作用、软化作用、静水压力和动水压力作用及浮托力作用等。以边坡稳定性监控为目的的水动态监测通常分为降雨监测、地表水监测和地下水监测。常用的水文监测方法如表1-3所示。

表1-3　常用的水文监测方法

监测内容	主要方法
地表水监测	监测方法主要包括人工观测、自动观测、遥感观测等
地下水监测	地下水位的监测可采用常规的工程地质调查手段，也可采用水位自动记录仪自动监测记录。对孔隙水压的监测主要采用孔隙水压仪和钻孔渗压仪

地表水监测包括与边坡岩体有关的江、河、湖、沟、渠的水位、水量、含沙量等动态变化，还包括地表水对边坡岩体的浸润和渗透作用等信息。观测方法分为人工观测、自动观测、遥感观测等。地下水监测内容包括地下水位、孔隙水压、水量、水温、水质、土体的含水量、裂缝的充水量和充水程度等。通过监测滑坡体前部的地下水动态能够预测分析边坡的稳定状况。

边坡防治技术在国内外的发展已有多年的历史。

20世纪50～60年代，治理滑坡灾害通常采用地表排水、削方减载、填土反压、挡土墙等措施。

20世纪60～70年代，我国在铁路建设中首次采用抗滑桩技术并获得成功。抗滑桩具有布置灵活，施工简单，对边坡扰动小、开挖断面小、圬工体积小、承载力大、施工速度快等优点，受到工程部门和施工单位的欢迎，在全国范围内迅速得到推广应用，并从70年代开始逐步形成以抗滑桩支挡为主、结合清方减载、地表排水的边坡综合防治技术。

20世纪70～80年代，锚固技术理论得到突破性进展。锚固技术与抗滑桩联合使用，或锚索单独使用(加反力梁或锚墩)。锚索工程不开挖滑坡体，又能机械化施工，所以目前被广泛应用。对于排水，人们也有了新的认识，主张以排水为主，结合抗滑桩、预应力锚索等支挡措施开展综合防治。

压力注浆加固手段及框架结构越来越多地用于滑坡防治。注浆加固软弱地基已被广泛应用并取得了成功的经验，一般多灌注水泥浆和水泥砂浆。在湿陷性黄土地基加固中还加入了水玻璃等化学浆液来提高其可灌性和调节浆液凝固时间，有效地提高了地基的承载力，消除了土的湿陷性和压缩性。压力注浆是一种边坡的深层加固处治技术，能解决边坡的深层加固及稳定性问题，是一种极具广泛应用前景的高边坡防治技术。

我国对边坡滑坡的系统研究是在20世纪50年代初才开始的，起步较晚，但在各类工程建设中已进行了数以千计的各种类型的滑坡防治实例，并结合我国国情研究开发了一系列有效的防治办法，总结出绕避、排水、支挡、减重、反压等治理滑坡的原则和方法。

1.3 滑坡灾害预测预报技术

关于滑坡预测预报理论的研究，经历了从现象预报、经验预报到统计预报、灰色预报再到非线性预报的历程，目前已进入了系统综合预报、全息预报和实时跟踪动态预报的阶段。

滑坡预报始于20世纪60年代，包括空间预报和时间预报两个方面，滑坡预报是滑坡研究的核心问题。纵观几十年来，滑坡预报研究理论和方法的发展，大致分为3个阶段：现象预报和经验预报阶段、位移–时间统计分析预报阶段、综合预报模型及预报判据研究阶段。

现象预报和经验预报阶段始于20世纪60～70年代，在此之前，国内外几乎未见关于滑坡预测预报的研究成果。位移–时间统计分析预报阶段在滑坡预报方法和模型方面的研究有了长足进展。综合预报研究阶段，非线性理论被应用到滑坡预报研究中，基于该理论，出现了多个滑坡预报模型，同时，部分学者将地质力学和数值模拟等现代技术手段引入到滑坡预报研究中，实现了滑坡预报方法和滑坡变形机制相结合。

关于滑坡预测预报模型与判据的研究，国内外涌现出了大量成果。通过查阅相关文献资料，对现有的预报模型和判据进行了总结，见表1-4和表1-5。

表1-4 滑坡预测预报模型及判据

滑坡预报分类	预报模型	预报判据
长期预报	1）极限分析法 2）传统GM（1，1）模型 3）位移动力学分析法 4）非线性动力学模型 5）分维跟踪预报模型	1）稳定性系数 2）可靠概率 3）塑性应变 4）塑性应变率 5）分维值

续表

滑坡预报分类	预报模型	预报判据
中短期预报	1)指数平滑法 2)生物生长模型 3)神经网络模型 4)尖点突变模型 5)多元非线性相关分析法	1)指数平滑法 2)生物生长模型 3)神经网络模型 4)尖点突变模型 5)多元非线性相关分析法
临滑预报	1)斋藤迪孝方法 2)优化 GM(1，1)模型 3)灰色位移矢量角法 4)蠕变样条联合模型 5)协同预测模型	
宏观预报	1)缓慢蠕动阶段 2)匀速蠕滑阶段 3)加速蠕滑阶段 4)急剧变形阶段	宏观迹象(裂缝、隆起与沉陷、崩塌、变形量、变形速率、变形量与降雨关系、地下水动态特征、变形量与库水位关系及地声、地气、动物异常等)

表 1-5　滑坡灾害预报判据

<table>
<tr><th colspan="2">判据名称</th><th>判据值或范围</th><th>适用条件</th><th>理论贡献人</th></tr>
<tr><td colspan="2">稳定性系数(K)</td><td>$K \leqslant 1$</td><td>长期预报</td><td rowspan="2">胡铁松，王尚庆[130]，1998</td></tr>
<tr><td colspan="2">可靠概率(P_s)</td><td>$P_s \leqslant 95\%$</td><td>长期预报</td></tr>
<tr><td colspan="2">声发射参数</td><td>$K=A_0/A \leqslant 1$</td><td>长期预报</td><td>于济民[131]，1992</td></tr>
<tr><td colspan="2">塑性应变(ε_t^p)</td><td>$\varepsilon_t^p \to \infty$</td><td>小变形滑坡
中长期预报</td><td rowspan="2">凌荣华，陈月娥[132]，1997</td></tr>
<tr><td colspan="2">塑性应变率($\mathrm{d}\varepsilon_t^p/\mathrm{d}t$)</td><td>$\mathrm{d}\varepsilon_t^p/\mathrm{d}t \to \infty$</td><td>小变形滑坡
中长期预报</td></tr>
<tr><td colspan="2" rowspan="2">变形速率(V_t)</td><td>0.1mm/d</td><td>黏土页岩、黏土斜坡短临预报</td><td rowspan="2">胡高社等[133]，1996；
许东俊等[134]，1999</td></tr>
<tr><td>10 mm/d，14.4 mm/d，24mm/d</td><td>岩质边坡
临滑预报</td></tr>
<tr><td colspan="2">位移加速度(a)</td><td>$a \geqslant 0$</td><td>临滑预报</td><td>伍法权，王年生[135]，1996</td></tr>
<tr><td colspan="2">蠕变曲线切线角(α)</td><td>$\alpha \geqslant 70°$</td><td>临滑预报</td><td>李天斌，陈明东[136]，1999</td></tr>
<tr><td colspan="2">位移矢量角</td><td>突然增大或减小</td><td>临滑预报</td><td>阳吉宝[137]，1995</td></tr>
<tr><td colspan="2">临界降雨强度</td><td>随地区而异</td><td>暴雨诱发型滑坡</td><td>秦四清，张倬元[138]，1994；林孝松，郭跃[139]，2001</td></tr>
<tr><td colspan="2">库水位下降速率</td><td>2m/d</td><td>库水诱发型滑坡</td><td>朱冬林等[140]，2002</td></tr>
<tr><td colspan="2">分维值(D)</td><td>1</td><td>中长期预报</td><td>李天斌，陈明东[141]，1999</td></tr>
<tr><td rowspan="2">参数判据</td><td>蠕变曲线切线角和位移矢量角</td><td>≥70°且位移矢量角突然增大或减小</td><td>临滑预报</td><td rowspan="2">宋雪琳，阳吉宝[142]，1996</td></tr>
<tr><td>位移速率和位移矢量角</td><td>位移速率不断增大或超过临界值，位移矢量角显著变化</td><td>堆积层滑坡临滑预报</td></tr>
</table>

第2章　安太堡露天矿高陡边坡地质条件

安太堡露天矿矿田所处的平朔矿区属桑干河流域，海河水系，气候为大陆性高原高寒干旱性气候，区域地形为山西黄土高原朔平台地之低山丘陵。其周边有木瓜界煤矿和二铺二矿，地表大都被新生界覆盖，地层厚度为2600～3500m，煤田形态为南北走向的聚煤盆地，石炭系、二叠系和三叠系沿煤盆地周围呈环状出露，局部有侏罗系，地表广泛分布新近系和第四系。井田内黄土广布，根据地表出露和钻孔揭露，地层由老至新有：奥陶系中统上马家沟组(O_2s)，石炭系中统本溪组(C_2b)、石炭系上统太原组(C_3t)、二叠系下统山西组(P_1s)、二叠系下统下石盒子组(P_1x)、二叠系上统上石盒子组(P_2s)，新近系上新统(N_2)。可采煤层中，9号、11号煤层为全区主要采煤层，4号煤层为局部开采煤层。

2.1　井田概况

2.1.1　井田位置及交通

安太堡露天矿所处井田地理坐标为东经112°19′03″～112°24′17″，北纬39°28′41″～39°35′26″。行政区隶属于朔州市平鲁区管辖。井田交通运输条件十分便利，矿区交通位置见图2-1，矿井在矿区中位置见图2-2。

研究区域高边坡位于安太堡露天西北角，东西宽约500m，南北长约1000m，高度均在200m以上。边坡自然暴露，在风吹日晒、雨水冲刷入渗等自然营力的持续作用下，坡体表层岩土体结构日渐松散，强度明显降低，且岩土体性质变得极为复杂。

2.1.2　自然地理

1. 地形、地貌

研究对象所处矿区属于山西黄土高原朔平台地之低山丘陵，全区多为黄土覆盖，区内黄土台地曾经受强烈的侵蚀切割作用，加之区内植被稀疏，形成梁、垣、峁等黄土高原地貌景观。沟谷发育，呈“V”字形，切割深度为40～70m。区内地形基本呈北高南低的趋势，中部高，两边低。所处井田的西南部，东有洪涛山，北西有西石山脉，南与朔县平原相接。井田内山丘连绵，沟壑纵横，植被稀少，基本被第四系黄土覆盖，地形大致为中部低，两边高，最高处位于井田的东北部，海拔标高为+1490m，最低处位于井田南缘现有露天矿已开采未回填的坑底，海拔标高+1232m，最大高差258m。

研究区域原始地表已不复存在，地势由矿坑底部向四周自下而上呈台阶状分布，其矿坑外为安太堡露天矿排土场。矿坑底部南北宽约130m，东西长约270m，面积约35100m^2。矿坑北部自下向上30m一个台阶，台阶宽度约40m。

2. 地表水系

研究区域所处的平朔矿区属桑干河流域，海河水系。

(1) 马关河。马关河发源于木瓜界、上梨园等地，流经本区南部，至赵家口、担水沟，汇入桑干河，全长27km，为泉水汇集而成，汇水面积151km^2，终年皆有系数不大之径流，一般流量为0.08～0.15m^3/s，雨季时径流量较大，位于本区东北。

(2) 恢河支流。恢河支流位于本区南侧，为季节性河流，发源于平鲁区元墩、曹庄一带，平行于平朔线，在朔城区汇入恢河。

3. 气象情况

研究区域气候为大陆性高原高寒干旱性气候，季风气候极为典型，夏季凉爽，春冬季风大，风沙严重，年平均气温为5.4～13.8℃，绝对最高温度37.9℃，绝对最低温度−32.4℃，一般日温差也在25℃以上；冻结日期最早为10月18日，解冻日期最晚为次年的4月12日。冻土深度一般在1.11m左右，最大深度为1.31m，无霜期107～175天。年降水量为345.3～682.2mm，年平均为428.2mm（朔县站1922～1991年）至449mm（井坪站1953～1985年），最高为757.4mm，最低为195.6mm。多集中在7月、8月、9月3个月，占全年降水量的75%，有时达90%，日最大降水量87～153mm，连续最长降水时间13天。年蒸发量为1786.7～2598mm，一般为2066.7mm，从4～6月，月蒸发量可达580mm，一般年蒸发量约是降水量的5倍。

4. 地震烈度

根据《中国地震烈度区划图》（1990年），划定研究区域所处的平鲁区地震烈度为7度。

2.1.3　周边小煤矿情况

研究区域所处的井田东北部为木瓜界煤矿，批准开采4号、9号、11号煤层，设计生产能力30万t/a，斜井开拓，主井提升，大巷运输采用皮带运输，顺槽采用40刮板机运输。其瓦斯涌出量为0.71m^3/t，属于低瓦斯矿井。

井田西南部为二铺二矿，批准开采4号、9号、11号煤层，设计生产能力为40万t/a，主井采用6t箕斗提升，大巷运输采用皮带运输，顺槽采用40刮板机运输。其瓦斯涌出量为0.65m^3/t，属于低瓦斯矿井。

2.2　区域地质构造

2.2.1　区域构造

矿区所在宁武煤田位于山西陆台的北端，为一长约178km，宽约21km的窄长复式向斜，南端和中部呈北北东向，北端呈南北向。它西邻北北东走向的管涔山复式大背斜，东靠北北东转北东向的云中山、恒山复式背斜。宁武煤田位于祁吕贺山字形前弧与东翼反射弧的过渡部位，属新华夏系第三隆起带中第二、三级隆起、拗陷所形成的雁行斜列的多字形含煤盆地之一。宁武向斜轴走向：井坪—阳方口近南北；阳方口—静乐为NE30°，向斜轴除朔县平原偏向西部外，一般偏向东部，且东翼地层倾角大于西翼，为一不对称向斜。

宁武煤田东部结构构造较西部复杂，地层倾角在30°以上，有的达70°～80°，甚至直立、倒转。大的逆断层多分布于此。中部地层倾角平缓，一般在10°以下，无急剧褶曲，微倾斜波状起伏比较发育，其两翼倾角一般为2°～5°。

断裂发育在煤田东西两侧，主要在东部。一组以走向NE20°～50°为主，多为高角度的正断层，逆断层较少。另一组为NW15°～45°，但数量稀少，规模较小，影响甚微。

2.2.2　安太堡露天矿地质构造

平朔矿区位于宁武煤田北端，地表大都被新生界覆盖，仅沟谷中有零星石炭系—二叠系出露，煤田基地为一套古老的变质岩系，在煤田东缘及东北缘寒武系和奥陶系出露。地层厚度为2600～3500m。煤田形态为南北走向的聚煤盆地，石炭系、二叠系和三叠系沿煤盆地周围呈环状出露，局部有侏罗系，地表广泛分布新近系和第四系。

安太堡露天矿地质井田位于宁武煤田的北端东翼，矿田北东部煤层露头附近，4号、9号煤层都有不同程度的氧化。本区整体上为一北东高、南西低的单斜构造，地层基本走向为北西、南东向，倾向S45°W，地层倾角为2°～7°，大部分范围不大于5°。由于地层倾角近于水平，表现出泛褶曲现象，即微小的波状起伏使地层发生明显的走向变化，表现为等高线大幅度的弯曲。目前发现的断距大于 20m 断裂构造为李西沟正断层和北水正断层，均分布在矿田边缘，矿田区内未发现其他断裂构造，矿田内的生产小煤矿也没有发现影响矿井开拓开采的断裂构造，故本区构造属简单类。

安太堡露天矿地质构造形态基本为一个向斜 S_1，地层走向大致为北西—南东向，地层倾角为 1.5°～3.5°，一般约为 2°，两翼地层倾角基本对称。在井东区中部发育一条 F_1 正断层，走向北西—南东向，倾向北东，倾角 70°，落差 7m，井田内延伸约 1380m。

区内仅南部边界有一处断层，未见陷落柱和岩浆岩侵入。

2.3　水文地质条件

2.3.1　区域水文地质概况

平朔矿区位于神头泉域的径流带，地处宁武煤田北部，西、北、东三面环山，南与朔州冲洪积平原相接，地形北高南低，自西向东有 3 条河流：七里河、马关河、马营河，均为桑干河二级支流，流向总体由北向南，最后注入朔州平原。

区域位于朔州盆地水文地质单元，其地表水为海河流域的桑干河水系，深部奥灰水属神头泉域，其直接补给区为西部的管涔山和东南部的吕梁山、恒山基岩裸露区及河流渗漏段。在接受大气降水垂直渗透补给后，深层奥灰水向东南方向运输，最终在神头、新磨、小泊一带以群泉形式排出地表，神头群泉出露标高为 1048～1058m，流量 $7m^3/s$ 左右，有逐年减少趋势。煤系地层裂隙水和松散岩类孔隙水，在接受大气降水补给后，有互补现象，在基岩切割深处，多以泉的形式排出地表，最终汇入桑干河。

2.3.2　地层水文地质条件

1. 含水层组

根据含水岩系的含水介质及地下水动力特征，分为如下三类含水岩组。

1) 碳酸盐岩类岩溶裂隙含水岩组

碳酸盐岩类岩溶裂隙含水岩组主要指寒武系、奥陶系灰岩，该地层在区域西部，西北部大面积裸露，形成岩溶水补给区。在矿区范围内是岩溶水径流区，该含水岩组由于补给面积大，岩溶裂隙发育，富水性极强，单井出水量可达 $500m^3/d$ 以上，水质类型为 HCO_3-Ca·Mg，水质好。

2) 碎屑岩类裂隙含水岩组

碎屑岩类裂隙含水岩组主要指石炭系太原组砂岩、二叠系山西组砂岩和石盒子组砂岩。该地层广泛分布于区域的中部和北东部。该含水岩组由于受构造控制，富水性极不均匀，在构造发育部位和风化带中，富水性较好，在裂隙不发育部位富水性较弱，一般属弱富水含水层，水量可达 3～30m^3/d，水质较好。

3) 新生界松散岩类孔隙含水岩组

新生界松散岩类孔隙含水岩组主要指第四系中新统、上更新统和全新统。按沉积物堆积类型主要有 3 种含水层：一是盆地周围洪积扇中的砂砾石含水层；二是山间凹地及主要沟谷中冲洪积层中的孔隙含水层；三是洪积扇前倾斜平原中的砂层孔隙含水层，该含水层厚为 5～15m，补给来源主要为大气降水和基岩裂隙水的侧向补给，含水层在洪积扇中部，富水性一般较好。在山间凹地及主要沟谷中间沉积较厚时，由于基岩的侧向补给，富水性亦好。沉积的松散层多为透水不含水岩层。在赋存条件较好地段，可作为临时供水水源。

含水层具体分布分述如下。

(1) 奥陶系岩溶裂隙含水层。奥陶系石灰岩是煤系地层的基底，是煤层的间接充水含水层，井田奥陶系岩溶水属神头泉域，据“山西省平(鲁)—朔(县)矿区马关河西详查地质报告”，本井田奥灰水水位标高为 1070～1100m。根据该报告资料奥陶系下马家沟组与亮甲山组岩溶裂隙比较发育，属强富水含水层，而上马家沟组富水性不佳，仅在一段局部裂隙发育，富水性较差。该组是本区主要含水层，一般单井出水量可达 500m^3/d 以上，水质良好。

(2) 石炭系太原组砂岩裂隙含水层。石炭系太原组砂岩裂隙含水层是主采 9 号、11 号煤层的主要充水含水层，11 号煤下部的 K_2 砂岩，岩性为中、细砂岩，含水层厚为 5.0～19.5m，平均 10m，钻孔单位涌水量为 0.03～0.17L/(s·m)，属弱富水含水层，局部富水中等，5～8 号煤层的砂岩含水层，水位标高为 1134.22～1335.51m，钻孔单位涌水量为 0.015～0.04L/(s·m)，渗透系数为 0.12～0.72m/d，属弱富水含水层。

(3) 二叠系山西组砂岩裂隙含水层。二叠系山西组砂岩裂隙含水层是主采 4 号煤层的主要充水含水层，岩性主要为中—细粒砂岩，是 4 号煤层的直接顶板。

根据钻孔抽水资料，单位涌水量为 0.0051～0.77L/(s·m)，渗透系数为 0.55～3.34m/d，属弱—中等富水含水层。

(4) 二叠系下石盒子组砂岩裂隙含水层。二叠系下石盒子组砂岩裂隙含水层多位于侵蚀基准面以上，是风化壳的主要组成部分之一，以黄色含砾粒砂岩为主，厚度与岩性均变化较大，富水性不均匀，泉水多，且流量较大，据峙峪钻孔抽水资料，单位涌水量为 0.0044～2.62L/(s·m)，渗透系数为 0.327～13.56m/d，对煤层开采影响很小。

(5) 二叠系上石盒子组砂岩裂隙含水层。二叠系上石盒子组砂岩裂隙含水层分布较广，是风化壳的主要组成部分之一，处于侵蚀面以上，根据钻孔抽水资料，单位涌水量为 0.01～3.42L/(s·m)，渗透系数为 0.51～3.07m/d，泉水流量大，为 0.55～28.9L/(s·m)，对煤层开采无影响。

(6) 新近系孔隙含水层。新近系孔隙含水层主要为盆地周边洪积扇中的砂砾石含水层，山前倾斜平原中的粗、中、细砂含水层，该含水层主要为上层滞水，水量小，对煤层开采无影响。

(7) 第四系全新统孔隙含水层。第四系全新统孔隙含水层主要分布在山间凹地及主要沟谷中，主要指区内沟谷中冲洪积沙砾石含水层，该层含水较小，对煤层开采无影响。

2. 隔水层组

区内各含水层之间基本上都有隔水层相间，但主要隔水层有以下几种。

(1) 奥陶系上马家沟组泥灰岩隔水层。本井田奥陶系岩溶裂隙均发育在下马家沟组与亮甲山组中，而上马家沟组岩溶裂隙极不发育，岩性主要由灰岩，泥质、白云质灰岩，泥灰岩组成，仅在其一段底部有 1～4m 厚的裂隙发育带，该组地层厚 60m，可视为相对隔水岩层。

(2) 石炭系本溪组泥岩隔水层。本井田内 11 号煤层至奥陶系灰岩的隔水层主要为石炭系中统本溪组，岩性主要由灰-浅灰色黏土岩，铝土质泥岩组成，平均厚 40m 左右，隔水性良好，是奥灰水与煤系地层间的重要隔水层。

(3) 石炭系太原组泥岩隔水层。在太原组中 4 号与 9 号煤之间，9 号与 11 号煤层之间及 11 号煤层与本溪组之间，均有砂质泥岩或泥岩，皆为良好隔水层。

(4) 二叠系山西组泥岩隔水层。本组中的黏土质泥岩及砂质泥岩，为下伏煤系与上覆石盒子组含水层间的隔水层。

(5) 二叠系石盒子组泥岩隔水层。石盒子组主要由泥岩、砂质泥岩、细-粉砂岩组成，夹少量中-粗粒砂岩，特别是在下石盒子组顶部及上石盒子组下部各有一层分布全区且厚度稳定的泥岩，是煤系地层上部较好的隔水层，本隔水层可极为有效地阻止上部裂隙水向下渗透补给煤系地层中的含水层。

(6) 新近系隔水层。新近系中上部的黏土厚度稳定，分布全区，从而隔绝了第四系孔隙含水层与下伏地层的水力联系。

(7) 第四系红色黏土隔水层。第四系黄土层下部为红色砂质黏土，是良好的隔水层。

3. 地下水的补给、径流、排泄特征

区域地下水的补给来源主要为大气降水，其次为地表水。其中，山区盆地外围的西、北、东三面的奥陶系灰岩出露区为奥灰含水层补给区，盆地区的黄土丘陵地带及平原区为其下伏各含水层的补给范围，但由于盆地底部基岩与第四系之

间的大部分地区存在上新统棕红色黏土，对黄土层中地下水的下渗起阻隔作用，仅在黄土覆盖较薄或有基岩出露的沟谷地带才补给下伏基岩含水层。马营河为季节性河流，流经该区的北、东部，河床切割了山西组、太原组，对含水层顺层侧向补给。

区域地层构造单元为一单斜构造，地下水沿地层倾向由北部、东部向西南径流。下石盒子组砂岩含水层风化裂隙系统发育，其径流过程中会产生时而排泄、时而入渗的径流运动特征。太原组砂岩含水层、山西组砂岩含水层中地下水径流状态受地层产状和构造控制，各层地下水呈相对平行的层流运动。当隔水层的层位及层厚变化明显或节理裂隙面较发育时，在径流过程中也会获得上部含水层的越流补给。按区域地下水的径流特征，可划分为两个径流区：①北部黄土丘陵区，地下水由东、西两侧汇集于向斜轴部，之后由北向南向山前平原径流，并在山口受担水沟断层和耿庄断层的影响，折向北东；②南部平原区，地下水层由西向东经宁武向斜轴部，向朔州平原地带汇聚，在其基底断裂的作用下，水力梯度不断增大，最终向东北方向排出区外。

区域地下水的排泄方式有以泉的形式点状排泄、河流泄流线状排泄及地表蒸发等。泉水多出露于沟谷地带，其含水层多为上、下石盒子组，仅在东南部山口地带——神头镇附近有奥灰水群泉出露，流量较大。马关河为区域内地下水的主要排泄通道，河床切割了上、下石盒子组，其流向基本沿向斜分布，河谷与岩层走向大致平行，形成了东西两侧含水层沿着河床以线状泄流的条件。

2.3.3　井田水文地质类型

井田内 4 号煤层主要充水层为山西组底部的 K_3 砂岩裂隙含水层，K_3 砂岩含水层的单位渗水量为 0.051～0.77L/(s·m)，补给条件不良，根据《岩土工程勘察规范(2009 年版)》(GB50021—2001)规定的水文地质勘探类型的分类原则，4 号煤层属于第二类第一型，即以裂隙含水层为主、水文地质条件简单的矿床。

9 号、11 号煤层的直接含水层是太原组的砂岩裂隙含水层，根据抽水实验资料，单位涌水量为 0.015～0.044L/(s·m)，属弱富水含水层。根据地质报告，奥灰水在本区的水位标高为 1070～1100m，11 号煤层的底板标高为 1166.30～1191.20m，11 号煤层最低点标高为 1166.30m，奥灰水水位低于煤层底板 60m 左右，因此，用公式 $T=P/(M-C)$，计算了 11 号煤最低点的突水系数以预测奥灰水突水的可能性。经计算突水系数为 0.003MPa/m，没有突破临界突水系数 0.06MPa/m。因此在没有断层导水存在的情况下，奥灰水突水的可能性很小。基于上述分析，9 号、11 号煤的水文地质类型可定为第二类第一型，特别提出的是在开采 11 号煤过程中一定要重视对陷伏断层、陷落柱和其他构形迹的发现和研究，开采到断层附近时一定要留足保安煤柱，以防断层导水，造成淹井事故。

2.3.4 矿井涌水量

根据调查，临近生产煤矿的水文地质条件与本井田相似，可以类比。矿井水源从生产中观察，主要来自顶板淋水。设计参考邻近一号、二号井估算，取矿井正常涌水量 150m^3/h，最大涌水量 180m^3/h。

2.4 地质特征

2.4.1 区域地质特征

区域地表大都被新生界覆盖，仅沟谷中有零星石炭系—二叠系出露，煤田基地为一套古老的变质岩系，在煤田东缘及东北缘有寒武系和奥陶系出露。地层厚度为 2600～3500m。煤田形态为南北走向的聚煤盆地，石炭系、二叠系和三叠系沿煤盆地周围呈环状出露，局部有侏罗系，地表广泛分布新近系和第四系。

2.4.2 地层特征

1. 地层特征

井田内黄土广布，根据地表出露和钻孔揭露，地层由老至新有奥陶系中统上马家沟组(O_2s)、石炭系中统本溪组(C_2b)、石炭系上统太原组(C_3t)、二叠系下统山西组(P_1s)、二叠系下统下石盒子组(P_1x)、二叠系上统上石盒子组(P_2s)、新近系上新统(N_2)、第四系(Q)等。现分述如下。

1) 奥陶系中统上马家沟组

本组为灰色、深灰色厚层状石灰岩，质纯性脆，致密坚硬。中部夹棕褐色黄色斑点状的豹皮灰岩，灰绿色钙质泥岩或泥岩；底部为灰褐色同生角状灰岩。厚约 140m。

2) 石炭系中统本溪组

本组多为灰色砂质泥岩、泥岩及灰白、浅黄色中粒砂岩。中部一般有两层灰色石灰岩，下层常定为标志层 K_1，致密，偶夹海相化石；中上部偶夹凸镜状煤线；底部多为青灰色铝土泥岩及褐红色铁质泥岩。厚度为 23～54m，一般厚 42m，与下伏奥陶系灰岩呈平行不整合接触。

3) 石炭系上统太原组

本组为本区主要含煤地层，主要含 4 号、9 号、11 号煤层。其顶部主要为一厚煤层组及砂质泥岩的薄层互层，其煤层间多夹有高岭土、砂质泥岩和碳质泥岩；上部为一厚层砂带，夹一不稳定的薄煤层；中部为一煤层组，赋存有薄煤层与砂质泥岩互层，其厚煤层间夹有高岭土、碳质泥岩、砂质泥岩等；下部主要为砂质泥岩、薄层泥灰岩、砂岩并夹一厚煤层。其厚度为43～112m，一般厚90m，与本溪组呈整合接触。

4) 二叠系下统山西组

本组主要为灰白、灰黄色厚层状中粗砂岩，偶夹薄层状砾状砂岩，其次为灰色、暗灰色或黄绿色黏土质泥岩及砂质泥岩，中下部局部夹1～2层发育不稳定的煤层，底部之粗砂岩或砾状砂岩定为标志层K_3。本组厚度为38～90m，一般厚58m，与下伏石炭系上统太原组呈整合接触。

5) 二叠系下统下石盒子组(P_1x)

本组主要为灰黄绿及浅黄色厚层状中粗砂岩，间或与青灰色泥岩、青灰色砂质泥岩互层，砂岩之岩性及厚度变化均较大，胶结较疏松，交错层理，中部常夹1～3层硬质及软质耐火黏土，砂质泥岩及泥岩中常含植物化石，底部常有一层不稳定粗砂岩或砾状砂岩，定为标志层K_4。本组厚度为40～120m，一般厚80m，与下伏山西组呈整合接触。

6) 二叠系上统石盒子组

本组地层与下伏下石盒子组呈整合接触关系。岩性为蓝灰、灰色、灰绿、暗紫红色砂岩砂质泥岩、粉砂岩，中夹灰绿色、浅紫色中粗粒砂岩及透镜体。下部为厚层状灰白—黄绿色粗砂岩，分选差，常含砾石及泥质团块，多形成砂岩陡壁；上部疏松，易风化。底界标志层为灰白、灰绿色含砾粗砂岩，含绿色矿物及肉红色长石，交错层理极其发育。本组地层厚约60m。

7) 新近系上新统

本统地层与下伏地层呈角度不整合接触。岩性为棕红色粉砂质亚黏土，内含黑色铁锰质斑点，中下部常夹3～5层钙质结核。

8) 第四系

(1) 中、上更新统(Q_{2-3})。本统上部为土黄色粉砂质亚砂土，垂直节理发育，其底部有2～6m的砾石层；下部为浅红色砂质黏土；底部有2～4m砂砾层。厚5～80m，一般为50m左右。

(2) 全新统(Q_4)。本统中的冲积层，为现代河床、河漫滩堆积物，以砾石为主，中间有一些砂土；二级阶地为亚砂土平次生黄土，含较多的腐殖土。厚约25m。

2. 含煤地层地质特征

1) 石炭系中统本溪组

本组岩性由铝土岩、泥岩、细碎屑岩及薄层石灰岩组成。含黄铁矿结核及星散状黄铁矿，平缓波层理及水平层理较发育。顶部泥岩中见有透镜状细砂岩包裹体。其岩相以滨海相、浅海相为主，其次为过渡相与泥岩沼泽相。古地理属滨海平原型。含煤性很差，仅上部含一薄煤层，厚为0～0.85m。本组地层以铁铝岩层和泥质岩较发育。厚42m。

2）石炭系上统太原组

本组主要为含煤地层。岩性由灰白色碎屑岩、深灰色泥岩、煤层及泥灰岩组成，砂岩中具缓状层理及微斜层理。其中碎屑岩比值较大，为一套以海陆交互相为主的含煤岩系。其岩相为滨海相、三角洲相、冲积相及泥岩沼泽相。自中石炭世起华北陆台下降，开始接受沉积，并伴随着小型振荡运动。到晚石炭世展现了一个广阔的滨海冲积平原的古地进景观，由于距陆缘侵蚀区较近，地壳的沉降幅度与沉积物补偿大致平衡。保持了泥岩沼泽的聚煤环境。形成了4号、9号、11号3层煤层。在井田内4号、9号、11号3层煤厚度分别为9.05～11.75m、7.45～8.75m、1.00～5.34m，各煤层赋存稳定。

3）二叠系下统山西组

岩性以灰白色不同粒级碎屑岩为主，间夹浅灰色黏土岩，含1～3层极不稳定的薄煤层，全组厚40～86m，一般厚65m。其岩相为河床相、河漫滩相、泥岩沼泽相；含煤性差，煤层薄，在本区零星分布，无经济价值。砂岩横向变化大，见有冲刷现象。全组厚度变化不大，规律性不明显。

2.4.3　煤层特征

1. 含煤性

山西组、太原组、本溪组共含煤10层，由上到下编号依次为1号、2号、3号、4号、6号、8号、9号、10号、11号、12号。其中山西组含煤3层，编号为1号、2号、3号；太原组含煤6层，编号为4号、6号、8号、9号、10号、11号；本溪组含煤1层，编号为12号。可采煤层均赋存于太原组中，山西组、本溪组一般为不具工业价值的煤层。太原组总厚63～110m，平均87.2m，煤层总厚30.3m，含煤系数为34.75%。

井田内太原组煤层可分为3个煤组：上煤组为4号煤层、中煤组为9号煤层、下煤组为11号煤层，其中9号、11号煤层全区可采，4号煤层井东区全区可采，边帮区局部可采。

可采煤层厚度、煤层间距及变化情况见表2-1。

表 2-1　可采煤层厚度、煤层间距及变化情况一览表

煤层编号	煤层厚度/m（最小～最大 平均）	煤层间距/m（最小～最大 平均）	顶底板岩性	结构	稳定程度及可采情况
4	9.05～13.20 11.13		顶板多为砂质页岩、砂岩及碳质页岩；底板多为砂质页岩、页岩、碳质页岩及砂岩	较复杂，一般含夹矸 2～9 层	大部分稳定可采
		33.72～43.33 37.70			
9	7.45～15.27 11.36		顶板多为砂质页岩、碳质页岩及页岩；底板以砂质页岩为主，局部为碳质页岩及砂岩	较复杂，一般含夹矸 2～4 层	全区稳定可采
		25.73～29.80 28.11			
11	1.00～6.50 3.75		顶板为砂质页岩、碳质页岩；底板以砂质页岩为主，局部为砂岩	较复杂，一般含夹矸 0～3 层	全区稳定可采

2. 可采煤层特征

井田内可采煤层为 4 号、9 号、11 号煤层，共 3 层煤，其中 9 号、11 号煤层为全区主要可采煤层，4 号煤层局部可采。现将各可采煤层自上而下分述如下。

1) 4 号煤层

4 号煤层位于太原组最上部：距山西组底砂岩 K_3 0～7.8m，为上煤组主要可采煤层，厚度一般为 9.05～13.20m，平均 11.13m。顶板多为砂质页岩、砂岩及碳质页岩；底板多为砂质页岩、页岩、碳质页岩及砂岩。煤层结构较为复杂，一般含 2～9 层夹矸，夹矸多为高岭土质页岩、碳质页岩及砂质页岩，厚 0.10～0.45m，平均厚 0.20m。本煤层稳定发育，除局部风化外，其余全区可采。

2) 9 号煤层

9 号煤层为中煤组主要可采煤层，位于太原组中下部，距 4 号煤层 40m 左右，下距 11 号煤层 20m 左右，其厚度为 7.45～15.27m，平均为 11.36m，其顶板多为砂质页岩、碳质页岩及页岩；底板以砂质页岩为主，局部为碳质页岩或砂岩。煤层结构较复杂，常夹 2～4 层夹矸，夹矸多为高岭土质页岩、碳质页岩及砂质页岩，厚 0.05～0.45m，平均 0.23m。本煤层全采区发育，属全区稳定的可采煤层。

3) 11 号煤层

11 号煤层为下煤组主要可采煤层，位于太原组下部距太原组基底砂岩 K_2 之顶部约 5m，其厚度为 1.00～6.50m，平均为 3.75m。顶板为砂质页岩、碳质页岩；底板以砂质页岩为主，局部为砂岩。煤层结构较复杂，一般含夹矸 0～3

层。夹矸多为碳质页岩或页岩，厚 0.10～0.20m，平均 0.15m。本煤层全采区发育，属全区稳定的可采煤层。

3. 煤层对比

1) 标志层

山西组底部粗砂岩或砾状砂岩为标志层 K_3，而 4 号煤层厚度大，两者间距较小，为一可靠标志层，再就是本溪组中下部的石灰岩为 K_1 标志层。

2) 煤层间距

各煤层间的间距变化不大，4 号与 9 号煤层的间距变化在 3.0～4.5m，一般在 3.6m，而 9 号与 11 号煤层之间的间距变化为 3.60～13m，一般约 7.0m。

2.4.4　开采技术条件

1. 煤层的物理力学性质

井田的煤质较坚硬，性脆，风化后疏松，严重风化后呈泥状，其物理力学性质详见表 2-2。

表 2-2　主要可采煤层(未风化)物理力学性质一览表

试验项目	煤层编号		
	4	9	11
容重/(t/m³)	1.34～1.49	1.34～1.46	1.36～1.49
密度/(t/m³)	1.61～1.71	1.44～1.55	1.43～1.70
天然含水量/%	2.92～3.07	1.92～3.10	2.11
孔隙度/%	3.70～19.30	6.10～14.30	24.50
天然状态抗压强度/MPa	7.50～7.80	7.50～16.00	6.10～13.50
饱和状态抗压强度/MPa	5.50	3.70～14.10	9.30
普氏系数	0.80	0.80～1.60	0.60～1.40
黏聚力 C 值/MPa	0.229～3.07	2.02～3.10	2.71
内摩擦角/(°)	35～49	39～47	35
湿化性	完整	完整	—

煤层风化后，容重减少，密度增大，孔隙度增大，含水量增大，抗压强度降低，详见表 2-3。

表 2-3　主要可采煤层(风化煤)物理力学性质一览表

试验项目	煤层编号 4 号、9 号、11 号	备注
容重/(t/m³)	1.36～1.79	此风化煤呈黏泥状，褐色，失去可燃性，露头钻孔可见
密度/(t/m³)	2.49～2.50	
天然含水量/%	11.73	
孔隙度/%	51.20	
抗压强度/MPa	4.50～5.00	

2. 煤层顶底板物理力学性质

4 号煤顶板以中粗砂岩为主，粉细砂岩及泥岩次之；底板岩性多为粉细砂岩及泥岩。

9 号煤顶板多为砂质泥岩，砂岩次之，有 2cm 左右的碳质泥岩伪顶，底板为泥岩和细砂岩。

11 号煤顶板为泥灰岩，有泥岩和碳质泥岩伪顶，底板以粉细砂岩为主，局部为泥岩。

主要可采煤层 4 号、9 号、11 号煤层顶底板物理力学性质详见表 2-4。

3. 瓦斯

据收集资料显示，该矿的瓦斯鉴定结果为矿井瓦斯相对涌出量为 $1.05m^3/t$，绝对涌出量为 $0.48m^3/min$；二氧化碳相对涌出量为 $3.18m^3/t$，绝对涌出量 $1.45m^3/min$，属低瓦斯矿井。但是，随着开采深度和面积的增加，矿井规模的扩大及各种地质条件的变化，瓦斯的绝对和相对涌出量有可能增加。因此，在今后生产过程中，应加强对瓦斯的监测预报工作，并严格按照煤矿安全生产规程作业，以防发生瓦斯突出事故。

4. 煤尘

根据该矿 2006 年 6 月 5 日采取的煤样经国家煤及煤化工产品质量监督检验中心测试，井田内 4 号煤层火焰长度大于 400mm，岩粉用量为 90%，有煤尘爆炸性。因此，在生产中应注意加强防爆措施，及时处理浮煤和粉煤，必要时可洒岩粉，并进行洒水防尘，以防发生煤尘爆炸。

5. 煤的自燃

根据该矿 2006 年 6 月 5 日采取的煤样经国家煤及煤化工产品质量监督检验中心测试，井田内 4 号煤层吸氧量为 $0.69cm^3/g$，自燃等级为Ⅱ级，属自燃煤

表 2-4　主要可采煤层顶、底板物理力学性质

物理力学性质		4 号煤				9 号煤				11 号煤			
		顶板岩性		底板岩性		顶板岩性		底板岩性		顶板岩性		底板岩性	
		中粗砂岩	砂质泥岩	粉细砂岩	泥岩	泥岩	粗砂岩	粗细砂岩	泥岩	泥灰岩	细砂岩	粉砂岩	泥岩
容重/(t/m^3)		2.30～2.47	2.5	2.48～2.60	2.02～2.40	2.20～2.46	2.68	2.23～2.55	2.47	2.00～2.51	2.64	2.51～2.58	2.49
比重/(t/m^3)		2.62～2.70	2.66	2.57～2.65	2.52～2.64	2.46～2.65	2.71	2.54～2.70	2.56	2.64～2.65	2.77	2.60～2.64	2.59
天然含水量/%		0.59～2.69	0.67	0.35～1.22	0.83～1.14	0.90～1.26	0.95	0.22～1.17	1.47	0.56～0.74	0.11	1.03～3.92	0.79
孔隙度/%		3.9～15.2	6.70	2.7～5.2	4.5～7.8	7.7～12.7	2.10	1.7～14.9	4.90	6.2～8.1	4.90	4.8～7.3	4.60
孔隙比/%			0.079		0.048	0.072～0.133	0.322	0.017	—	0.008	—	—	—
天然状态抗压强度/MPa		28.1～44.1	28.8	24.8～44.3	15.2	33.1～49.0	44.4	36.9～44.1	23.8	31.8～87.2	—	38.5～45.4	29.4
饱和状态抗压强度/MPa		14.1～38.2	—	12.6	9.9	14.0～38.3	—	—	—	33.8	—	—	—
抗剪强度	黏聚力 C/MPa	12.4～30.0	15.1	9.6～12.8	9.5	11.5	27.9	8.5～18.1	—	—	24.1	12.3～13.8	—
	内摩擦角/(°)	16.5～28.2	15.3	15.8～29.9	30.7	15.2	23.5	28.9～41.5	—	—	24.2	21.6～22.0	—
抗拉强度/MPa		6.1～13.4	10.5	8.0	9.6	—	—	3.7	—	14.2	—	6.4	5.5

层，而 9 号和 11 号煤层的化学性质与 4 号相近，亦属自燃煤层。其自然发火期为 6 个月。

因此，在今后采掘过程中，应选择合理的开拓和采煤方法，加强对采空区的封闭工作，抓好巷道中浮煤、木屑、油脂等易燃物质的清理与回收工作，以减少煤层自燃发火的可能。

6. 地温及地压

据相邻矿多年开采的实际情况，未发现地温和地压异常现象。据调查，本井田地温和地压正常。平均地温梯度 1.72℃/100m，地温梯度垂向增深 58.14m，地温增加 1℃。

第3章　安太堡高陡边坡安全隐患及影响因素

安太堡露天矿经过多年的矿产资源开采，西北帮形成了近300m高，具有多级平台的陡帮边坡。上部被深厚的第四纪黄土层所覆盖，并且紧邻大型排土场，上覆土层及排土场所产生的附加荷载对边坡的稳定性极为不利。下部边坡为露天开采后裸露的岩性矿帮。自露天煤矿开采以来，坡体因长期自然暴露，受风吹、日晒、雨水冲刷等自然营力的作用，表层岩体风化严重、结构松散、强度显著降低，为边坡的安全埋下了隐患。另外，由于露天矿独特的工艺特点，生态环境遭受了一定程度的破坏，导致本区域地表植被稀少，为恶劣气候和风化作用的影响创造了条件。

为了实现资源优化配置，提高煤炭资源采出率，安太堡矿区开采方式由单一的露天开采变为露井联采方式。目前安太堡露天开采高陡边坡内部井工开采仍在有条不紊地进行，其采动影响也势必会对边坡的稳定性构成一定程度的威胁。本章将着重研究安太堡露天矿西北帮高陡边坡的安全隐患并分析其稳定性影响因素。

3.1　安太堡高陡边坡存在的安全隐患

3.1.1　露井联采产生的安全隐患

露井联采是一部分矿层由露天开采、另一部分矿层由井工开采的联合开采方式。按照露天矿与井工矿的生产时序关系，露井联采有如下4种方式：一是全面联合开采，即露天与井工开采同时进行；二是初期采用露天开采浅部资源，生产若干年后再转为地下，对深部资源进行开采；三是初期采用地下开采，而后转为露天开采；四是不同于上述3种情况的联合开采。安太堡露天煤矿露井联采属于第4种复合开采，即先进行露天开采，再进行同一水平的地下开采，类似于平朔安太堡露天煤矿水平厚煤层采用露井联采的开采模式在实际开采中还不多见。井东煤业矿井是安太堡露天矿区内部的井工矿之一，坐落在因安太堡露天矿开采而形成的西北帮边坡底部的矿坑内，回采西北帮边坡体内的4号煤与9号煤。在进行煤炭资源开采之前，原岩应力处于相对平衡状态$\{\sigma_0\}$。

露天矿开挖破坏了原地质体的应力平衡状态，引起的应力变化为$\{\sigma_L\}$，导致应力重新分布。当露天开采完成后，边坡应力场达到一个新的平衡状态 $\{\sigma_1\}=\{\sigma_0\}+\{\sigma_L\}$。而在后续的井工开采作用下，边坡内部应力场也会不断发生改变，每一阶段的开挖都会促使应力场需重新调整。边坡内部应力 $\{\sigma_{i+1}\}=\{\sigma_i\}+\{\sigma_{Di}\}$，因而边坡内部的应力场始终处于一个动态过程，随着井工开采的持续，安太堡露天矿边坡的应力平衡系统处于不断地破坏和自组织调整状态。

随着安太堡露天矿内部 4 号煤开采的推进，边坡应力场再次受到扰动，煤层覆岩不断离层、断裂，继而发生冒落。影响继续发展，传递到地表及露天矿边坡，岩层产生移动和变形。在露天矿边坡的蠕变和 4 号煤开采的影响下，边坡不但有向矿坑方向的位移，而且有向采空区方向的运动，*EF* 和 *CD* 线之间的边坡受到两者叠加作用，合成矢量指向井工开采区，且合成后位移矢量增大，容易诱发边坡发生滑移(图 3-1)。

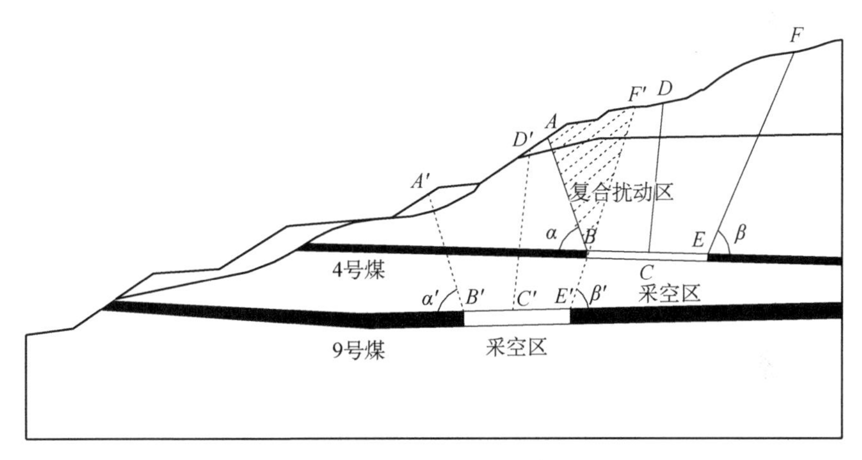

图 3-1　露井联采边坡煤层及采空区分布

随着 9 号煤层的开采，边坡受到 4 号煤和 9 号煤的复合采动影响，*DF* 坡线下方的 *D′F′*坡线区域也发展成为易发生滑移区域。由于两煤层的开采扰动影响相互叠加，边坡产生复合扰动区，对坡表影响更加剧烈，促使坡表张拉裂隙及沉降变形破坏更加明显。仅回采 9003 一个工作面(宽 270m，回采长度近 1000m)的情况下，地表(露天矿坑上方排土场)就出现 6m 多的下沉，并在采面两侧伴生平行排列的多条地表裂缝。多煤层复合开采造成了边坡上部沉降加大，采空区倾向一侧移动会诱发边坡上部排土场边坡也向同方向产生变形，这对排土场边坡的稳定性又是一大考验。

在露井联采影响下，两种采动效应的叠加影响使安太堡露天矿西北帮边坡的变形机制更加复杂，内部应力场更加多变，边坡的稳定性受到更大的威胁，因而露井联采所产生的复合扰动是安太堡露天矿西北帮高陡边坡安全稳定以及煤矿进行正常生产的一大安全隐患。

3.1.2　内排土场存在的安全隐患

排土场是露天矿生产的必然产物，其堆放位置的合理设计关系到整个生产运营的经济效益。如果排土场的位置距离生产现场过远，这无疑会增加运输成本。而且采用外排土场时常常需要购置大量土地作为堆放场地，增加额外投入。因而，内排土场就成了露天矿生产解决剥离岩土堆放的一个常选方式。

鉴于以上原因，井东煤业选择在露天矿坑内部堆放排土，但同时也为矿山安全埋下了隐患。历史上国内发生的排土场滑坡灾害也是触目惊心。1973 年海南铁矿 6 号排土场在经历几次持续降雨天气之后，发生几十万立方米的滑坡，造成当时排土场停产。1975 年云浮硫铁矿排土场发生了泥石流灾害，多段河堤被冲毁，总长度达到 4178m，灾害还造成 1334 公顷农田被淹没，造成了巨大的经济损失。1979 年 12 月，兰尖铁矿发生了排土场滑坡，滑坡体积达到 200 万立方米，是我国最大的一次排土场滑坡灾害。

安太堡露天矿内排土场高约 150m，分成三级堆放，如图 3-2 所示。由于内部场地的限制，为了堆放更多弃土，因而最下一级排土场的高度也在 80m 左右。排土场土体松散，坡度很大，使边坡受重力及气象等影响明显。早期，最下级排土场西端边缘处就出现一条贯通的张拉裂隙，排土场局部边坡很不稳定。

图 3-2　安太堡露天矿内排土场

除了排土场边坡自身特点对边坡稳定性不利外，还有以下两个重要影响因素：①排土场上部的堆载作用。同时矿方又将排土场用作大量生产材料堆放地，而这些材料多为钢材等重量很大的金属材料，在这些附加荷载作用下，边坡上部区域局部已发生明显沉降。②排土场坡底部积水。井工内部的大量生产排水及大气降水都在排土场北侧的坡脚矿坑聚集，造成排土场坡脚土体长期浸泡在积水之中，故坡脚处土体软化，强度大大降低。在机械振动或者是在地震等外界因素作用下可能引起滑坡灾害的发生。

内排土场西侧紧邻矿产运输道路，南部坡脚建有几处现场办公建筑，因而内排土场边坡对煤矿运输及下方建筑内的工作人员的生命安全构成了威胁，同时给顶部的生产材料带来安全隐患。

3.1.3　蠕滑区带来的安全隐患

安太堡露天矿西边的边帮蠕滑区位于矿坑西帮边坡(图 3-3)，根据边坡的破坏类型，此区域属于水平层状边坡坐落式剪切蠕变破坏。蠕变通常为衰减变形，此类破坏主要发生在构造活动区的水平或近水平岩层边坡中。由于露天开采，边坡临空面应力释放，边坡发生卸荷回弹，此时在水平或近水平的软弱结构面中，当局部地段上覆坡体的下滑力达到或超过该面的实际抗滑阻力时会发生滑动。

图 3-3　西边蠕滑区域

该区域可见的大量拉裂缝，是地表水集中渗入通道。地表裂缝分布范围基本上与地下采空区相对应，多沿采区周边地带成群分布。地下采空引起上覆岩体冒落、挤压、张裂变形，改变了坡体的水文地质环境，使岩体的透水性增加，地下水循环加剧，岩体进一步软化，极易发生滑塌。同时，蠕滑区上部岩质边坡较陡，其表层风化十分严重，局部碎石土已发生滑移，并存在较大楔形体破坏的可能性。

此区域历史上曾经发生过多次滑坡灾害，对生产造成了一定的影响。最近一次滑坡发生在 2006 年，滑坡方量约达 20 万 m^3，滑落的岩土体推倒了下方的矿区办公楼，并掩埋了部分生产设备。蠕滑区位置正好处在露天边坡的南边坡与西边坡的交会区域，在力学上属于应力集中区，同时又是降雨时期地表径流和坡体渗流的汇集区。露天矿边坡面积巨大，下雨过程中形成巨大的汇水漏斗。在降雨充沛情况下，大量的地表径流与坡体内部水体渗流都在此处汇集。在已经发生过滑坡灾害的情况下，如果地表排水防护措施不当，雨水一旦进入坡体内部，很可能再次发生滑动。虽然目前滑体体积不是很大，但易引起连锁反应，造成大的灾害。

露井联合开采、内排土场的存在、蠕滑区的潜在威胁给本区域矿产资源顺利生产带来了巨大的安全隐患。安太堡露天矿高陡边坡的稳定，不仅关系到下方矿坑内矿联井工业广场现场办公楼、材料库、井工开采副风井、井工矿入口、155 万 t/a 煤炭出口等大量现场办公建筑以及辅助设施的安全，更关系到下方数以百计的办公、作业人员的生命安危。一旦发生大型滑坡灾害，后果不堪设想。因此安太堡高陡边坡的安全隐患必须引起高度的重视。

3.2　降雨条件下边坡出现的安全隐患

3.2.1　土质边坡平台滑坡裂缝

边坡上的岩土体因受到重力的作用，都具有向坡下滑动的趋势。由于自然或人为因素导致失稳时，在滑动体与不动体之间会发生相对移动，形成地面裂缝。滑坡裂缝是地面裂缝的一种，多见力学性质以张性和剪切为主的裂缝，偶见挤压裂缝。土质滑坡中，张性裂缝延伸方向通常与边坡走向一致，且多呈现弧形。由于滑体内部运动方向和运动速度的差异，在滑坡内部也会形成各种力学性质裂缝。裂缝可以作为滑坡发生的前兆，通过滑坡裂缝的调查，可以大体确定滑坡范围、滑坡厚度及滑坡发展的阶段，也可以判断滑坡类型为牵引式还是推移式。

滑坡裂缝的存在会对边坡主要产生以下几种影响：①裂缝的存在将边坡划分成分离的几部分，降低了边坡的整体稳定性；②裂缝打开了通往坡体内部的通道，在降雨过程中，雨水直接进入边坡内部，边坡土体遇水软化，强度下降；③在雨量较大时，滑坡裂缝会被雨水充满，会对边坡产生向临空面的推力作用，边坡内部渗流力增大，边坡稳定性降低。因此，边坡裂隙的存在不仅降低了边坡的整体稳定性，还为其他滑坡诱发因素创造了条件。

安太堡露天矿西北帮上部的土质边坡坡体组成物主要为露天矿开采剥离的岩体及第四纪沉积土层，后期经过边坡修整，成为松散的多级平台边坡，高度多为10～20m。由于在前期边坡修整过程中未进行地表排水和坡面护理，简单修整的松散平台边坡与原始岩层或原始土层接触面在自身重力作用或者施工机械振动等影响下，容易发生滑动进而在平台上形成张拉裂隙。在降雨条件下，边坡土体浸水而自重加大也是边坡产生张拉裂缝的关键诱因之一。

随着裂隙的不断发展延伸，将会形成较大的张拉裂缝，同时会伴随有下错发生。这是西北帮陡帮边坡上部土质平台常见的破坏现象，矿区多处滑坡前期都出现了上述状况，因此一旦观测到这些迹象就应加强观测并采取必要的治理措施。

2010 年夏季朔州市降水量偏多，在连续的降雨影响下，土质边坡平台多处张拉裂隙发展成为贯通的滑坡裂缝。西边坡一平台外缘出现了多条张拉裂隙，裂缝两侧产生下错，最大沉降约 40cm。从后缘和两翼裂缝的形态来看，3 个长约 100m 的巨型楔形滑体已基本形成(图 3-4)，在车辆荷载及降雨等外界不利因素影响下，随时存在局部边坡发生塌滑的可能。

另外一些裂隙并没有发展形成贯通的滑体裂缝，而是与边坡内部节理及存在的空洞等连通。随着雨水的灌入，土体不断被水流带走，裂隙越来越大，形成孔径近 0.5m 的土洞。相比于滑体裂缝，土洞对边坡的危害性更大，灌入的雨水进入边坡内部岩土缺陷部位，容易诱发大规模滑坡灾害。

因此一旦出现边坡裂隙就应当分析其产生的原因，并密切监测其发展趋势和程度，如果裂缝不断开裂、贯通，就必须根据情况及时采取治理措施。

3.2.2　边坡滑塌和泥石流

1. 边坡滑塌

西帮边坡平台坡体多为露天矿排土回填堆积，土体松散黏粒含量很低，坡度较陡，且表面未采取防护措施。在持续降雨作用下，随着雨水不断入渗，平台前缘坡体自重迅速增加，多处平台发生局部滑塌(图 3-5)。从滑塌现场可以看出，滑塌后缘出现陡立的后壁，坡度近 90°。滑塌走向长度平均在 50m，体积在 3000m^3 以上。发生滑塌的平台边坡夹杂大量碎石，透水性良好，这也正是在恶劣气象条件下，矿区此类滑塌频发的主要原因。

虽然滑塌没有造成人员伤亡，但是布设在边坡地表的位移监测点常常被滑塌体掩埋，造成此区域位移监测的暂时中断。另外，塌滑的土体常摧毁下方平台通道，给通行带来不便。

(a) 巨型楔形滑体 Ⅰ

(b) 巨型楔形滑体 Ⅱ

(c) 巨型楔形滑体 Ⅲ

图 3-4　土质边坡平台张拉裂隙

(a) 塌滑 I

(b) 塌滑 II

图 3-5　平台下错塌滑

2. 泥石流

泥石流是一种具有强大破坏作用的固液两相流，兼有崩塌、滑坡和洪水破坏的双重作用，常常表现为暴发突然、来势凶猛、迅速。2010 年 8 月 7 日至 8 日，甘肃省舟曲县发生了特大泥石流灾害，灾难造成一千五百五十余人遇难近三百人失踪，给国家经济造成了巨大的损失，给人们心灵也带来了巨大的伤害。

泥石流的形成需要三个基本条件：第一，在地形上具备山高沟深，地形陡峻，流域形状便于集水集物的适当地形；第二，要有形成泥石流固体部分大量的松散物质；第三，泥石流的激发条件和搬运介质的动力来源，短期内有突然性的大量流水来源。西北帮土质松散，边坡经过强降雨冲刷，局部平台边坡形成了巨大的冲沟(图 3-6)，由于未设置地表排水系统，大量雨水汇集顺坡面而下，携带坡表松散物质汇集于冲沟顺势而下形成泥石流，沿途塌滑坡体等也构成了泥石流的固体部分。

图 3-6　小型泥石流灾害

2010 年雨季，几次强降雨造成西北帮边坡上部土质平台发生多次小型泥石流，导致下方平台道路被阻断，当时此平台正在进行边坡坡面锚喷施工，材料物资无法运达现场，工程被迫暂时中断。远程应力监测系统施工现场住所在此期间受到不同程度的影响(图 3-6)，施工进度受到影响。

3.2.3 东南角黄土滑坡

黄土滑坡是在厚层黄土高边坡地段的土体在外界作用下，滑坡体沿软弱面整体下滑的现象。滑坡通常有较陡的滑动面，多发生于 40°～60°黄土边坡。黄土中粉土颗粒含量高，黏粒含量仅占 10%左右，因此结构较疏松，稳定性较差。

安太堡西北帮边坡被深厚的第四纪黄土所覆盖，其组成主要为黄土类土，侵蚀作用较强烈，土体松散。另外由于此区域边坡坡度大，在外界影响下，多处平台出现了错落，边坡顶部出现多条张拉裂隙。在 2010 年 9 月 17 日至 9 月 18 日强降雨的影响下，边坡黄土浸水，自重增加，东南边坡发生了黄土滑坡(图 3-7)。按照滑坡所涉及的地层与结构，此滑坡属于黄土内滑坡，即滑动面在黄土地层的内部，沿着土体内部的软弱面滑动。东、南边坡均为深厚的黄土层，因而此区域滑坡均为此类性质。其诱因主要是降雨，造成黄土层含水量增大，边坡的稳定性下降。

图 3-7 东南角黄土滑坡

此次滑坡波及两个平台，高度超过 50m，宽度为 20m 左右，滑体厚度大约为 2m。滑坡平台下方为矿坑煤炭运输要道，每年 1500 万 t 煤炭经由此处运送出矿区。滑坡发生时，上部平台坡体首先失稳，推动下部土体滑动，形成陡立的滑坡后壁，从土层断面可以清晰看出，降雨过程中表层黄土含水量明显增加，土体自重增大。滑坡前缘延伸到煤矿运输要道严重威胁矿产运输的安全。滑坡体顶部紧邻矿区某处施工单位的临时住房，继续发展势必威胁到附近区域的人身安全。

通过对现场实地考察，发现造成此次滑坡的原因主要为水体入渗坡体。滑坡前期，上部平台已经出现一条较深的张拉裂隙带，经过长时间的发展已形成一条深沟，这是雨水诱发此次滑坡的主要原因。降雨过程中雨水汇集此区域，以及临建内生活用水的持续排放(图 3-8)，导致潜在滑面处土体因浸水而强度下降，滑体不断发展，最终发生了此次滑坡。

图 3-8　生活用水排放

3.2.4　东北角滑坡

早期青岛理工大学曾对矿联井广场周帮边坡的安全隐患进行过调查研究。报告中曾指出在工业广场的西部和东北角已形成两个上、下贯通的滑体通道，均处于自然状态未做任何处理。虽然滑体体积不是很大，但遇强降雨、地震等极端情况时，易引起连锁反应，造成大的次生灾害。

东北角滑体组成物为松散的露天矿排土及夹杂的大量碎石，周围坡体组成以松散土层为主，且坡度较其他区域更为陡峻。东北角区域从地形上为应力集中区，同时也是降雨的汇集地。受持续降雨影响，2010 年 9 月 21 日，此区域发生了大范围滑坡，滑坡涉及整个矿坑东北角区域，长度约为 200m，宽度在 30m 左右。滑坡前缘推进到矿联井广场出煤口平台，初步估算滑坡方量在 5 万 m^3

左右。

滑坡壁上方的道路平台被截断，产生明显的张拉裂缝，滑坡区域形成了一个巨大的滑沟(图 3-9)。滑坡原因是滑坡体顶部前期形成大量张拉裂隙，在车辆荷载及其他外力作用下，裂缝逐步扩展。加之降雨的持续灌入，在土体内部不断积聚，软弱面区域土体达到饱和，抗剪强度大大降低，最终发生滑坡。从滑坡现场可以清楚看到光亮如镜的滑床。滑坡前缘推进到矿坑底部出煤口附近，且此次滑坡产生的巨大滑沟和滑体的松散滑体物质构成了泥石流的基本条件。再次爆发持续的强降雨对矿区煤矿安全生产将是一个巨大的考验。后期的清理工作也将耗费巨大的人力、物力和财力。

(a) 张拉裂缝

(b) 滑沟

图 3-9　东北角黄土滑坡上部的张拉裂缝与滑沟

3.2.5　南帮边坡、内排土场滑坡

南帮黄土边坡高度大、坡度陡，除运输主道平台较宽外，其他各级平台均宽度较小，不足 2m。由于卸载平台宽度过小，基本不能起到减载的作用，在自身重力作用下就出现沿平台贯通的张拉裂隙，对南帮边坡的稳定性非常不利，同时也反映出此区域边坡稳定性相对较差。2010 年的集中降雨，使南帮表层松散黄土饱水发生失稳，整个矿区南帮边坡发生多处滑坡(图 3-10)，矿区的内排土场也产生了两处滑塌(图 3-11)。

分析南帮边坡及内排土场几次滑坡灾害，具有以下几个共同点：①两处区域滑坡均处于未加固状态，坡体构成物松散；②滑坡发生在降雨期间或者是降雨后不久，都是由降雨诱发产生；③几处滑坡均发生在边坡的表层土体，滑坡深度不超过 2m。虽然滑坡体积不大，但是滑坡的影响范围都覆盖了井工矿煤矿的运输道路，如果不进行处理容易引发大范围滑坡，对矿产运输构成威胁。

图 3-10　南帮边坡多处滑坡图

图 3-11　矿区内排土场滑坡

3.3　边坡稳定性影响因素

边坡稳定性受到多种因素的影响，可以大致分为边坡自身特性因素、自然环境因素及人类活动因素三类。自身特性因素主要包括地层岩性、岩(土)体结构、地貌特点、地质构造等；自然环境因素主要包括气象条件、水文地质、植被情况、地震等；人类活动因素主要包括边坡工程、矿产开采等。高陡边坡由于自身坡度大等特点，存在滑坡的可能性比一般边坡大，前期对影响边坡稳定性的关键影响因素进行科学分析是做好高陡边坡灾害防治的前提条件。

3.3.1　边坡自身特性影响因素

1. 地层岩性

地层岩性是影响边坡工程特性的基本因素，岩体的地层岩性特征决定了边坡变形破坏发生、发展的能力。岩体类型特征面及其组合形式对边坡稳定状态起着决定性作用。

1)地层的分类

地球的形成时期大约在 46 亿年以前，在这漫长的地质历史过程中组成地壳的物质经历了复杂的改造和演变。地质作用的能量主要来自岩浆入侵地壳及喷出地表的岩浆作用和由地下深处温度、压力或化学环境的变化所产生的变质作用，以及地壳深处经高温作用而熔融的深熔作用等内营力地质作用和风化、侵蚀、搬运、沉积等外营力地质作用。

复杂多变的地质作用及物质组分造就了成分和结构不尽相同的岩土体，无论从时间上还是空间上都存在着很大差异，这是最普遍而且最显著的地质现象。岩土领域的学者早在20世纪70年代就提出“岩组”的概念。所谓岩组，就是以某一种或者某几种主要岩性为代表的不同时代地层的组合体。王恭先、赵甫[143]将地层分为10个岩组，它们分别为黏性土岩组、黄土岩组、堆积土岩组、砂砾泥岩岩组、砂页岩岩组(包括含煤层的砂页岩)、碳酸盐岩组、变质岩岩组、侵入岩岩组、火山岩岩组、构造破碎岩岩组。不同的岩组其物理力学特性各异，不同岩组的组合也就形成了特性复杂的边坡体。

通过对我国大量的滑坡灾害资料的调查研究发现：最容易发生滑坡的地层有以下几种类型：①黏性土岩组。黏性土矿物成分以伊利石、蒙脱石等吸水性成分为主，它是一种具有裂隙性、胀缩性和超固结性的高塑性黏土。黏性土的三大特性使其赋存区域的工程建设等边坡工程面临巨大的问题与挑战。②黄土岩组。黄土是第四纪以来形成的、多孔隙弱胶结的特殊沉积物。它广泛分布于不同的阶地砾卵石层和新近系、白垩系等古老地层的风化剥蚀面上，形成典型的黄土地貌景观。由于黄土本身具有湿陷性、大孔隙、力学强度较低等特性，故黄土地区常发生水土流失、地基沉陷、崩塌、坍塌、滑坡等环境地质灾害。③堆积土岩组。堆积土滑坡在我国滑坡灾害中占有很大比重，主要发生于第四系及近代松散堆积层。坡体构成物质成分复杂，结构松散且透水性很强。其滑坡具有滑坡边界隐蔽模糊、滑坡诱因多为大气降水等特点。④构造破碎岩岩组。岩石类型多为各种岩石的构造影响带、破碎带、蚀变带或风化破碎岩体。岩体松散、破碎，内部节理裂隙发育。坡面沿纵横方向的地形起伏变化大，植被状况较差。当下面存在隔水层顶面的时候容易发生滑坡。

2) 安太堡高陡边坡地层岩性对稳定性影响

西北帮覆盖层主要为填土和第四纪沉积物。填土部分主要为安太堡矿露天开采的排土场堆积物，局部为整修边坡回填物，岩性以粉土夹杂碎石及块石，主要分布在边坡上部，局部覆盖在斜坡上，揭露厚度为0.40～6.90m。从组成成分及形态上分析属于堆积土岩组，在降雨季节西边帮多级边坡出现了塌滑现象。覆盖层最下层为厚度较大的棕红色粉质黏土层，由于黏性土透水性较差，极易在此区域形成上部滞水而形成滑坡。

基岩部分存在泥岩、泥质砂岩岩组。强风化的天然单轴抗压强度为0.42MPa，中风化-微风化的饱和抗压单轴强度为6.27～15.38MPa。失水崩解现象明显。降雨和风化作用造成暴露边坡的破坏程度加剧，表层岩体破碎程度加剧。

2. 岩(土)体结构

岩体结构是岩体内结构面和结构体的排列组合形式，由结构面和结构体两个基本单元组成。类型包括层面、节理、断层、裂隙等不同成因、不同特性的各种地质界面。由于岩体结构面所存在的连续性被打破，岩体边坡的整体强度下降，变形性和流变性增大。结构面的发育程度、规模大小及组合形式等决定了结构体的形状、方位和大小，对岩体的稳定性有着重要影响。岩体强度及稳定性研究表明，结构面组合边界的破坏是造成边坡失稳的主要原因。

1) 岩(土)体结构的分类

根据场区岩层地质特征、物理力学性质特征将本区岩体结构面可划分为原生结构面、构造结构面及次生结构面；软弱夹层可划分为原生软弱夹层、次生软弱夹层。

原生结构面：成岩过程中形成的结构面，按照成岩作用可以将其分为沉积结构面、火成结构面、变质结构面。

构造结构面：各类岩体在构造运动作用下形成的各种结构面，如劈理、节理、断层及层间错动等。节理面在走向延展及延伸发展上，其范围是有限的。尺寸从几厘米到近百米。断层面一般是延展性较好的结构面，其规模相差悬殊。有的仅限于表层一定深度，而有的深切岩石圈几十公里。

次生结构面：原生结构面由于外力(如风化、地下水、卸荷、爆破等)的作用而形成的各种界面，如卸荷裂缝、风化裂隙等。

结构面按发育程度和规模可以划分为如下五级：

Ⅰ级结构面：区域构造起控制作用的断裂带；

Ⅱ级结构面：延展性强而宽度有限的地质界面；

Ⅲ级结构面：局部性的断裂构造；

Ⅳ级结构面：节理面；

Ⅴ级结构面：细小的结构面。

2) 结构面的状态

结构面的状态包括结构面的产状、延展尺寸、密集程度、胶结与填充状况、起伏度和粗糙度等，它是影响岩体强度和稳定性的重要因素。

(1) 结构面的产状与边坡的稳定性关系：结构面产状是指结构面的走向、倾向和倾角，对岩体是否沿某一结构面滑移起控制作用。当结构面的走向与边坡的走向近似垂直时，结构面对边坡的稳定性影响不大。当与其平行时，根据结构面倾角、坡面角以及内摩擦角三者之间的关系大致可判断边坡的稳定状态。当结构面倾向不小于边坡面的倾角时，不利于边坡的稳定；同样，结构面倾向与边坡面倾向的关系也可以用于对高度较小的边坡稳定性状况的概略评价。同向缓倾边坡稳定性较差。

(2) 结构面的尺寸与稳定性的关系：结构面规模大，延展性程度高对边坡的稳定性不利。如果结构面之间贯通性差，岩体整体强度下降相对要小，边坡要相对稳定。结构面的密集程度越大，岩体越易于破坏。

(3) 结构面的胶结和填充状况与稳定性关系：岩石结构面的胶结主要有泥质胶结、钙质胶结、铁质胶结、硅质胶结等几种。其强度决定于胶结物质的强度及胶结物遇水时的强度特性。当岩石结构面含有填充物时，对其抗剪强度的影响主要有填充物性质和填充物厚度两个方面。按厚度可将有充填物的结构面分为薄膜充填、断续充填、连续充填和厚层充填。其中厚层充填厚度可达数米，构成软弱带，产生沿接触面的滑移。

(4) 结构面的起伏度和粗糙度与稳定性的关系。结构面表面起伏程度可以用起伏度和粗糙度来表达。粗糙度由结构面上随机不规则的微凸体组成，而起伏度则由结构面上大的趋势性起伏组成。工程地质学中将粗糙度按其粗糙程度分成粗糙的、平滑的和镜面的三级。而起伏度则按几何形态分成平直的、台阶状、锯齿状和波浪状四类。一般认为粗糙度表示的起伏不平的岩石结构面在滑移过程中会被剪切破坏，对剪切强度有增大作用。

3) 岩体结构对安太堡高陡边坡影响

区内构造结构面主要是节理面，多数为张节理，节理延伸长短不一，形状为平直不规则型，节理面粗糙，结合面张开宽度多为1～3mm，多数无充填物，其强度主要取决于结构面两侧岩石的力学性质及结构面的粗糙程度。少量节理由铁质、钙质充填，因而结构面强度较大，利于边坡的稳定。

区内次生结构面以风化裂隙为主，主要为下石盒子组，风化作用一方面使岩石沿软弱面产生新的裂隙，另一方面使岩体中原有沉积结构面和构造结构面扩大、变宽，透水性增加，岩体工程地质条件恶化。另外在西北帮区域有一北东走向，倾向东南的断层，断层与边坡斜交形成倒三角楔体，在上部堆载形成的挤压应力作用下，三角楔体存在松动而有岩体滑坡的危险，进而引起大规模的连锁反应。

区内风化夹层为主要的次生软弱夹层，主要为强风化的下石盒子组，其特点为延续性好，裂隙发育，岩石破碎，松软，泥化、饱和抗压、抗剪强度低，不利于边坡的稳定。

3. 地貌特点

大自然造就了世界上形态各异的地表景观，大量的滑坡资料研究表明，滑坡灾害的发生与地貌存在着重要的联系，因此在灾害学中它可以作为判别边坡是否会发生滑坡的一个依据。同一地区边坡坡度越陡，边坡高度越大，越容易失稳。例如，1974年昭通地震诱发的滑坡多发生在35°～45°的斜坡上，1973年炉霍地震诱发的滑坡多处于30°～50°的斜坡上。2010年8月7日甘南藏族自治州舟曲县发生的滑坡泥石流，造成了巨大损失。本区域地势起伏大且坡度较陡、谷坡稳定性差，过半地方坡度大于25°，南部许多地方甚至达到35°～50°。

1) 易滑坡地貌特点

滑坡的地形往往在坡顶产生张应力，并引起坡顶出现裂缝，这些作用均极大地降低边坡的稳定性。只有处于一定的地貌部位，具备一定坡度的斜坡，才可能发生滑坡。以下为几种容易产生的滑坡地貌。

(1) 老滑坡地貌。许多新近发生的滑坡都是老滑坡的复活。工程施工地震或者气候影响又重新激活了这些滑坡，因而老滑坡地貌很有可能再次发生滑动。

(2) 自重下堆积的土坡或坡度大于10°，小于45°，下部中缓上陡、上部成环状，前缘开阔的山坡、铁路、公路和工程建筑物的边坡等都是容易产生滑坡的地形。

(3) “V”型深切河谷地貌和地形起伏度较大的山谷地貌，在谷地中形成多级阶地。在山麓、河道两岸堆积的大量的新生代砾岩、砂岩等固结程度较差的沉积物常在暴雨恶劣气候条件下，接触面处土体浸水形成滑动面。

(4) 山间盆地边缘区起伏平缓的丘陵地貌是岩石滑坡和黏性土滑坡集中分布的地貌单元。在坚硬岩层分布区，可连续产生岩体顺层滑坡。

(5) 边坡转弯处，在力学上为应力集中区，并且在外形上形成沟谷状，在大气降水过程中，也是局部水体的汇集处。几何形状为凸形的边坡，因在两侧水平受到拉应力的作用，因此边坡稳定性也较差。

2) 地貌特点对安太堡高陡边坡影响

地貌可以根据其形成方式分为天然地貌和非天然地貌。人类的采矿活动生成了诸多的局部非天然地貌。例如，排土场就是矿产生产过程中人为堆积而成，露天采场则是机械采掘形成的庞大矿坑以及地表沉陷是由井工开采导致。这些非天然地貌和原始地貌发生了明显的变化。

安太堡露天矿坑地处黄土高原晋陕蒙接壤的黑三角地带。矿田内地势多变，高度起伏变化较大，属于黄土低山丘陵地带。露天开采形成的巨型边坡在外形上酷似一个集水漏斗，会对边坡的稳定性产生以下影响：①暴雨条件下大量的雨水涌入矿坑底部。坑内底部的基岩受到汇集的雨水浸泡，一部分岩体受到水的侵蚀软化，强度降低。②矿山开采形成的多级平台边坡，上部为松散的黄土层或者是平台边坡修整的松散碎石土其坡度常在45°以上，高度也较高，下部与基岩面接触，本身稳定性较差，当遇到水体进入边坡内部时常形成局部滑坡。在雨水冲刷作用下常形成冲沟，进而容易形成小型泥石流。③矿坑形状近似环形，边坡转弯处在外形上形成了谷沟，一方面造成应力集中，另一方面形成水体汇集。到目前为止发生的规模较大的滑坡均发生在这些位置。

3.3.2 自然作用因素

1. 气象条件

1) 气象条件对边坡稳定性的影响

气象因素对滑坡的影响一直是岩土领域专家学者研究的重要内容，据资料分析和研究，大多数滑坡事件几乎都发生在雨势高峰期后的4h之内，只有约10%发生在16 h以后。人们已经对降雨诱发滑坡的单因素分析做了大量的工作，如当降雨时，地下水位上升造成滑体、滑带出现的几率增加，特别是历时较长的强暴雨是导致滑坡的主要触发因素。据统计，2010年6～8月全国特大型和大型山地灾害事件36起，因强降雨原因引发的多达32起。贵州省关岭县“6・28”特大山体滑坡、甘肃舟曲“8・7”特大泥石流等特大灾害的直接诱因都是强降雨。其影响表现在以下几个方面：

(1) 降雨对软弱结构面以及渗透能力相差很大的土层接触面产生侵蚀软化作用，降低作用区域的抗剪强度，加快滑动面的形成。特别是松散块体堆积的边坡及存在大量裂隙的膨胀土边坡。

(2) 降雨增加了边坡岩土体的重量，使得其下滑力急剧增加，破坏了边坡岩土体的力学平衡，起诱发破坏作用。

(3) 降雨对滑坡形成的影响程度直接受控于边坡地下水水位，水位越高，影响程度越大，地下水位在短时间内大幅度上升是大多数滑坡形成的直接诱因。

(4) 降雨过程中，大量的降雨来不及渗入到地下而随着坡面发生地表径流，对坡面产生冲刷作用，不仅会使表层土体流失，还会形成冲沟造成后续的破坏。

(5) 存在张拉裂隙的斜坡，在降雨情形下，裂缝内部充满积水，产生静水压力，对边坡产生向临空面的推力作用，不利于边坡的稳定。

2) 气象条件对安太堡高陡边坡影响

安太堡露天矿所处的朔州地区属温带大陆性季风气候。根据山西气候区划方案，属晋北温带寒冷半干旱气候区，在多阵性降水天气过程时，时空分布不均，局地洪涝和旱象都有可能发生。年平均降雨量为450mm左右，全年70%的水量集中在每年的6～9月。

安太堡露天矿高陡边坡上部的覆盖层多为松散土质，并且伴有坡顶张拉裂隙。在坡体干燥状态下，高陡土质边坡的破坏发展较为缓慢，但是遇到异常天气，降雨强度大且历时长，对本区域边坡将会产生极大影响。2010年几次滑坡均发生在降雨过程或者降雨后的一两天之内。

水对边坡稳定性的危害众所周知，在边坡分析评价时水的作用是不可忽略的一个关键因素，其作用的发挥条件自然是考虑的一个重要方面。露天开采产生的矿坑边坡形成近3.22km^{2}的汇水面，这为雨水的作用提供了地理方便。暴雨期间大量的地表降雨、岩层涌水不但可以通过破碎的表层岩体进入边坡内部节理进而继续向深部发展，岩体力学特性也被软化、降低。矿坑底部如同一个巨大的汇水漏斗。边坡底部的基岩同时遭受施工积水浸泡、侵蚀，将进一步加剧边坡的不稳定状况。

2. 水文地质

1) 水文地质对边坡稳定性的影响

地下水是影响边坡变形与稳定、诱发边坡失稳的重要因素之一。地下水对滑坡岩土体的作用同降雨的作用大部分相同，这里不再赘述。不同的是大气降水是地下水的补给源之一。大气降水会使地下水水位上涨，而水位的上升会造成大范围边坡的失稳。物理作用表现在润滑、软化和泥化作用及结合水的强化作用。化学作用主要是通过地下水与岩土体之间的溶解作用、溶蚀作用，岩体通常具有产生静水压力、动水压力的能力，使这些溶于水的微颗粒移动，使边坡空隙增大，整体变疏松。

2) 水文地质对安太堡高陡边坡影响

平朔矿区位于神头泉域的径流带，区域内有碳酸盐岩岩溶裂隙含水层组、碎屑沉积岩裂隙含水层组和松散沉积层孔隙含水层组。在这些土层之中地下水化学侵蚀作用及物理搬运作用都比较剧烈，在水位升高时，高陡边坡容易发生失稳破坏。盆地底部基岩与第四系之间的大部分地区存在有上新统棕红色黏土，对黄土层中地下水的下渗起阻隔作用，并且在接触面产生滞水层。这对边坡的稳定性构成巨大的威胁，因此要加强边坡内部及地表的排水，防止水体在此区域积聚。

3. 地震作用

地震是造成滑坡破坏最重要的因素之一，地震荷载作用下的边坡稳定问题一直是岩土工程界学者努力的重点之一，对边坡在动力作用下的稳定性研究仍处于探索阶段。许多大型崩滑或滑坡的发生与地震密切相关。例如，1973 年发生于四川省炉霍县境内的 7.9 级地震引发了 137 处不同规模的滑坡。2008 年的汶川大地震造成了更大范围的滑坡，造成大量人员伤亡给人们造成了巨大的心灵创伤。

地震对滑坡的影响，主要是在动荷载作用下坡体波动振荡产生。这种振荡在斜坡土体中产生 3 种效应：累进效应、启动效应和启程加速效应。地震使得坡体内部存在的构造节理等不连续面的尖端区域产生应力集中，引发坡体缺陷的发展，同时节理和断裂等表面的起伏度和粗糙程度被降低。在土质边坡中粉土与砂土还会产生液化。边坡原有的稳定应力场被地震作用所改变，为滑坡的发生准备了条件。

本场地地下水埋藏较深，地层岩性以 Q_3 粉土及 Q_2 粉质黏土为主，因而不用考虑液化与震陷的影响。但在地震荷载作用下，高大的内排土场及周帮土质边坡均会受到不同程度的影响，特别是地震和降雨同时发生时，滑坡灾害发生的可能性会更大。

4. 植被情况

植被对滑坡的影响可以概括为水文地质效应和力学效应两个方面。例如，树木在水文地质效应方面可以遮挡降雨，减少降水入渗量，并且可以通过蒸发疏干土体和降低地下水位，树木还可以降低水的侵蚀能力；在力学效应方面，树木的根可以提高土体的抗剪强度。但植被对斜坡稳定性的影响一直是有争议的热点，Ocakoglu 等[144]认为滑坡区域植被的根部并没到达滑动面，由此，植被覆盖增加了滑体重量，对滑坡稳定度有不利的影响。

安太堡露天矿高陡边坡由于前期受到露天开采的影响，露天矿边坡树木被破坏，后期虽在局部范围内进行了绿化，但大部分边坡仍直接裸露，降雨天气时雨水直接冲刷坡体，因此各级平台受冲刷现象较为严重。但同时由于平台边坡植被较少，根系对边坡的分割作用不明显，大气降水不能通过根系进入边坡内部。

5. 风化作用

风化作用是岩石在太阳辐射、大气、水和生物作用下出现破碎、疏松及矿物成分次生变化的现象。包括只发生机械破碎而不改变其化学成分的物理风化作用和地表岩石受到水、氧气和二氧化碳的作用而发生化学成分变化的化学风化作用以及因生物(包括动物和植物)的生长和活动的影响而产生的物理风化和化学风化。

岩石边坡的风化过程是由岩石的表层向岩石内部逐步发展的，越接近地表位置，岩石的风化程度越高。因此，在表层常常形成一个风化壳。由于受到风化作用的影响，风化壳的物理力学性质同边坡内部岩体有很大的差异，从而形成一个强度相对减弱的表层。在岩石边坡风化的过程中，风化作用对岩石的破坏形式主要有以下几种：

(1) 增加岩体的缺陷，使岩体破碎程度加强，降低岩体强度。

(2) 剥落表层。岩石在日间受热膨胀，在晚间冷却收缩。应力通常都会施加在外层。此应力令岩石外层以薄片状态剥落。

(3) 降低岩石裂隙面的粗糙度。

(4) 分解岩石使岩石分解溶于水体而被水流带走。

安太堡露天矿西北帮边坡下部是露天开采暴露的基岩边坡。在长期的风吹日晒环境中岩体风化严重，特别是泥岩岩组、风化速度和风化程度要高于其他砂质岩体。下部岩体边坡的稳定状况直接影响到上部土质边坡，因而对岩石风化的影响应当引起注意。

3.3.3 人为因素

土木工程建设容易引起滑坡，如修建铁路、公路时开挖斜坡形成道路两侧的边坡，边坡上部堆放大量荷载如堆积的矿渣和露天矿边坡上部的排土场等，在上部附加的荷载作用下斜坡内应力发生变化，引起滑坡。人类活动对边坡的影响存在很多方面，可以分为工程活动的影响、生活活动的影响等。主要包括矿产开采、机械振动、爆破震动、边坡工程、生活用水排放等。

1. 露井联采

在我国矿产资源埋藏较浅的地区，各类资源的开采通常都采用露天与井工联合开采的方式。这种露井联采的复杂开采形式的变形机制势必区别于单一露天开采或者井工开采的情况，边坡受到两种因素的复合影响，对稳定性的分析与研究更加复杂。露井联采对边坡的影响主要表现在以下几个方面：

(1) 地下开采形成的采空区成为边坡稳定性的重要影响因素。尤其是在全部垮落法管理顶板时，采空区的大小、开切眼及停采线的位置均会对边坡稳定性产生较大的影响，这是不同于单一露采边坡失稳原因。

(2) 地下开采在掘进过程中，放炮所产生的震动冲击荷载对露天矿边坡起到活化的作用，在震动荷载的影响下，岩体结构面的力学特性进一步降低。

(3) 爆破震动会导致坡体产生变形和破坏，使坡顶存在的张拉裂隙进一步加深加大，大气降水致使边坡的张拉裂隙进一步发育。

安太堡露天矿高陡边坡内部存在多层煤层开采，对各煤层开采以及复合煤层开采过程中对边坡的影响分析将在第 4 章进行详细分析。

2. 其他因素

开挖坡脚是露天矿边坡经常遇到的问题之一，这种行为会导致坡脚支撑土体抗力减小，边坡稳定性降低。因而在露天矿多级平台边坡进行削坡减载的过程中，一定要考虑到施工平台属于抗力部分还是上部载荷部分，避免因进行减载而造成坡脚抗力减小的情况发生。安太堡露天矿多级平台局部边坡高度较大，由于坡体松散，经常在降雨天气发生局部滑塌，因而，局部边坡需要进行削坡减载，此时需要进行科学的分析与设计。

边坡上部的堆载荷载同样要引起人们的高度重视，煤矿矸石及排土的堆积会对露天矿边坡产生巨大的压力作用，边坡内部应力发生巨大改变，表现为向边坡临空侧的变形，如果上部压力作用不断加大，超过一定程度时会发生滑坡灾害。

1977年河南观音堂煤矿工业广场就曾发生过由于边坡上面堆载了大量煤矸石而导致滑坡的事故。

爆破震动对高边坡稳定性的影响主要表现在两方面：①爆破震动荷载的反复作用会导致岩体内部的断层、节理等软弱结构面发展，弱化岩体强度，使土质边坡土体颗粒间的联结力，抗剪强度参数降低；②爆破震动惯性力的作用使得坡体整体下滑力增大，可能导致边坡的动力失稳。

除了在降雨条件下，雨水会进入边坡张拉裂隙的情况外。人们生活用水或者是农业灌溉用水等都会通过边坡顶部的裂隙对边坡的稳定性构成威胁。安太堡露天矿东南角的黄土滑坡就跟上面临建处人们生活用水的排放有着很大的关系。

随着矿井开采不断推进，坡体内部形成大量的采空区，边坡的稳定性进一步降低。另外，矿联井工业广场服务年限加长，其周边陡帮边坡因经长期自然力作用均处于不稳定状态，2010年的强降雨造成的大量滑坡和局部泥石流已经充分证实了这一点，敲响了警钟，急需加强监测和治理工作。

西北边帮下部分布着煤矿生产运行所需要的电力设施、矿区现场办公楼、通风设施、水处理车间等矿联井工业广场几乎所有的基础设施，煤炭运输通道和矿井入口也位于北边坡下部。边坡的安全关系到整个矿联井工业广场生产的正常运转，以及人员和财产的安全，特别是在西、北帮边坡没有进行加固处理的情况下，对其稳定性实施监测是十分必要的。

第4章　边坡勘察技术及应用

边坡工程的勘察需要查明区域的地貌形态、地层组成、岩土结构及地下水状况等内容，采用钻探、槽探等主要手段并配合现场和室内试验确定出岩土的物理力学参数，是进行边坡稳定性评价的前提条件。露天矿边坡规模庞大，由于地表形态和地层岩性的区域性差异，对大型和地质条件复杂的边坡应该分阶段勘察，并对地质环境复杂的一级工程边坡也应进行施工勘察。

安太堡露天矿西帮边坡存在一个蠕滑区域。该区域土体表层为拉裂变形带，主要位于红黏土层中。该带可见大量拉裂缝，成为地表水入渗通道。地表裂缝分布范围基本上与地下采空区相对应，多沿采区周边地带成群分布。地下采空引起上覆岩体冒落、挤压、张裂变形，改变了坡体的水文地质环境，使岩体的透水性增加，地下水循环加剧，岩体进一步软化，极易发生滑塌。同时，蠕滑区上部岩质边坡较陡，其表层风化十分严重，局部碎石土已发生滑移，并存在较大楔形体破坏的可能性。因而应针对此区域展开详细的勘察研究，并结合此区域勘察结果对边坡的稳定性进行评价研究。

4.1　边坡勘察概述

4.1.1　边坡勘察内容

据《工程勘察通用规范》(GB 55017—2021)、《岩土工程勘察规范(2009年版)》(GB 50021—2001)边坡工程勘察应查明下列内容：

(1)地区气象条件，汇水面积，坡面植被，地表水对坡面、坡脚的冲刷情况。

(2)边坡分类、高度、坡度、形态、坡顶高程、坡底高程、边坡平面尺寸。

(3)边坡位置及其与拟建工程的关系。

(4)地形地貌形态，覆盖层厚度、边坡基岩面的形态和坡度。

(5)岩土的类型、成因、性状、岩石风化和完整程度。

(6)岩体主要结构面的类型、产状、发育程度、延展情况、贯通程度、闭合程度、充填状况、充水状况、组合关系、力学属性和与临空面的关系。

(7)岩土物理力学性质、岩质边坡的岩体分类、边坡岩体等效内摩擦角、结构面的抗剪强度等边坡治理设计与施工所需的岩土参数。

(8)地下水的类型、水位、主要含水层的分布情况、岩体和软弱结构面中的地下水情况、岩土的透水性和地下水的出露情况、地下水对边坡稳定性的影响以及地下水控制措施建议。

(9)不良地质作用的范围和性质、边坡变形特性。

(10)评价边坡稳定性，提供边坡治理设计所需的岩土参数。

4.1.2　边坡勘察主要手段

勘察的手段可分为直接勘察(如探井、探槽及大口径钻孔)，半直接勘察(如钻探)和间接勘察(如静力触探和物探等)。勘察手段的选择受气候因素、经济因素、技术设备、工程地质条件等多种因素共同作用。根据实际情况进行勘察手段的选择，才能使勘察科学而且经济。

1. 钻探

在工程地质勘察中，钻探是直接了解地下地质情况最常用的可靠方法，是岩土工程勘察中最主要的手段之一。根据岩层破碎的方式，大致分为回转、冲击、振动、冲洗等几种类型。钻探方法的适用范围为黏性土、粉土、砂土、碎石土、岩石地层。

其主要优点是：①受地形和地质条件限制性小，方便获得地质构造和不良地质现象分布资料、有关地下水情况资料、地层剖面资料等。②现场可以取得岩心试样，进行室内多项指标试验。勘察深度可以很大，勘察精度较高。③勘察钻孔用途多。钻孔内可以进行岩土工程性质原位试验，以及各种现场监测工作，具有很高的经济效益。

但它也存在耗费人力物力较多、平面资料连续性较差、钻进和取样有时技术难度较大等缺点。因此，为了更好地发挥钻探的作用，提高勘察的经济合理性，应在测绘基础上和物探工作指导下开展工作。

2. 井探、槽探

当钻探难以查明地下地层的岩性、地质构造等情况时，在矿山工程测量中，通常会利用井探、槽探，它们用于观测地下开采而引发的地表移动以及绘制矿体几何图形，是查明地下地质情况最直观有效的方法。井探和槽探主要适用于土层之中，大多采用人工挖掘，开挖深度受到地质环境的影响，一般不会超过地下水位。由于开挖量大，对场地的自然环境会造成一定程度的改变，甚至给后续的施工埋下一些隐患。因此，勘察结束后，可将探井作为滑坡监测井，或浇筑钢筋砼形成抗滑桩加以利用，否则将对开挖处进行回填处理。

探井可以分为圆形和方形两种，根据深度大小又可以分为探坑(<5m)和浅井(5～20m)。圆形直径为 0.8～1.2m，矩形断面尺寸为 0.8m×1.2m，深度以 5～10m 居多。探井常用于查明地层岩性、地质结构，同时可以采取原状试样进行室内试验，开挖的探坑可以进行原位试验。

探槽是坑探的一种类型，主要是为了揭露被覆盖的岩层或矿体而在地表挖掘的沟槽。一般采用与岩层或矿层走向近似垂直的方向，长度可根据用途和地质情况决定。一般适用于剥除地表覆土，揭露基岩，划分地层岩性，研究断层破碎带，探查残积层、坡积层的厚度和物质结构。断面形状一般呈倒梯形，槽底宽不小于 0.6m，掘进深度应进入新鲜基岩 0.3～0.5m。槽底宽 0.6m，通常要求槽底应深入基岩约 0.3m，探槽最大深度一般不超过 3m。槽探施工要求槽形完整、断面呈梯形、槽帮平滑、槽底平整。

其特点是人员可进入工程内部，对所揭露的地质及矿产现象能进行直接观测及采样，能检验钻探和物探资料或成果的可靠程度，获得比较精确的地质资料，探明精度较高的矿产储量，特别是勘探地质构造复杂的稀有金属、放射性元素、有色金属及特种非金属矿床时常用的手段。

3. 地球物理勘探

地球物理勘探是根据物理现象对地质构造和地质体形态做出解释的方法，是一种间接的勘探方法，可作为辅助勘查手段，但不宜单独以物探结果直接作为防治工程设计依据。其利用地球物理的原理，根据岩石之间的物理性质(岩石物理性质是指岩石的导电性、磁性、密度、地震波传播等特性，由于地下岩石情况不同，故岩石的物理性质也随之有差异)，采用不同的技术手段和测量仪器，测量地球物理场的变化，进而了解边坡水文地质和工程地质条件。地球物理勘探包含重力勘探和磁法勘探。重力勘探是利用组成地壳的各种岩体、矿体间的密度差异所引起的地表的重力加速度值的变化而进行地质勘探的一种方法。磁法勘探是利用仪器发现和研究这些磁异常，进而寻找磁性矿体和研究地质构造的方法。用地球物理方法研究和勘探地质构造和地质体，是根据测算数据和观测结果来求解场源体的问题。同时地球物理勘探也存在多解的问题。为了获得准确有效的数据结果，一般尽可能结合多种物探方法，进行对比研究。注重地质理论研究与现场地质调查相结合，进行全面深入的分析和判断。我们把这种以岩石间物理性质差异为基础，以物理方法为手段的油气勘探技术，称为地球物理勘探技术，简称物探技术。

根据《岩土工程勘察规范(2009 年版)》(GB 50021—2001)地球物理勘探应用原位测试手段，测定岩土体的波速、动弹性模量、动剪切模量、卓越周期、电阻率、放射性辐射参数，以及土对金属的腐蚀性等。应用地球物理勘探方法时，被探测对象需与周围介质之间有明显的物理性质差异；被探测对象具有一定的埋藏深度和规模，且地球物理异常有足够的强度；能抑制干扰，区分有用信号和干扰信号；在有代表性地段可进行方法的有效性实验。

4.2 西北帮蠕滑区域勘察技术

4.2.1 勘察背景

安太堡露天矿区西帮边坡蠕滑区(图 3-3)长久以来一直是安全隐患区，困扰着整个矿区的正常运营和安全生产。该区域曾发生过多次规模不等的滑坡，同时，近来也出现了多种迹象表明该区域坡体的稳定性减弱，边坡的安全性及稳定性问题进一步加剧。

根据“山西省气象局 2010 年 9 月 7 日气候分析与评价”结果得知，山西省 2010 年雨季降水量与常年同期相比：除大同市局部地区降水偏少外，其余大部分地区降水偏多或异常偏多，全省多地出现大到暴雨。8 月，全省平均降水量为 152.9mm，较常年偏多近 50%。在雨季持续强降雨条件的影响下，西帮边坡上方的多级平盘出现了大量的裂缝、冲沟及塌陷坑等，部分裂缝已贯通形成楔形滑体。由于蠕滑区地势较低，大量雨水势必流入该区域坡体内部，削弱了坡体的强度及稳定性，同时，蠕滑区上方的楔形滑体一旦与下部连通，将会造成大规模的滑坡，对坑下办公区及生产区的安全造成难以估量的危害。

2010 年 8 月，青岛理工大学在该区域实施边坡稳定性远程智能监测工程的过程中，发现该区域一监测点钻孔完成后进行孔内注浆时出现异常，浆液在倾注过程中，未能如正常情况下由孔底逐渐向孔口回返，而是在孔底出现大量的流失。通过现场调查，与相关部门商讨分析后，初步认定该区域曾发生过滑坡，后对其进行了回填处理，基岩面埋深较深，且表层被红黏土覆盖，红黏土为高塑性黏土，其孔隙比大，具有明显的收缩性，但压缩性低，极易形成空隙并成为水流聚集地。

以上种种迹象表明，蠕滑区边坡的安全性及稳定性遭受到了极大的威胁，亟须对其进行治理与防护。然而，由于该区域的地质勘察及其他相关资料不够翔实，难以针对该蠕滑区进行科学有效地治理和防护设计。因此，有必要开展对该区域的地质勘察及分析工作，查明该区域的地层岩性、地形地貌及水文地质概况等，以便根据地质勘察及分析结果指导下一步的防护及治理工作。

4.2.2　勘察目的

工程地质勘察是在工程地质测绘的基础上，为了进一步查明地下工程地质问题，取得深部地质资料而进行的。勘察主要针对西帮边坡蠕滑区进行，目的及任务如下：

(1) 探明蠕滑区的岩性及地质构造，即各地层的厚度，性质及其变化；划分地层并确定其接触关系；了解基岩的风化程度，划分风化带；研究岩层的产状，裂隙发育程度及其随深度的变化；研究褶皱、断裂、破碎带以及其他地质构造的空间分布和变化，为蠕滑区域的稳定性分析提供基础资料。

(2) 探明水文地质条件，即含水层、隔水层的分布、埋深、厚度、性质及地下水位。

(3) 探明地面及物理地质现象，包括冲洪积扇、坡积层的位置和土层结构，以及滑坡及泥石流的分布、范围、特性等。

(4) 提取岩土样及水样，提供野外试验条件。从钻孔或勘探点取岩土样或水样，为室内试验、分析、鉴定之用。勘探所形成的坑孔可为现场原位试验提供场所和条件。

4.2.3　勘察内容

工程地质勘察通常按工程设计阶段分步进行。不同类别的工程，有不同的阶段划分。对于工程地质条件简单和有一定工程资料的中小型工程，勘察阶段也可适当合并。一般来说，地质勘察工作主要包括以下五项：

(1) 搜集蠕滑区相关地质勘察报告及历史数据资料。

(2) 工程地质调查与测绘。工程地质调查与测绘是在一定范围内调查研究与工程建设活动有关的各种工程地质条件，测制成一定比例尺的工程地质图，分析可能产生的工程地质作用的影响，并为勘探、试验、观测等工作的布置提供依据。它是工程地质勘察的一项基础性工作。

(3) 工程地质勘探。结合工程实际，为探明工程活动与地质条件的相互影响，开展地质勘探工作。当露头不好或岩土体在深部分布不明时，需配合试坑、探槽、钻孔、平洞、竖井等勘探工作以进行必要的揭露。

(4) 岩土测试及观测。岩土测试及观测是获得工程地质设计和施工参数，定量评价工程地质条件和工程地质问题的手段，是工程地质勘察的组成部分。室内试验包括：岩体、土体样品的物理性质、水理性质和力学性质参数的测定。现场原位测试包括：触探试验、承压板载荷试验、原位直剪试验及地应力量测等。

(5) 资料整理和编写工程地质勘察报告。

4.2.4　勘察方法

工程地质勘察方法或手段，包括工程地质测绘、工程地质勘探、实验室或现场试验、长期观测(或监测)等。其中，工程地质勘探包括工程地球物理勘探、钻探和坑探工程等内容。针对蠕滑区的工程地质勘探拟采用钻探的方法进行，同时，结合上述其他方法或手段完成该区域的工程地质勘察任务。

本蠕滑区工程地质勘察设计参数如下：

(1) 工程地质勘察采用工程地质测绘、工程地质钻探、实验室或现场试验相结合的方法。

(2) 工程地质钻探采用机械回转钻探方法。

(3) 在蠕滑区域布置 6 个勘察点，如图 4-1 所示。

(4) 工程地质钻探孔径为 110mm，ZK01、ZK02 钻孔深度为 50m；ZK03、ZK04 钻孔深度为 80m；ZK05、ZK06 钻孔深度为 100m；此外钻孔深度须达到基岩面以下至少 10m。

(5) 钻探施工时，应尽量靠近勘察平台内侧区域，远离平台外侧边缘；同时，6 个勘察点应尽量位于蠕滑区中轴线附近。

以上设计参数在实施过程可根据现场地质条件和实际情况作相应的调整。

图 4-1　矿联井工业广场西帮边坡蠕滑区勘察点布置图

4.3　井东煤业边坡勘察实施

4.3.1　工程测量

本工程测量采用北京 54 坐标系，高程采用黄海高程系。钻孔位置放样全部采用南方灵锐 S82 GPS 设备。测量精度平面误差不大于 20mm，高程误差不大于 20mm。

4.3.2　工程地质钻探

钻探采用 ZL-240 型钻机 3 台。

覆盖层：填土采用冲击钻进，粉土及粉质黏土采用硬质合金钻具，无水回转钻进，套管护壁。

基岩：采用金刚石复合片钻头，双管单动钻具，套管和泥浆护壁。岩心按序依次摆放在岩心箱，按回次编号。

原始编录按回次详细描述地层岩性、颜色、状态、结构、构造、岩石质量等级、风化程度、裂隙率、采取率、RQD 及包含物。其中 ZK04 钻孔地层状况见表 4-1。

表 4-1　ZK04 钻孔地层状况

地层编号	时代成因	层底高程/m	层底深度/m	分层厚度/m	柱状图	岩土名称及其特征
①	Q_4^{2+ml}	1371.930	1.30	1.30		填土：整平场地的回填物，稍密，岩性主要为粉土夹有碎石，炭块等杂物
②	Q_3^{eol}	1370.230	3.00	1.70		粉土：黄褐色，稍密，稍湿，高-中等压缩性，干强度低，韧性低，摇振反应中等，土质均匀，可见云母
③	Q_2^{al+pl}	1363.730	9.50	6.50		粉质黏土：褐红色，可塑-硬塑，稍湿，中等压缩性，干强度高，韧性中等，无摇振反应，含黑色铁质结核星点，局部见菱形结构
⑤$_2$		1360.830	12.40	2.90		细砂岩：黄褐色，薄层状，黏性土胶结，可见长石高岭土化，可见砂岩碎块，用手可捏碎
⑤$_1$		1359.830	13.40	1.00		泥岩：黄灰色，薄层状，泥状结构，岩心破碎，易崩解

续表

地层编号	时代成因	层底高程/m	层底深度/m	分层厚度/m	柱状图	岩土名称及其特征
⑤$_1$		1357.830	15.40	2.00		泥质粉砂岩：黄灰色，薄层状，泥状结构，岩心较破碎，岩心可用手捏碎，易崩解
⑤$_2$		1357.030	16.20	0.80		细砂岩：黄灰色，薄层状，砂状结构，岩心较破碎，可见长石高岭土化
⑤$_1$		1353.630	19.60	3.40		泥质粉砂岩：黄灰色，薄层-中厚层，泥状结构，岩心较完整，易崩解
⑤$_1$		—	—	—		泥岩：黄灰色，紫红色，薄层，泥状结构，岩心较完整，易崩解
⑤$_1$		1348.830	24.40	3.70		泥质粉砂岩：黄灰色，薄层-中厚层，砂泥状结构，岩心较完整，局部较破碎，易崩解
⑤$_2$		1348.330	24.90	0.50		细砂岩：红色，中厚层，砂状结构，岩心较破碎
⑤$_1$		1347.630	25.60	0.70		泥岩：黄灰色，灰色，薄层状，泥状结构，岩心较破碎，易崩解
⑤$_2$		1346.230	27.00	1.40		细砂岩：黄灰色，紫红色，灰色，薄层状，砂状结构，岩心较完整，可见裂隙 1 条，倾角约 70°
⑤$_1$		1345.130	28.10	1.10		泥质粉砂岩：黄灰色，黄色，薄层状，砂泥状结构，岩心较完整，可见 1 组节理，夹角约 60°，倾角 45°～75°
⑤$_1$		1343.730	29.50	1.40		泥岩：紫红色，薄层，泥状结构，易崩解，岩心较完整，可见节理 1 组，夹角约 55°
⑤$_2$		1340.030	33.20	3.70		细砂岩：紫红色，黄灰色，薄层状，砂状结构，可见黑色条带，可见裂隙两条，倾角约 90°，砂粒矿物成分主要为石英和长石

续表

地层编号	时代成因	层底高程/m	层底深度/m	分层厚度/m	柱状图	岩土名称及其特征
⑤$_3$		1333.930	39.30	6.10		粗砂岩：黄色，中厚层-厚层，砂状结构，可见长石高岭土化，岩心呈短柱状，局部岩心较破碎，可见裂隙 1 条，砂粒矿物成分主要为石英和长石
⑥$_2$		1327.230	46.00	6.70		细砂岩：黄灰色，黄绿色，薄层状，砂状结构，岩心较破碎，多数呈短柱状，局部碎块状，砂粒矿物成分主要为石英和长石
⑥$_1$		1323.380	49.85	3.85		泥质粉砂岩：黄灰色，灰色，褐灰色，薄层状，泥状结构，岩心较完整，局部风化较强烈，可见黄褐色条带
⑥$_3$		1318.230	55.00	5.15		粗砂岩：黄褐色，褐灰色，中厚层，砂状结构，含砾石，岩心较完整，局部破碎，底部为灰色砾砂岩，见裂隙 1 条，倾角约 45°
⑦$_1$		1316.630	56.60	1.60		泥质粉砂岩：黄灰色，薄层状岩，泥状结构，岩心破碎，呈块状，易崩解，中部夹 0.15m 的细砂岩
⑦$_2$		1314.830	58.40	1.80		细砂岩：黄褐色，中厚层，粒状结构，岩心较完整
⑦$_1$		1313.230	60.00	1.60		泥岩：黑色，薄层状，泥状结构，岩性较破碎，易崩解，中部夹碳质泥岩
⑦$_2$		1311.030	62.20	2.20		细砂岩：灰色，中厚层-厚层，砂状结构，岩心较完整，可见裂隙 1 条，倾角约 45°
⑦$_1$		1308.630	64.60	2.40		泥岩：黑色，灰色，薄层，泥状结构，易崩解
⑦$_2$		1307.530	66.05	1.45		细砂岩：黄灰色，薄层状，砂状结构，岩心较破碎，可见黄色条带
⑦$_1$		1305.530	67.70	1.65		泥岩：灰色，薄层状，泥状结构，易崩解，岩心较破碎
⑦$_2$		1302.180	71.05	3.35		细砂岩：灰色，薄层-中厚层，砂状结构，岩心较破碎，可见裂隙 1 条，倾角约 75°，深灰色

续表

地层编号	时代成因	层底高程/m	层底深度/m	分层厚度/m	柱状图	岩土名称及其特征
⑦1		1297.430	75.80	4.75		泥岩：深灰色，薄层状，泥状结构，易崩解，岩心较完整，在孔深 72.40m 处可见一擦痕
⑦3		1290.630	82.60	6.80		粗砂岩：黄灰色，中厚层-厚层，砂状结构，岩心较完整，砂粒矿物成分主要为石英和长石

岩体基本质量分级通过综合分析研究钻探地质编录、室内试验资料，根据《工程岩体分级标准》（GB/T 50218—2014）及岩石物理力学指标统计表 4-3，推导出岩体基本质量分级见表 4-2。

表 4-2　岩体基本质量分级表

序号	岩组代号	岩组名称	定性划分		定量化分		岩体基本质量指标	围岩分类	
			岩石坚硬程度	岩石完整程度	岩石饱和抗压强度 R_c	岩石完整性指数 K_v	$BQ=90+3R_c+250K_v$	类别	名称
1	5-1	泥岩、砂质泥岩、泥质砂岩岩组	软岩	较破碎	6.27	0.50	233	Ⅴ	不稳定岩层
2	5-2	粉砂岩、细砂岩岩组	软岩	较破碎	6.42	0.55	247	Ⅳ	不稳定岩层
3	5-3	中砂岩、粗砂岩岩组	软岩	较破碎	10.17	0.55	259	Ⅳ	弱稳定岩层
4	6-1	泥岩、砂质泥岩、泥质砂岩岩组	较软岩	较完整	25.26	0.60	316	Ⅳ	弱稳定岩层
5	6-2	粉砂岩、细砂岩岩组	较软岩	较破碎	23.00	0.55	297	Ⅳ	弱稳定岩层
6	6-3	中砂岩、粗砂岩岩组	软岩	较完整	10.67	0.65	285	Ⅳ	弱稳定岩层
7	7-1	泥岩、砂质泥岩、泥质砂岩岩组	较软岩	较破碎	25.00*	0.55	303	Ⅳ	弱稳定岩层
8	7-2	粉砂岩、细砂岩岩组	较坚硬	较破碎	30.09	0.55	318	Ⅳ	弱稳定岩层
9	7-3	中砂岩、粗砂岩岩组	较坚硬	较完整	34.85	0.65	357	Ⅲ	中等稳定岩层

注：带*者是根据岩石天然单轴抗压强度及上下层同类岩石强度并结合原始记录推算值。

根据岩组单轴饱和抗压强度、岩体结构、裂隙密度、岩体完整性指标及岩体基本质量指标将围岩类别分别划分为Ⅲ～Ⅴ类，见表 4-2，其中：Ⅴ类地层岩性包括基岩上覆土层(粉土、粉质黏土)，5-1 为下石盒子组泥岩、砂质泥岩、泥质砂岩岩组，5-2为下石盒子组粉砂岩、细砂岩岩组，均属于不稳定岩层；Ⅲ类地层岩性包括7-3山西组上段中粗砂岩岩组，属于中等稳定岩层；Ⅳ类地层岩性为除Ⅴ类和Ⅲ类地层以外的其他岩组，均属于弱稳定岩层。

4.3.3 取样

土样：采样间距从地面下每1～2m取土样1组(三件)至基岩面，遇夹层加取土样，取土规格为100mm×150mm。对所取土样现场仔细描述，定名后立即封存、贴签并及时送回试验室。

基岩：按层位、岩性取样，每组块数均满足室内实验要求。

4.3.4 工程地质野外试验

1. 现场密度试验

采用灌水法，测定填土的密度及含水量。试验按照《土工试验方法标准》(GB/T 50123—2019)有关规定进行。

2. 标准贯入试验

采用自动脱钩的落外向型锤贯入法，保证孔底处无残余，测试间距为2m，直至基岩面，遇夹层加测。

3. 圆锥动力触探试验

采用重型($N_{63.5}$)动力触探，自动脱钩的落外向型锤贯入法，连续贯入，测试填土的密实度。测试从现地面开始，锤击数大于50击停止贯入，待钻孔施工到前次贯入深度，继续测试。

4.3.5 室内土工试验

1. 土样试验

按常规试验进行，固结压力为200kPa，同时加做三轴剪切试验、直剪试验、残余剪及饱和直剪。土工试验严格按《土工试验方法标准》(GB/T 50123—2019)执行。试验结果见表4-3、表4-4。

2. 岩样试验

岩石试验，做剪切、单轴抗压(硬质岩石做饱和与干燥、软质岩石做天然)、密度、含水量、泊松比等项目。试验严格按《工程岩体试验方法标准》(GB/T 50266—2013)，试验结果见表4-5。

表 4-3　土层物理性质指标统计表

岩土编号	岩土名称	统计项目	天然含水量 W/%	密度 ρ/(g/cm^3)	干密度 ρ_d/(g/cm^3)	饱和度 S_r/%	天然孔隙比 e_0	液限 W_c/%	塑限 W_p/%	塑性指数 I_p	液性指数 I_l	压缩性		标贯		动探		备注
												压缩系数 a_{1-2}/MPa^{-1}	压缩模量 E_{s1-2}/MPa	实测 N	修正 N	实测 $N_{63.5}$	修正 $N_{63.5}$	
①	杂填土	统计个数	8	8	8	—	—	—	—	—	—	—	—	—	—	65.00	65.0	地表样
		最大值	11.2	2.16	2.04	—	—	—	—	—	—	—	—	—	—	36.00	27.4	
		最小值	5.4	1.81	1.64	—	—	—	—	—	—	—	—	—	—	5.00	4.9	
		平均值	8.7	1.99	1.83	—	—	—	—	—	—	—	—	—	—	15.30	13.6	
		标准差	2.343	0.116	0.125	—	—	—	—	—	—	—	—	—	—	7.63	5.88	
		变异系数	0.268	0.058	0.068	—	—	—	—	—	—	—	—	—	—	0.49	0.43	
②	粉土	统计个数	8	8	8	8	8	8	8	8	8	8	8	16	16	—	—	钻孔样
		最大值	13.3	1.98	1.75	65.9	0.808	24.5	16.2	8.3	<0	0.22	10.2	39	27.3	—	—	
		最小值	7.7	1.61	1.49	25.9	0.545	22.5	15.3	7.00	<0	0.16	7.90	7.0	6.9	—	—	
		平均值	11.2	1.77	1.59	44.8	0.699	23.5	15.9	7.60	<0	0.18	9.48	20.6	16.6	—	—	
		标准差	1.759	0.135	0.103	12.95	0.106	—	—	—	—	0.020	0.688	9.379	6.499	—	—	
		变异系数	0.157	0.076	0.065	0.289	0.152	—	—	—	—	0.108	0.073	0.453	0.391	—	—	

续表

岩土编号	岩土名称	统计项目	天然含水量 W/%	密度 ρ/(g/cm³)	干密度 ρ_d/(g/cm³)	饱和度 S_r/%	天然孔隙比 e_0	液限 W_c/%	塑限 W_p/%	塑性指数 I_p	液性指数 I_l	压缩性		标贯		动探		备注
												压缩系数 $a_{1\text{-}2}$/MPa^{-1}	压缩模量 $E_{s1\text{-}2}$/MPa	实测 N	修正 N	实测 $N_{63.5}$	修正 $N_{63.5}$	
③	粉质黏土	统计个数	18	18	18	18	18	18	18	18	18	13	13	13	13	—	—	钻孔样
		最大值	24.5	2.06	1.7	97.3	0.810	31.8	20.8	11.6	0.51	0.43	9.8	44	30.8	—	—	
		最小值	19.1	1.84	1.50	76.0	0.592	27.1	16.2	10.5	0.11	0.16	3.90	15	11.4	—	—	
		平均值	21.7	1.98	1.63	88.4	0.667	29.9	18.9	11.0	0.25	0.27	6.74	28.6	21.3	—	—	
		标准差	1.599	0.065	0.061	7.197	—	—	—	—	—	0.086	1.967	9.936	6.244	—	—	
		变异系数	0.074	0.033	0.038	0.081	—	—	—	—	—	0.316	0.292	0.346	0.293	—	—	
④	粉质黏土	统计个数	6	6	6	6	6	6	6	6	6	5	5	1	1	—	—	钻孔样
		最大值	20.7	2.08	1.75	93	0.704	29.5	18.6	11.4	0.19	0.16	11.6	45	31.5	—	—	
		最小值	17.60	1.91	1.59	77.40	0.55	27.60	17.00	10.60	0.06	0.13	10.10	45	31.5	—	—	
		平均值	19.0	2.01	1.69	84.9	0.60	28.7	17.8	11.0	0.11	0.15	10.9	45	31.5	—	—	
		标准差	1.234	0.074	0.073	6.578	0.073	—	—	—	—	—	—	—	—	—	—	
		变异系数	0.065	0.037	0.044	0.077	0.119	—	—	—	—	—	—	—	—	—	—	

表 4-4　土层力学性质指标统计表

岩土编号	岩土名称	统计项目	饱和含水量 W/%	饱和密度 ρ/(g/cm^3)	直剪		饱和直剪		反复直剪		三轴		备注
					C/kPa	φ/(°)	黏聚力 C_d/kPa	内摩擦角 Φ_d/(°)	黏聚力 C'_r/kPa	内摩擦角 Φ'_r/(°)	C_u/kPa	Φ_u/(°)	
②	粉土	统计个数	8	8	8	8	—	—	—	—	7	7	钻孔样
		最大值	31.2	2.14	20.9	25.9	—	—	—	—	34.1	44.5	
		最小值	17.1	1.89	10.0	10.9	—	—	—	—	21.6	37.8	
		平均值	23.6	2.00	16.7	20.3	—	—	—	—	26.5	42.2	
		标准差	5.014	0.089	4.318	4.836	—	—	—	—	4.905	2.365	
		变异系数	0.213	0.045	0.259	0.238	—	—	—	—	0.185	0.056	
③	粉质黏土	统计个数	11	11	11	11	6	6	6	6	8	8	钻孔样
		最大值	28.8	2.12	41.3	20.5	63.8	27.6	53.3	27.4	68.6	33	
		最小值	23.10	1.97	19.60	8.60	30.8	18.8	13.4	17.5	23.5	17.3	
		平均值	25.9	2.0	27.1	14.3	46.8	23.6	30.4	20.8	42.9	27.1	
		标准差	1.685	0.049	6.247	3.656	11.79	3.894	14.850	3.505	15.02	5.838	
		变异系数	0.065	0.024	0.230	0.257	0.252	0.165	0.489	0.168	0.350	0.216	
④	粉质黏土	统计个数	5	5	5	5	2	2	2	2	5	5	钻孔样
		最大值	25.6	2.11	57.6	23.3	60.4	28	48.5	23.9	79.9	38.3	
		最小值	20.0	2.01	21.8	9.8	55.40	25.10	12.80	21.80	30.30	26.00	
		平均值	22.0	2.08	33.9	17.0	57.9	26.6	30.7	22.9	54.6	33.2	
		标准差	—	—	—	—	—	—	—	—	—	—	
		变异系数	—	—	—	—	—	—	—	—	—	—	

表 4-5　岩石物理力学性质指标统计表

岩土编号	岩石名称	风化程度	含水率 W/%	块体密度 ρ/(g/cm^3)	干燥单轴抗压 R_c/MPa	天然单轴抗压 R/MPa	饱和单轴抗压 R_b/MPa	软化系数 K_R	三轴压缩		直剪	
									黏聚力 C/MPa	内摩擦角 φ/(°)	黏聚力 C/MPa	内摩擦角 φ/(°)
⑤-1	泥岩、砂质泥岩、泥质砂岩岩组	强风化	—	1	—	1	—	—	1	1	1	1
			—	2.14	—	0.42	—	—	133.60	25.1	70.00	16.5
⑤-1	泥岩、砂质泥岩、泥质砂岩岩组	中风化	1	1	1	1	1	1	1	1	1	1
			3.46	2.33	9.81	—	6.27	0.64	3.01	26.9	1.12	20.6
⑤-1	泥岩、砂质泥岩、泥质砂岩岩组	微风化	1	1	1	1	1	1	1	1	1	1
			2.44	2.34	21.76	—	15.38	0.71	5.22	38.8	3.17	28.4
⑤-2	粉砂岩、细砂岩岩组	微风化	3	3	2	1	2	2	3	3	3	3
			3.91	2.46	32.54	16.39	25.73	0.79	7.54	40.3	4.69	31.1
			1.48	2.34	13.98	16.39	6.42	0.46	3.74	33.7	1.16	24.9
			2.89	2.40	23.26	16.39	16.08	0.62	5.08	37.5	3.23	28.6
⑤-3	中砂岩、粗砂岩岩组	中风化	3	3	2	—	2	2	2	2	2	2
			2.41	2.32	18.25	—	13.53	0.74	4.77	34.8	2.18	24.8
			1.23	2.27	14.43	—	10.17	0.70	3.80	34.5	1.56	24.7
			1.71	2.29	16.34	—	11.85	0.72	4.29	34.6	1.87	24.7
⑥-1	泥岩、砂质泥岩、泥质砂岩岩组	中风化	2	2	1	1	1	1	2	2	2	2
			2.38	2.39	14.62	17.92	5.33	0.36	4.73	35.4	3.45	31.6
			1.89	2.34	14.62	17.92	5.33	0.36	3.78	34.4	1.42	22.5
			2.14	2.37	14.62	17.92	5.33	0.36	4.25	34.9	2.44	27.0

续表

岩土编号	岩石名称	风化程度	含水率 W/%	块体密度 ρ/(g/cm^3)	干燥单轴抗压 R_c/MPa	天然单轴抗压 R/MPa	饱和单轴抗压 R_b/MPa	软化系数 K_R	三轴压缩		直剪	
									黏聚力 C/MPa	内摩擦角 φ/(°)	黏聚力 C/MPa	内摩擦角 φ/(°)
⑥-1	泥岩、砂质泥岩、泥质砂岩岩组	微风化	4	4	4	—	3	3	4	4	4	4
			2.78	2.41	38.52	—	32.47	0.845	9.074	39.5	5.50	32.5
			1.56	2.36	13.24	—	13.23	0.75	3.77	30.6	1.23	21.8
			2.18	2.38	25.99	—	25.26	0.81	6.38	36.4	3.58	28.5
⑥-2	粉砂岩、细砂岩岩组	微风化	1	1	1	—	1	1	1	1	1	1
			1.94	2.38	18.97	—	0	0	4.82	36.1	2.45	26.4
⑥-3	中砂岩、粗砂岩岩组	中风化	1	1	1	—	1	1	1	1	1	1
			2.23	2.31	15.89	—	10.67	0.67	4.37	32.4	2.89	29.3
⑦-1	泥岩、砂质泥岩、泥质砂岩岩组	微风化	4	4	—	4	—	—	3	3	4	4
			2.17	2.45	—	25.76	—	—	6.22	38.5	2.79	27.5
			1.42	2.41	—	12.47	—	—	3.49	29.3	1.74	23.5
			1.85	1.85	2.43	16.76	—	—	4.63	33.1	2.24	25.6
⑦-2	粉砂岩、细砂岩岩组	微风化	1	1	1	—	—	—	1	1	1	1
			2.21	2.21	15.83	—	—	—	3.93	37.2	1.98	25.6
⑦-3	中砂岩、粗砂岩岩组	微风化	2	2	2	—	2	2	2	2	2	2
			3.42	2.45	42.36	—	34.85	0.87	9.92	39.8	6.27	33.6
			1.56	2.37	34.68	—	30.09	0.82	8.22	39.2	4.72	31.4
			2.49	2.41	38.52	—	32.47	0.85	9.07	39.5	5.50	32.5

3. 水土样腐蚀性分析

对所取的地下水样进行水质分析试验，地下水位以上的土样做土质分析试验。试验项目严格按照《岩土工程勘察规范(2009 年版)》(GB 50021—2001)执行。

根据 GB 50021—2001 规范附录 G，场地环境类别为Ⅰ类。

根据 ZK01 钻孔(取样深度 22.40m)、ZK06 钻孔(取样深度 22.30m)所取水土样的侵蚀性土质报告，依据《岩土工程勘察规范(2009 年版)》(GB 50021—2001)进行腐蚀性评价。评价见表 4-6～表 4-8。

表 4-6　按环境类型水土对混凝土结构的腐蚀性评价表

类别	指标	单位	规范标准		实测值		备注
			范围值	等级	范围值	等级	
水	SO_4^{2-}	mg/L	250～500	弱	13.56～99.37	弱	所有水试样
	Mg^{2+}	mg/L	1000～2000	弱	74.52～111.73	不	所有水试样
土	SO_4^{2-}	mg/kg	<300	微	10.51～118.02	微	所有土试样
	Mg^{2+}	mg/kg	<1500	微	13.18～21.53	微	所有土试样

表 4-7　按地层渗透性土对混凝土结构的腐蚀性评价表

类别	指标	单位	状态	规范标准		实测值		备注
				范围值	等级	范围值	等级	
水	pH		B	4～5	弱	7.20～7.56	不	所有水试样
	侵蚀性 CO_2	mg/L	B	30～60	弱	8.42～46.41	不	所有水试样
土	pH		B	>5		7.83～8.30	不	所有土试样

表 4-8　水土对钢筋混凝土中钢筋腐蚀性评价表

类别	指标	单位	状态	规范标准		实测值		备注
				范围值	等级	范围值	等级	
水	Cl^-	mg/L	干湿交替	100～500	弱	80.23～308.69	弱	所有水试样
			长期浸水	>5000	弱	80.23～111.73	不	
土	Cl^-	mg/kg	W≤20%	<400	微	11.92～32.30	微	所有土试样

综上所述，在Ⅰ类环境下，土和水均对砼结构具弱腐蚀性，同时对砼结构中钢筋也具弱腐蚀性。

4.4 蠕滑区域综合分析

4.4.1 勘察结果分析

场地内地层由下至上发育有二叠系下统山西组、下石盒子组，上统上石盒子组以及新生界新近系静乐组和第四系中上更新统、全新统。

场区内未发现断裂构造，距场区最近的断裂构造为李西沟正断层和北水正断层，均分布在矿田边缘，且长度较短。

本勘察边坡的蠕滑机制为边坡表层土体发生拉裂变形，可见大量拉裂缝，成为地表水入渗通道；位于坡体中浅部的红黏土层，形成相对的隔水层。地下踩空引起上覆岩体冒落、挤压、张裂变形，改变了坡体的水文地质环境，使岩体的透水性增加，地下水循环加剧，岩体进一步软化，极易发生滑落。同时，勘察区上部岩质边坡较陡，其表层风化十分严重，局部碎石土已发生滑移，并存在较大楔形体破坏的可能性。以上原因都会引起边坡的变形。

抗震设防烈度为 7 级，设计地震分组为第二组，设计基本地震加速度值 0.10g。

场地土冻结深度 1.31m。

在Ⅰ类环境下，水和土均对混凝土和混凝土中的钢筋具有弱腐蚀性。

据岩组单轴饱和抗压强度、岩体结构、裂隙发育程度、岩体完整性指标及岩体基本质量指标将边坡岩体基本质量级别划分为Ⅲ～Ⅴ类，其中：Ⅴ类地层岩性包括基岩上覆土层(粉土、粉质黏土)，5-1 下石盒子组泥岩、砂质泥岩、泥质砂岩岩组，5-2 下石盒子组粉砂岩、细砂岩岩组，均属于不稳定岩层；Ⅲ类地层岩性包括 7-3 山西组上段中组粗砂岩岩组，属于中等稳定岩层；Ⅳ类地层岩性为除Ⅴ类和Ⅲ类地层以外的其他岩组，均属于弱稳定岩组。

4.4.2 蠕滑区域变形稳定性分析

1. 边坡的二维地质模型

根据现场调研、工程地质钻探资料，并考虑露天边坡开挖后的地形、地貌及其工程特性，概化蠕滑区边坡二维地质模型如图 4-2 所示。

由上至下，各岩层岩性依次为①填土、②粉土、③粉质黏土、⑤-1 泥岩、⑤-2 细砂岩、⑥-1 泥岩、⑦-1 泥岩。

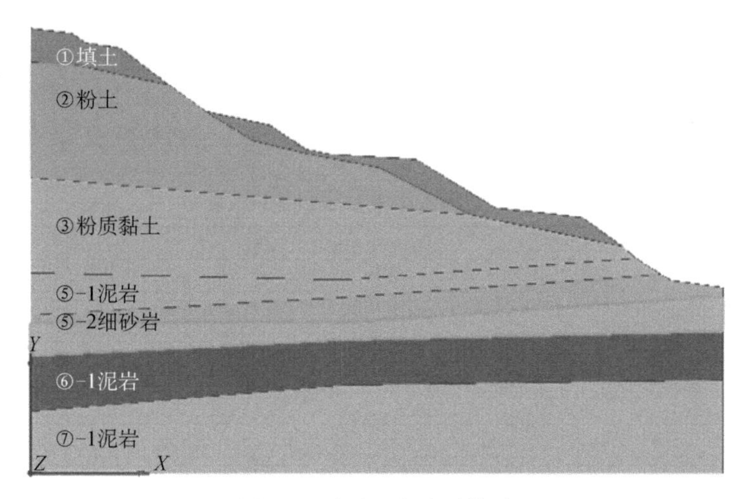

图 4-2　边坡二维地质模型

2. 数值建模

二维数值模型构建：采用国际先进的岩土工程数值分析软件 MIDAS-GTS 进行。首先在 MIDAS-GTS 有限元软件中建立二维几何模型，划分网格；其次完成边界条件施加，材料参数赋值和初始条件设置等；最后进行数值计算。

根据上述工程地质模型，应用 MIDAS-GTS 构建如下的二维计算模型(图 4-3)。

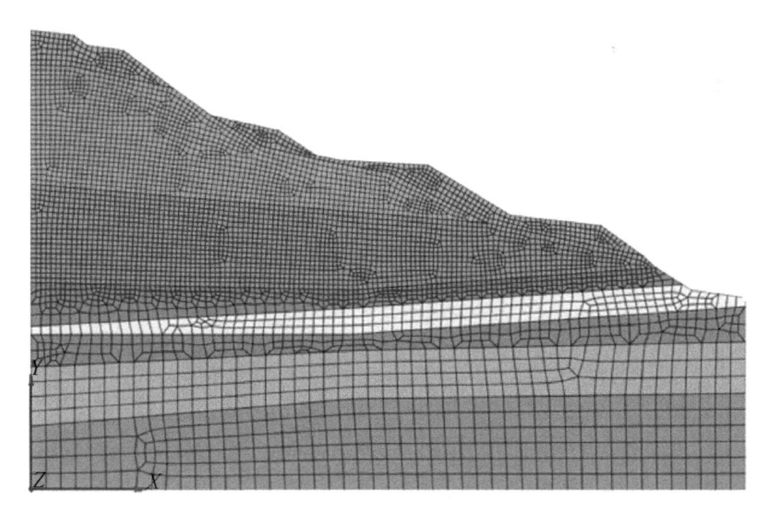

图 4-3　计算模型及网格划分图

计算模型坐标系 *X* 轴的正方向指向东方向，*Y* 轴竖直向上。计算模型沿 *X* 轴东西向长度为 145m，*Y* 轴最大高度约为 92m。

整个模型由四边形组成，共划分 5007 个单元，15288 个节点。计算模型的侧面限制水平移动、底面固定，其余部分为自由边界。假定边坡岩土体渐进变形破坏的力学行为符合 Mohr-Coulomb 强度准则。岩土体物理力学参数取值如表 4-9 所示。

表 4-9　边坡岩土体物理力学参数取值

序号	岩性名称	容重/(kN/m³)	弹性模量/MPa	泊松比	黏结力/kPa	内摩擦角/(°)
1	填土	19.9	150	0.30	5	27.0
2	粉土	20.0	37.9	0.30	28.8	24.6
3	粉质黏土	20.0	20.2	0.32	44.7	21.3
4	泥岩⑤-1	23.3	2800	0.34	2150	24.5
5	细砂岩⑤-2	24.0	4600	0.32	3230	28.6
6	泥岩⑥-1	23.8	2800	0.30	3010	27.8
7	泥岩⑦-1	24.3	2800	0.30	2240	25.6
8	细砂岩⑦-2	24.1	2800	0.30	1980	25.6

3. 边坡变形稳定性分析

通过运用 MIDAS-GTS 软件中的边坡稳定性分析模块，应用 Mohr-Coulomb 准则，计算所得边坡稳定系数为 1.030，滑面位于边坡上部，边坡稳定系数虽然大于 1，但是，边坡强度储备明显不足，且不满足规范要求，不能满足边坡稳定的要求。

通过数值模拟，得到边坡的位移云图，如图 4-4～图 4-6 所示。

图 4-4　边坡 X 方向位移云图

图 4-5　边坡 *Y* 方向位移云图

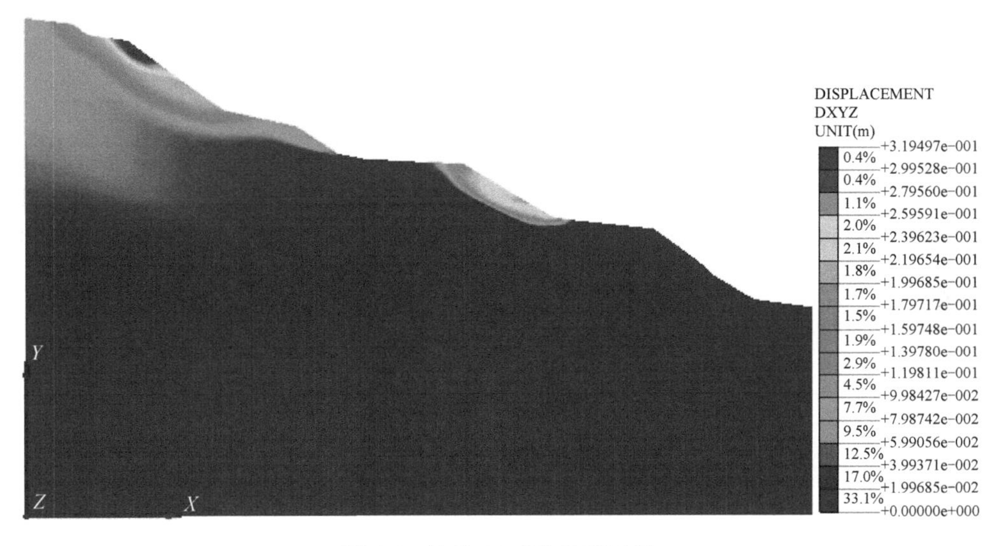

图 4-6　边坡 *XY* 方向位移云图

主要结论如下：

(1) 由图 4-4～图 4-6 可以看出，边坡体发生了向下和临空区方向的位移，坡体中较大的位移主要集中在边坡的上部 A 区和中部 B 区，说明填土和粉土的稳定性较差，容易发生滑动。*X* 方向位移平均值达到 0.3m，*Y* 方向位移平均值达到 0.17m，随着时间的增长，边坡表面位移将逐渐增大。

(2) 从图 4-7 可以看出，边坡的最大剪切应变(即滑动面)位于边坡的上部和中部，整个边坡并没有形成从坡顶至坡脚贯通的滑动面，应及时采取措施防止滑动面继续扩展。

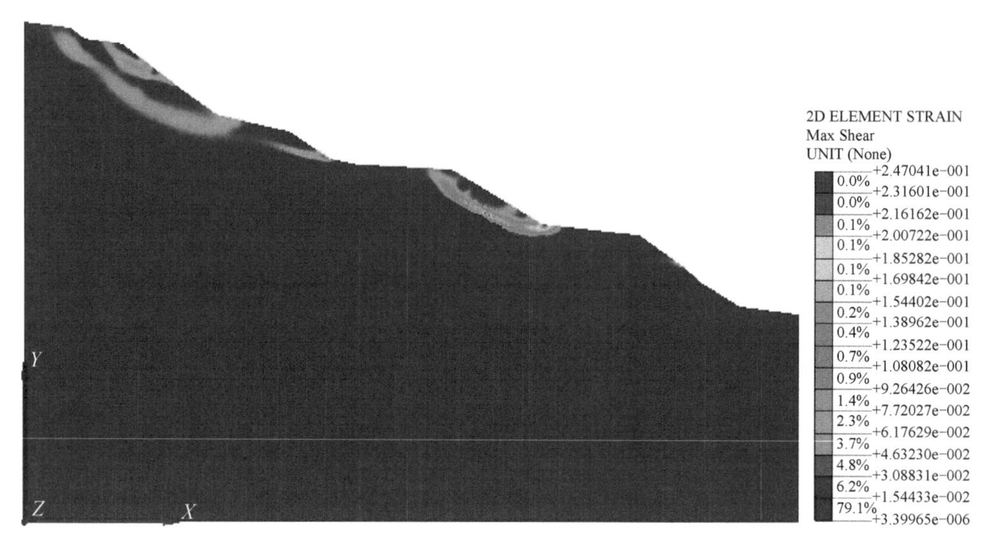

图 4-7　边坡最大剪切应变云图

由分析结果，针对边坡目前土质边坡表层土体松散，以及内部岩土裂隙发育等状况，应采取必要的防治措施：①边坡坡体外部做好坡面的防水、排水措施，坡体内部采取疏水措施，从内外两面保证边坡的安全。②坡体上部将先前堆载的杂填土进行卸载，同时保证卸载后坡面有防水措施；对坡体中下部特别是风化强烈的基岩裸露带进行喷射混凝土+锚杆支护。③基于蠕滑变形的特点，建议对此边坡进行长时间的变形监测，尤其是在暴雨过后应加大监测频率。

第 5 章　安太堡高陡边坡稳定性分析

稳定性分析是边坡工程的核心问题，对边坡稳定性进行科学评价是边坡合理设计及滑坡治理的基础，同时也是滑坡监测方案设计的依据。

随着我国露天采矿事业的蓬勃发展，大量露天开采形成的高陡边坡给矿产资源生产和矿山安全带来了许多隐患。露天矿边坡的稳定性受到多种因素的共同影响，本书第 3 章针对安太堡露天矿高陡边坡的安全隐患和稳定性影响因素做了详细的研究分析。指出了影响安太堡露天矿西、北帮高陡边坡稳定性的主要因素为露井联采、降雨、风化作用和不良地质条件等。但由于露天矿边坡一般规模巨大，区域内地形条件及影响因素差异明显，因而应该针对其关键部位进行安全性评价。

本章在详细研究分析安太堡高陡边坡安全隐患的基础上，结合研究区域的水文、地层岩性等条件，应用有限差分软件 FLAC3D 强大的分析功能，对边坡内部井工回采 4 号煤和 9 号煤过程中边坡的变形响应进行模拟分析，确定了露井联采过程中陡帮边坡变形的关键部位。在此基础之上，综合考虑矿区实际状况，使用 MSARMA 法对 5 个关键部位进行稳定性分析。避免了只凭主观判断而缺乏定量分析而遗漏某些敏感区域的稳定性评价，为接下来的边坡综合治理奠定了基础。

5.1　研究区边坡稳定性分析内容

近现代以来，随着基础建设的大力发展，人们在工程建设中遇到的边坡问题越来越多，促使大量岩土工作者开始着手边坡稳定性的研究工作。早期的边坡研究是仅以土体为研究对象的，其方法是采用材料力学和简单的均质弹性、弹塑性理论为基础的半经验半理论性质的研究方法，其计算本身对于土体本身的边界条件等考虑不足，故计算结果偏差较大。

随着近代计算理论及计算机技术的迅猛发展，多学科领域的研究成果逐渐被应用到边坡稳定分析中。边坡稳定性的计算方法发展到几十种，有效提高了人们分析解决边坡稳定性问题的能力。总体来说目前边坡稳定性分析方法主要为本书第 1 章 1.1 节所介绍的 5 种方法，即定性分析法、定量分析法、不确定性分析方法、确定性和不确定性方法的结合以及物理模拟方法。其中定量分析方法中的强度稳定性分析方法和变形稳定性分析方法是现在边坡稳定性分析中最普遍应用的方法。

5.1.1 强度稳定性

1. 常见极限平衡方法

通常所说的强度稳定性分析方法即为极限平衡分析方法。极限平衡法首先假设滑动面位置，在对土体进行条分的基础上，通过对土条进行抗滑力(力矩)与下滑力(力矩)的极限平衡分析来计算边坡的稳定性系数。该方法满足 Mohr-Coulomb 强度准则，原理简单，概念明确，因而在工程界获得了广泛应用。表 5-1 列出了目前常用的极限平衡法及它们的适用范围。

表 5-1 常用的极限平衡方法

分析方法	提出年份	滑体条分形式	力学分析	适用范围
瑞典圆弧法	1915	整体	1)整体力矩平衡 2)条间垂向作用力为零	1)圆弧滑面滑坡 2)垂直条分滑体 3)计算简单、稳定系数偏小
简布法	1954	垂直条分	1)条块力矩平衡 2)分块力平衡 3)考虑条间作用力	1)垂直条分滑体 2)用于复合滑体
毕肖普法	1955	垂直条分	1)整体力矩平衡 2)条间垂向作用力为零	1)近似圆弧滑面滑坡 2)垂直条分滑体
摩根斯坦-普拉斯法	1965	垂直条分	1)分块力矩平衡 2)分块力平衡	1)垂直条分滑体 2)用于任何形状滑面滑坡
斯宾赛法	1967	垂直条分	1)分块力平衡 2)分块力矩平衡	1)任意形状滑面的滑坡 2)垂直条分滑体
传递系数法	1972	垂直条分	各条块力平衡	1)任意形状滑面的滑坡 2)垂直条分滑体
Sarma 法	1979	非垂直条分	分块力平衡	1)不必垂直条分滑体 2)用于任意形状滑面滑坡
MSARMA 法	1996	非垂直条分	分块力平衡	1)不必垂直条分滑体 2)用于任意形状滑面滑坡

极限平衡法由最初的整体条分形式到现在的非垂直条分，对于边界条件的考虑更加符合边坡在工作状态中的实际情况。其中最具有代表性的就是 Sarma 法和 MSARMA 法。

2. Sarma 法和 MSARMA 法

Sarma 法[145]是由 Sarma 博士于 1979 年提出。该法是一种基于极限平衡理论的边坡稳定性分析方法，最大特点就是无须垂直条分，可以对各种特殊形式的滑坡结构进行分析，因此滑面可以是任意形状，包括平面、圆弧、非圆弧及其他复杂情况，其力学模型如图 5-1 所示。Sarma 法是目前岩土工程界普遍认为考虑比较全面、合理的一种边坡稳定性评价方法。

Sarma 法常用于分析岩质边坡中的平面和弧面滑动，认为滑坡只有沿着一个理想的平面或圆弧面滑动时才可能发生完整的刚体移动，否则，滑动体必须破裂成可以相对滑动的块体才能发生整体移动，即滑体滑动时不仅要克服主滑面的抗剪强度，而且还要克服滑体本身的强度，如图 5-2 所示。

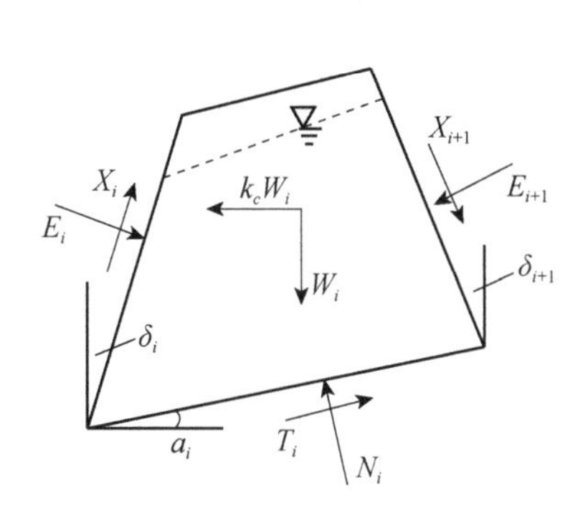

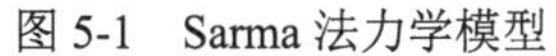

图 5-1　Sarma 法力学模型

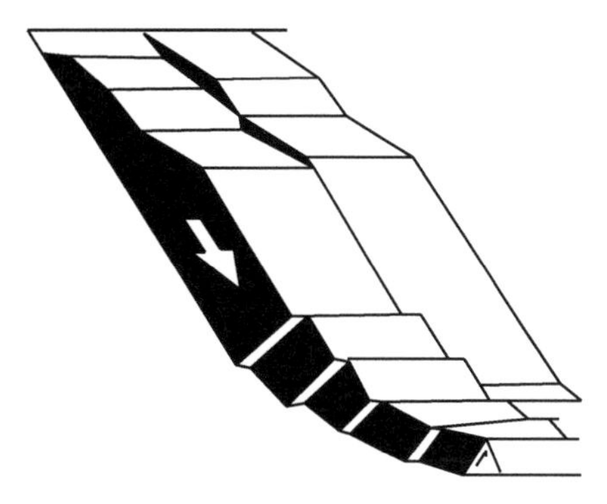

图 5-2　边坡滑动过程中条块破坏示意图

虽然 Sarma 法对于边坡稳定性的求解相对于之前的几种极限平衡方法有了很大改进，但是计算过程比较冗长烦琐，而且只适用于齐次边界条件下的边坡稳定性计算，忽略了边坡工程的各种排水条件，不能进行在多种工程状态组合情况下的边坡稳定性计算与分析。

1982～1985 年，何满潮等[146-149]对 Sarma 法进行了改进，将边坡的边界条件划分为六类，如图 5-3 所示。修改后的 Sarma 法(MSARMA 法)力学模型如图 5-4 所示。并在此基础上求解了相应边界条件下稳定系数的迭代公式。

(1)第一类边界条件[图 5-3(a)、图 5-3(b)]：$E_1=0$，$E_{i+1}=0$，即边坡前后缘均不受力。

第一类边界条件等同 Sarma 法边界条件，求解得到的迭代公式为

$$k_c=\frac{e_i\,e_{i-1}e_{i-2}...e_2e_1E_1+a_i+e_ia_{i-1}+...+e_ie_{i-1}e_{i-2}...e_2a_1-E_{i+1}}{p_i+e_ip_{i-1}+e_ie_{i-1}p_{i-2}+...+e_ie_{i-1}e_{i-2}...e_2p_1} \tag{5-1}$$

式中，

a_i、p_i、e_i——常量系数，取值如下。

$$a_i=\frac{W_i\sin(\phi B_i-a_i)+R_i\cos(\phi B_i)+S_{i+1}\sin(\phi B_i-a_i-\delta_{i+1})-S_i\sin(\phi B_i-a_i-\delta_i)}{\cos(\phi S_{i+1}-a_i-\delta_{i+1}+\phi B_i)\sec(\phi S_{i+1})};$$

$$p_i=\frac{W_i\cos(\phi B_i-a_i)}{\cos(\phi S_{i+1}-a_i-\delta_{i+1}+\phi B_i)\sec(\phi S_{i+1})};$$

$$e_i=\frac{\cos(\phi S_i-a_i-\delta_i+\phi B_i)\sec(\phi S_i)}{\cos(\phi S_{i+1}-a_i-\delta_{i+1}+\phi B_i)\sec(\phi S_{i+1})};$$

$R_i = CB_i b_i \sec\alpha_i - U_i \tan(\phi B_i)$；

$S_i = CS_i d_i - PW_i \tan(\phi S_i)$。

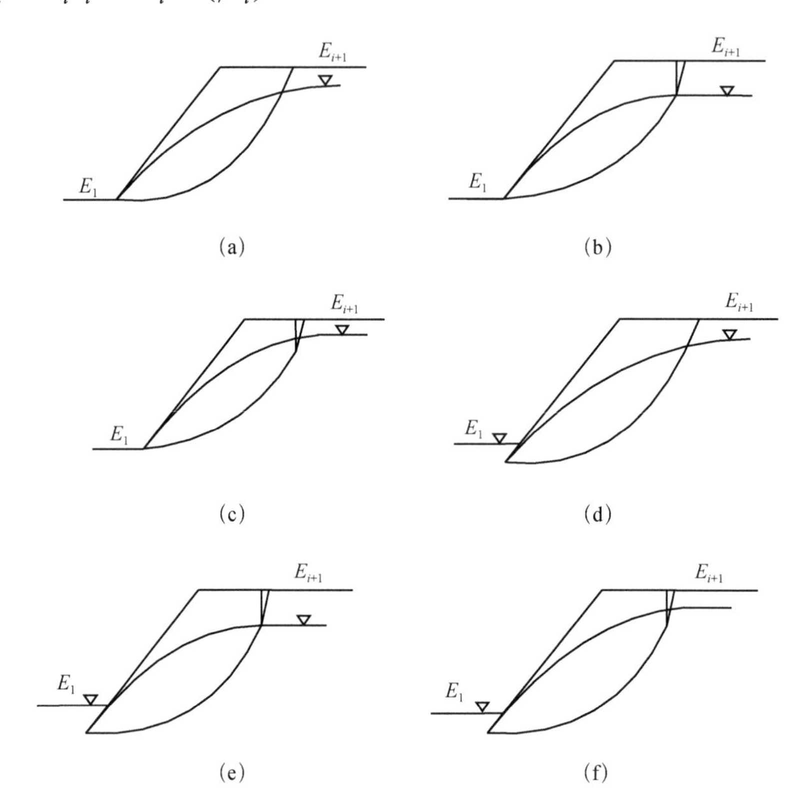

图 5-3　四类边界条件示意图

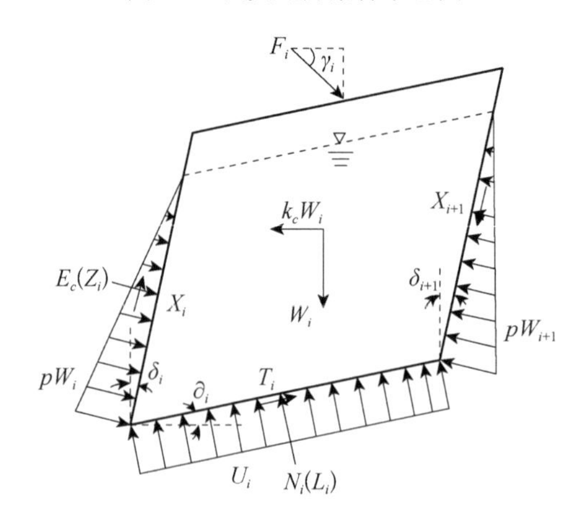

图 5-4　MSARMA 法力学模型

(2) 第二类边界条件 [图 5-3(c)]：$E_1 = 0$，$E_{i+1} = \frac{1}{2}\gamma_w ZW_{i+1}^2$，即边坡前缘不受力，后缘有充水拉裂隙存在。

根据第二类边界条件，求解得到的边坡稳定系数的迭代公式为

$$k_c = \frac{a_i + e_i a_{i-1} + e_i e_{i-1} a_{i-2} + \cdots + e_i e_{i-1} e_{i-2} \cdots e_2 a_1 - \frac{1}{2}\gamma_w Z^2{}_{wi+1}}{p_i + e_i p_{i-1} + e_i e_{i-1} p_{i-2} + \cdots + e_i e_{i-1} e_{i-2} \cdots e_2 p_1} \tag{5-2}$$

式中，

γ_w——水重度；

Z_{wi+1}——后缘拉裂缝充水高度。

(3) 第三类边界条件 [图 5-3(d)、(e)]：$E_1 = \frac{1}{2}\gamma_w ZW_1^2 \csc\alpha$，$E_{i+1} = 0$，即边坡前缘有河水作用，后缘无充水拉裂缝或拉裂缝不充水。

根据第三类边界条件，求解得到的边坡稳定系数的迭代公式为

$$k_c = \frac{a_i + e_i a_{i-1} + e_i e_{i-1} a_{i-2} + \cdots + e_i e_{i-1} e_{i-2} \cdots e_2 a_1 + \frac{1}{2}\gamma_w Z^2{}_{w1} \csc\alpha e_1 e_2 \cdots e_i}{p_i + e_i p_{i-1} + e_i e_{i-1} p_{i-2} + \cdots + e_i e_{i-1} e_{i-2} \cdots e_2 p_1} \tag{5-3}$$

式中，

Z_{w1}——边坡前缘有河水水头高度；

α——边坡前缘坡角。

4) 第四类边界条件 [图 5-3(f)]：即边坡前缘有河水作用，后缘有充水拉裂缝。

$$k_c = \frac{a_i + e_i a_{i-1} + e_i e_{i-1} a_{i-2} + \cdots + e_i e_{i-1} e_{i-2} \cdots e_2 a_1 + \frac{1}{2}\gamma_w Z^2{}_{w1} \csc\alpha e_1 e_2 \cdots e_i - \frac{1}{2}\gamma_w Z^2{}_{wi+1}}{p_i + e_i p_{i-1} + e_i e_{i-1} p_{i-2} + \cdots + e_i e_{i-1} e_{i-2} \cdots e_2 p_1} \tag{5-4}$$

何满潮教授根据改进的 Sarma 法数学模型，采用 Basic 语言编制了计算机程序，实现对边坡非齐次边界条件的考虑，这种修改后的方法称为 MSARMA 法，相应软件称为 MSARMA1.0。此后，王旭春博士在何满潮教授的指导下，采用 Quick Basic 语言编制了 MSARMA2.0(DOS 版本)，分别在安太堡露天矿和巴东黄土滑坡等稳定性研究中得到了成功应用。姚爱军博士[150, 151]于 1996～1999 年在 MSARMA2.0 的基础上做了进一步的改进，考虑了边坡坡面加固力或附加荷载等条件，采用 Visual Basic 语言开发了边坡稳定性评价设计系统 MSARMA3.0(for Windows)，目前已在全国多处大型边坡工程中得到应用。

5.1.2　变形稳定性

变形稳定性方法主要包括数值计算分析方法、物理模型试验方法和现场监测

分析方法等。其中数值计算分析方法能够考虑岩土体的应力应变关系，对非线性、非均质、复杂边界边坡的稳定性分析有着很好的求解能力。该法从 20 世纪 60 年代被引入到边坡稳定性分析至今，在工程领域的应用中获得了巨大的进步。目前理论发展较为成熟的几种数值方法是有限元法、离散元法、边界元法、有限差分法、流形元法等，其基本原理及方法特点见表 5-2。

表 5-2　常用数值分析方法

分析方法	基本原理	方法特点	适用范围
有限元法	将分析域离散成有限个只在结点相联结的域，然后在单元中采用低阶多项式插值，建立单元特性矩阵，再利用能量变分原理集合形成总特性矩阵，最后结合初始及边界条件求解	优点是部分地考虑了边坡岩体的非均质等特征，能够从应力应变分析边坡的变形破坏机制；不足是方法在实际工程中受物理参数选取影响较大，对大变形、应力集中问题解决也不理想	方法对于非大变形、无限域等方面的数值计算都有很好的分析能力
离散元法	其基本原理是将研究区域划分为若干块体单元，单元之间通过接触关系，建立位移和力的相互作用规律，利用时间差分法解决动力平衡方程	优点是利用显式时间差分解求解动力平衡方程，可方便地求解非线性大位移和动力稳定；不足是计算时步对结果影响较大，计算方法需相应改进	适合求解以受节理切割成离散块体的线性大位移和动力稳定问题
边界元法	通过建立由边界积分方程转化成的线性方程组，求出边界单元的应力或位移解，从而通过解析公式求出模型中任意点的解	优点是具有单元个数少，数据准备简单，对无限域或半无限域问题处理更具优势；不足是该法远不如有限元法成熟，在处理非线性、非均质边坡稳定性分析方面效果不理想	对线性问题，边界元法的应用已经规范化；但在边坡稳定性分析中应用较少
有限差分法	基于牛顿运动定理，使用了离散模型方法、动态松弛方法和有限差分方法三种技术，将连续介质的动态演化过程转化为离散节点的运动过程和离散单元的本构方程，然后结合初始及边界条件，求解线性代数方程组，得到工程问题的解	优点是对解析塑性变化更具优势，计算时间迅速；不足是计算边界和单元网格的划分具有较大的随意性	适合对连续介质进行大变形分析，相对局限于小变形假定的其他方法更适合岩土工程的破坏问题研究
流形元法	以拓扑学、拓扑流行和微分流形为理论基础，利用有限覆盖技术把连续和非连续变形的计算统一到数值流形中	该法吸收了有限元法和不连续变形分析法的优点	适用于求解复杂地质问题，动、静交叉问题及连续和非连续介质耦合分析
非连续变形分析法	以节理面或断层切割岩体形成不同的块体单元，以各块体的位移作为未知量，通过块体间的接触和几何约束形成一个块体系统，基于能量原理用隐式方式求解	优点是能够考虑整个块体系统整体的相互作用，计算出边坡整体安全度；不足是在三维问题的应用和数值计算速度不是很高	解决岩体的大变形和大位移问题
无单元法	采用移动最小二乘法（MLS）拟合场函数，在计算中只需计算域边界条件和计算域内节点，而不需任何单元信息	优点是只需要处理节点信息而无须划分单元进行处理，计算精度高；不足是对解决三维的各种工程问题还是一个薄弱的区域	适用于求解边值问题的数值解，能够对岩土工程中具有高度非均匀性和离散性，裂隙、节理及成层结构进行求解

数值分析法能够给出岩土体应力应变关系，对边坡的破坏发展过程可以更真实地进行反映，经过几十年的快速发展，数值分析方法从最初的一维问题求解发展到具有强大的二维、三维分析功能，从早期的线弹性模型发展到现在的几十种非线性、弹塑性等模型。在分析边坡开挖、边坡岩土体与加固结构的相互作用、地下水渗流与边坡稳定耦合、降雨影响、爆破和地震等分析中得到了很好的推广和应用。其中 FLAC3D 软件采用了混合离散方法来模拟材料的屈服或塑性流动特性，这种方法比有限元中通常采用的降阶积分更为合理，而且动态的运动方程求解形式使其更适合于对大变形问题的分析，因此对于露井联采这种非线性、大变形工程问题有很好的模拟效果，关于 FLAC3D 软件的详细介绍见 5.2 节。

综上所述，边坡稳定性的分析方法与分析理论种类繁多，每个方法都有其自身的优点与不足。例如，数值分析法可以对边坡受力变形进行定量表征，从而实现边坡变形稳定性的分析。而极限平衡方法因为计算方法简单，易于掌握，一直是工程中用于边坡稳定分析最常用的方法。因而在边坡的稳定性分析中，科学地选用分析方法是边坡稳定性评价的关键。结合边坡工程实际情况，综合运用各种分析方法进行系统性分析才能更好地把握边坡的稳定状态，从而为边坡的防治提供指导。

5.2　研究区边坡变形稳定性分析

有限元方法虽然可以在分析大变形问题时考虑材料的非线性特性，但是从几何场论角度看仍然为小变形力学理论。FLAC3D 软件的基本原理是三维快速拉格朗日法，它是基于三维显式有限差分法的数值分析方法。分析过程中将计算区域分为若干四面体单元，并赋予相应的本构模型，在单元应力的作用下材料屈服或产生塑性流动，相应单元网格可以随着材料的变形而变形，可以对连续介质进行大变形分析，因此相对局限于小变形假定的其他方法更适合岩土工程的破坏问题研究。

安太堡井工矿的工作面在生产过程中会推进到露天边坡的附近，这样必然导致露天开采与井工开采的相互扰动。地下开采必定产生上覆岩层的移动、变形，打破露天矿边坡的原有平衡体系，同时又会遭受降雨入渗影响，使得露天矿边坡变形机理与灾害发生方式都将趋于复杂化，对于边坡的稳定性分析不但要考虑露天矿边坡与井工矿应力和变形的相互耦合，而且还要分析边坡和降雨入渗的固-流耦合作用。

随着井工开采的进行，上覆岩土层必将产生大范围、大幅度的冒落及离层现象，采用 FLAC3D 软件可以更准确地模拟露井联采对矿区边坡及上部地表的影响。本节将针对安太堡露天矿内部井工开采 4 号煤和 9 号煤过程以及在此过程中降雨入渗条件下边坡的变形响应特征进行分析，确定安太堡露天矿高陡边坡露井联采过程中的关键位置，为边坡强度稳定性分析剖面的选取提供参考。

5.2.1　FLAC3D 简介

FLAC3D 软件是由 Cundall 和美国 ITASCA 公司开发出的有限差分数值计算程序，其基本原理是三维快速拉格朗日法，主要适用于地质和岩土工程的力学分析。由于 FLAC 程序主要是为岩土工程应用而开发的岩石力学计算程序，程序中包括了反映岩土材料力学效应的特殊计算功能，可解算岩土类材料的高度非线性(包括应变硬化/软化)、不可逆剪切破坏和压密、黏弹(蠕变)，孔隙介质的固-流耦合、热-力耦合及动力学行为等，广泛应用于边坡工程、地下硐室、隧道工程、矿山工程等多个领域。鉴于本书后面将对井工开挖的非线性大变形以及降雨入渗进行模拟分析，以下着重介绍 FLAC3D 软件的特点和固-流耦合原理。

1. FLAC3D 的分析特点

FLAC3D 程序中提供了由空模型、弹性模型和塑性模型组成的 10 种基本的本构关系模型，所有模型都能通过相同的迭代数值计算格式得到解决：给定前一步的应力条件和当前步的整体应变增量，能够计算出对应的应变增量和新的应力条件。在计算过程中主要特点如下：

(1)在求解过程中可以使用离散模型法、有限差分法和动态松弛法；

(2)采用“混合离散法”来模拟材料的塑性破坏和塑性流动，克服了局部网格必须满足在流动过程中不可压缩的条件而产生的过分约束单元问题；

(3)采用“显式解”方案，对非线性应力-应变关系的求解所耗费的时间与线性本构关系相当，而且避免了存储刚度矩阵；

(4)采用动态方程进行求解，即使所求问题的本质是静态的也是如此。

FLAC3D 利用差分格式按时步积分求解，在计算过程中随着网格形状的不断变化，不断更新坐标，允许介质发生较大的变形，可以准确地模拟材料的屈服、软化直至大变形，因此对于矿山开挖过程产生的非线性大变形等领域，有着独到的优点。

2. 降雨入渗作用的固-流耦合分析原理

FLAC3D 程序可以通过孔隙水压力消散引起岩土体的位移变化来描述流体和固体的耦合特性，其实质就是材料体积应变对孔隙的影响可以通过流动本构定律加以反映。这种行为包含了两种力学效应：其一，孔隙水压力消散过程中伴随有效应力的改变，进而影响了固体的力学性能，如有效应力的降低可能引发塑性屈服；其二，土体中的流体对孔隙体积的变化产生反作用，表现为孔隙水压力的变化。

FLAC3D 中力学变形-流体消散的描述是基于准静态 Biot 理论，渗流遵循各向同性 Darcy 定律，不仅可以解决完全饱和土体中的渗流，也可以分析有浸润线定义的饱和与非饱和区的渗流计算。渗流分析有如下的特征：

(1) 对应于渗流各向同性和各向异性渗透性采用两种不同的流体传输定律。渗流区域中的不可渗透的区域用流体的 null 材料定义。不同的 zone 可以赋予不同的渗流模型属性。

(2) 可以对流体压力、涌入量、渗漏量和不可渗透边界根据实际情形进行定义。

(3) 可以采用显式差分法或者隐式差分法计算完全饱和土体中的渗流问题，而非饱和渗流问题只能采用显式差分法。

(4) 流体和固体的耦合程度依赖于土体颗粒（骨架）的压缩程度，用 Biot 系数表示颗粒的可压缩程度。

以上特点表明 FLAC3D 能够模拟雨水在岩土体介质中的渗流情况，实现雨水入渗作用下岩土体的固-流耦合分析。

5.2.2 露井联采下地质模型及工况

1. 边坡的三维地质模型

根据现场调研、工程地质钻探资料，并考虑露天边坡开挖后的地形、地貌及其工程特性，概化矿联井工业广场由露天转入井工开采的环状边坡地质模型如图 5-5 所示。

图 5-5　安太堡露天矿西北帮环状边坡地质模型图

图 5-5 中由上至下，各岩层岩性依次为黄土、风化砂岩、砂岩、泥岩、粉砂岩、砂岩、4 号煤、页岩、粉砂岩、页岩、9 号煤、砂岩、11 号煤、页岩、粉砂岩。

2. 数值建模及模拟方案

1) 三维数值模型构建

(1) 建模思路。本次分析采用国际著名的岩土工程数值分析软件 FLAC3D 进行。本区内前期露天开采形成了露天采坑和露天矿边坡，坡顶后方分布有排土场，地表高低起伏，形态复杂，若直接利用 FLAC3D 建模非常困难。

为了克服 FLAC3D 软件在前处理建模方面的不足，建立反映工程工况实际地形地貌特点的三维计算模型，首先在前处理功能强大的 MIDAS/GTS 有限元软件中建立三维几何模型，划分网格；然后采用 MATLAB 编制的 MIDAS/GTS—FLAC3D 数据转换程序，将建好的网格模型导入 FLAC3D 中，再完成边界条件施加，材料参数赋值和初始条件设置等，之后进行数值计算。

具体建模过程如下：①研究区地形等高线数据、岩层界限数据的采集及整理。②借助 MIDAS/GTS 内置的地形生成器 (TGM) 读入地形等高线数据，生成地表曲面；利用 MIDAS/GTS 与 CAD 软件的接口，读入岩层界限及采区轮廓线数据，并将线扩展为面；生成、切割实体，完成几何模型的建立。③在 MIDAS/GTS 内对几何模型进行网格划分并分好网格组；利用其数据输出功能将网格模型的单元、节点信息导出。④利用 MATLAB 编制的 MIDAS/GTS—FLAC3D 数据转换程序，读取上述单元、节点信息数据，转换并输出为 FLAC3D 可识别的数据格式。⑤将转换后的模型数据文件导入 FLAC3D 中，则得到 FLAC3D 三维网格模型。

(2) 模型构建。以安太堡露天矿西北帮环状边坡为工程背景，根据上述工程地质模型，应用 MIDAS/GTS—FLAC3D 联合建模技术构建如下的三维计算模型 (图 5-6)。

计算模型坐标系 X 轴的正方向指向东方向，Y 轴指向北方向，Z 轴竖直向上。计算模型沿 X 轴东西向长度为 2250m，沿 Y 轴南北向宽度为 1735m，Z 向最大高度约为 420m。

整个模型由四面体单元组成，共划分 183229 个单元，34453 个节点。计算模型的侧面限制水平移动、底面固定，其余部分为自由边界。在初始条件中，不考虑构造应力，仅考虑自重应力产生的初始应力场。假定边坡岩土体渐进变形破坏的力学行为符合 Mohr-Coulomb 强度准则。

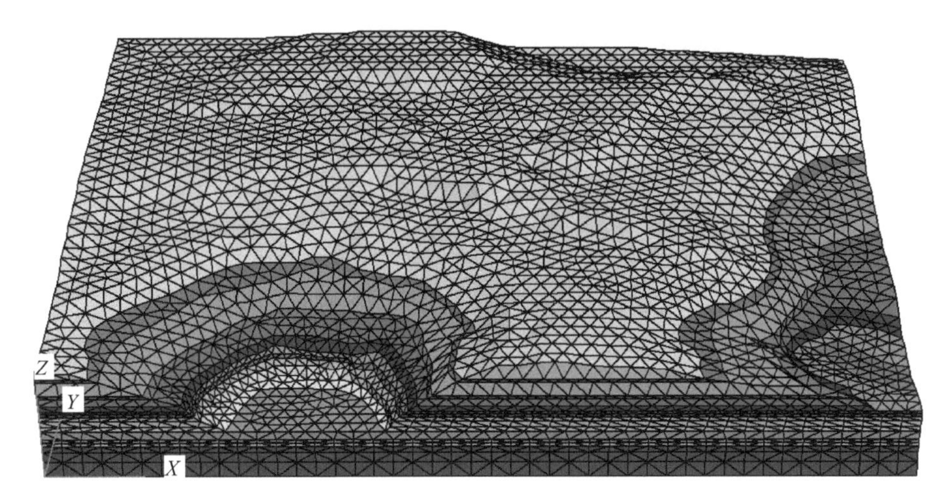

图 5-6　计算模型及网格划分图(边坡顶部侧后方为排土场)

2) 模拟分析方案

模拟分析按下述步骤进行：首先，生成初始应力场。在前述计算条件下，选用弹性本构模型，计算至平衡后对位移场和速度场清零。然后，按照工作推进的时间顺序和推进方向进行 9 号煤分区分期回采的模拟，分析露天开采形成的边坡在井工采动下的变形响应。

结合周边边坡由露天转井工开采的工程实际，进行不同工况的边坡稳定性分析，具体模拟工况为：

①工况 1：回采 4 号煤后周边边坡的变形特征分析；②工况 2：回采 4 号煤，9 号煤部分回采后周边边坡的变形及应力特征分析；③工况 3：9005 工作面回采完毕后边坡变形破坏趋势预测分析；④工况 4：井工回采前暴雨入渗下固-流耦合环线段边坡的变形特征分析；⑤工况 5：回采 4 煤后暴雨入渗下固-流耦合环线段边坡的岩移特征分析；⑥工况 6：回采 9 煤后暴雨入渗下固-流耦合环线段边坡变形破坏预测分析。

5.2.3　露井联采条件下边坡工程产生的变形响应

在进行回采模拟之前，首先生成初始应力场，使模型达到平衡，这是后续计算的基础。图 5-7 所示为模型达到平衡时的竖向应力场。由于此处只考虑自重引起的应力场，竖向应力基本沿岩层竖向高度呈线性分布。对照模型的最大不平衡力历史曲线(图 5-8)，可见模型已基本达到平衡状态。

图 5-7　初始竖向应力场

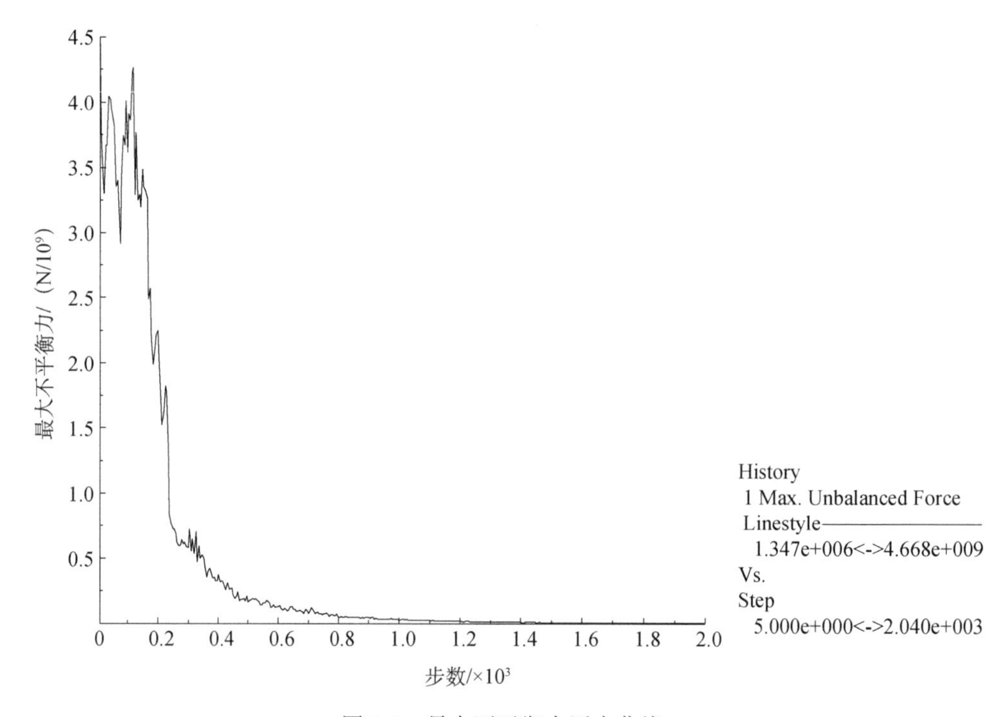

图 5-8　最大不平衡力历史曲线

1.4 号煤回采边坡变形响应特征分析

由于在 9 号煤回采前，上部一些区域的 4 号煤回采完成，故在进行 9 号煤逐步推进回采模拟之前，首先生成 4 号煤采空区。4 号煤采空区分布如图 5-8 所示，形成采空区后，引起的地表沉降如图 5-9 所示。其中 4 号煤采空区 1、2 相连，面积比较大，引起的地表沉降以及影响范围也相对较大，地表沉降中心与采空区几何形心基本相对应。此时，地表沉降中心沉降值达到 1m，但是由于采空区 1、2 距离露天矿边坡距离较远，井工采动对边坡产生影响作用较小，不会对边坡的稳定性构成威胁。

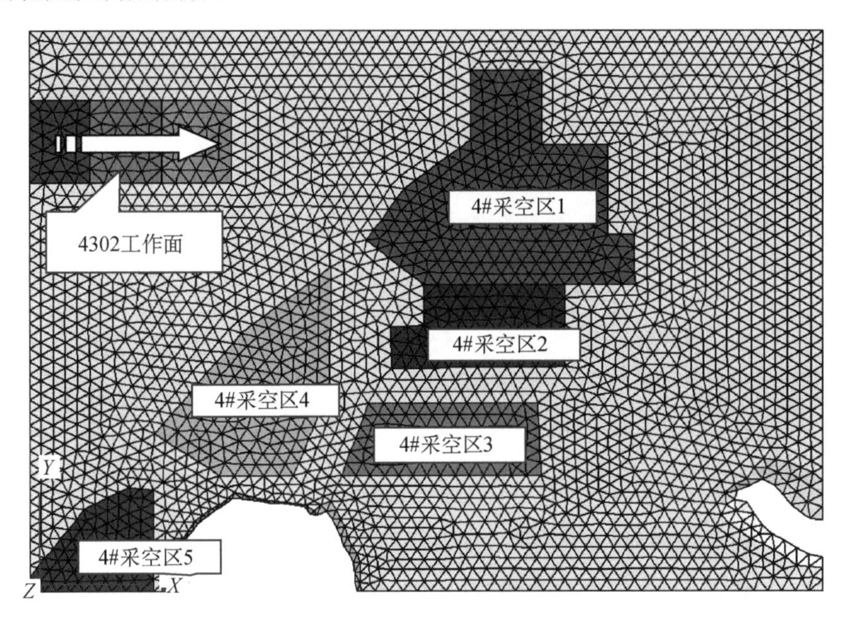

图 5-9　4 号煤采空区及待采工作面分布

而 4 号煤层回采形成采空区后，邻近露天边坡的采空区 3、4、5(图 5-9)均对边坡变形产生了一定影响，其中采空区 4、5 由于紧邻安太堡露天矿边坡，因而影响也较为强烈，坡顶最大沉陷达到了 540mm，边坡竖向位移云图如图 5-10 所示。

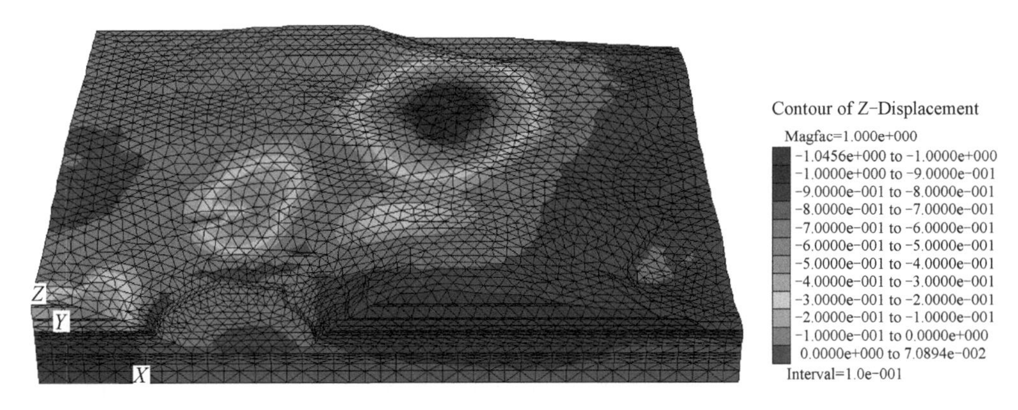

图 5-10　4 号煤采空区引起的竖向位移场

从图 5-11 和图 5-12 所示的边坡位移场和位移矢量亦可见，前期露天开采形成的边坡在 4 号煤采动影响下，坡表发生较大沉陷变形，同时边坡向临空侧也产生一定量的位移，即在下部煤层采动影响下，边坡有向临空侧变形的趋势。露天矿边坡的局部部位产生向采空区中心和临空侧方向的矢量场叠加，如果矢量场朝向边坡临空一侧，则对边坡的稳定性不利。

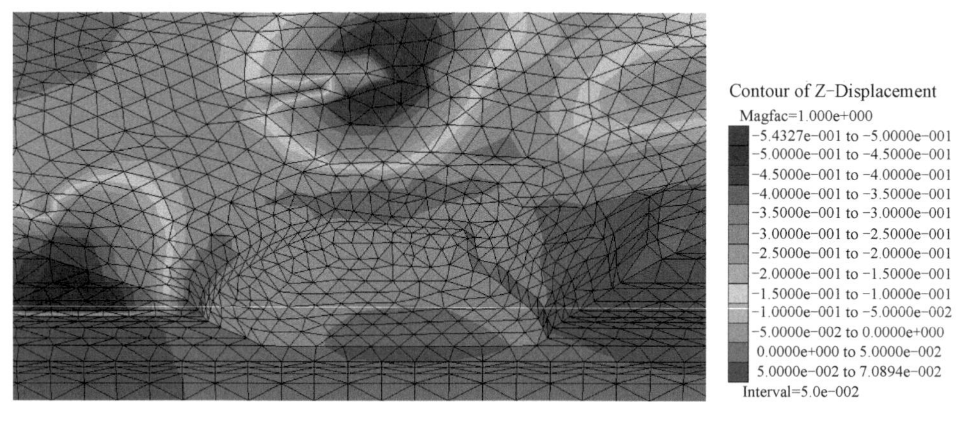

图 5-11　4 号煤采空区对边坡的变形影响

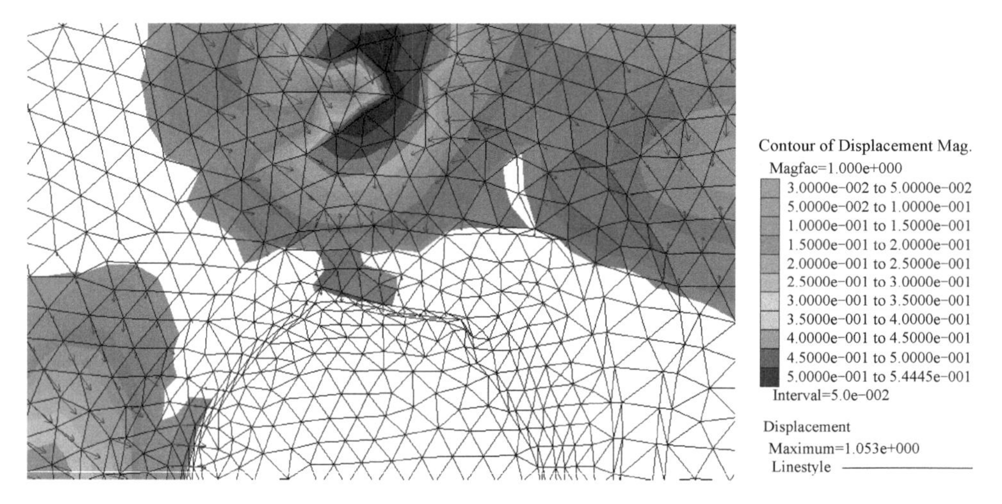

图 5-12　4 号煤空区影响下边坡位移矢量

2. 9 号煤部分回采边坡变形响应特征分析

在 4 号煤采空区引起的位移场基础上，进行 9 号煤逐步回采，模拟时，一次推进 200m。9 号煤回采工作面分布见图 5-13，9003、9004 工作面回采完毕后和 9005 工作面推进 600m 时模型的竖向位移云图如图 5-14 所示。相应阶段的露天边坡变形响应特征分别如图 5-14(a)～(c)所示。

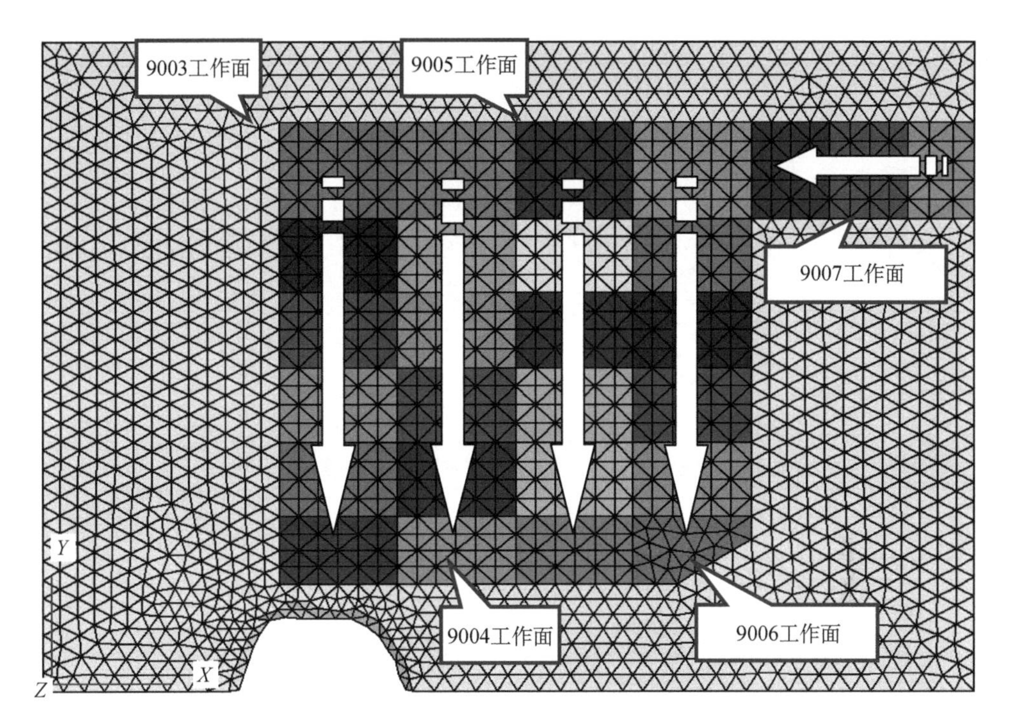

图 5-13　9 号煤已采及待采工作面分布

图 5-14 显示了 9 号煤分区分期回采过程中地表沉陷中心和沉陷影响范围随采动过程的发展变化情况。地表沉陷中心由最初的 4 号煤采空区 1、2 上方转移到 9 号煤已采区域的上方，地表变形影响范围由采空区中心向外延伸至采空区边界外一定距离。在此过程中，边坡受煤层回采影响的变形响应也越来越显著。由图 5-15 和图 5-16 可看出，随着 9 号煤回采不断推进，边坡受采动影响 Y 向水平位移不断增大，即边坡不断向临空侧变形；总体位移不断增大，变形响应范围逐渐沿边坡下部向两侧和采坑内延伸，由位移矢量亦可见边坡向临空侧变形不断发展。

3. 地表及坡表沉陷影响范围圈定

考虑安太堡露天矿边坡受井工复合采动影响的工程实际，基于 FLAC3D 对 4 号煤和 9 号煤回采过程中的变形特征进行模拟分析，以下沉值 100mm 作为地表及坡表沉陷影响边界，地表及坡表沉陷影响范围见图 5-17。

从 5-17(a) 可以看出井工回采影响可以主要划分为两个区域：4 号煤中 1、2 采空区上方区域和 4 号煤采空区 5 上方区域。第一个区域无论影响程度还是影响范围都较大，坡顶最大沉降值达到 5m 以上，主要原因为 4 号煤中 1、2 采空区范围大，后续 9 号煤的采动使地表的变形在此基础上进一步加大，影响范围也相应扩大。最东端已经扩展到露天矿边坡西帮区域，引起相当大范围的坡表发生形变。

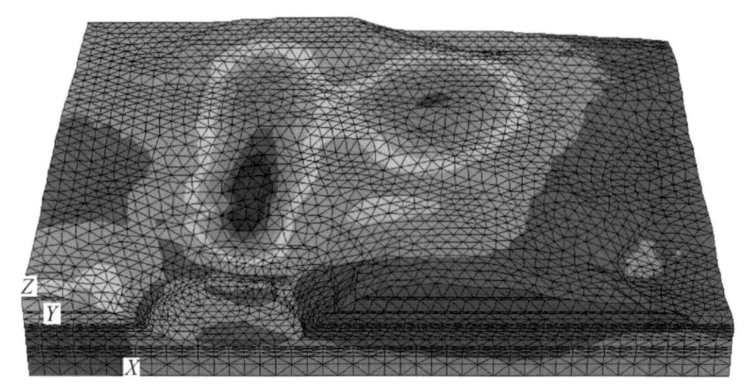

Contour of Z-Displacement
Magfac=1.000e+000
-1.5929e+000 to -1.4000e+000
-1.4000e+000 to -1.2000e+000
-1.2000e+000 to -1.0000e+000
-1.0000e+000 to -8.0000e-001
-8.0000e-001 to -6.0000e-001
-6.0000e-001 to -4.0000e-001
-4.0000e-001 to -2.0000e-001
-2.0000e-001 to 0.0000e+000
0.0000e+000 to 3.7625e-002
Interval=2.0e-001

(a)　9003工作面回采完毕

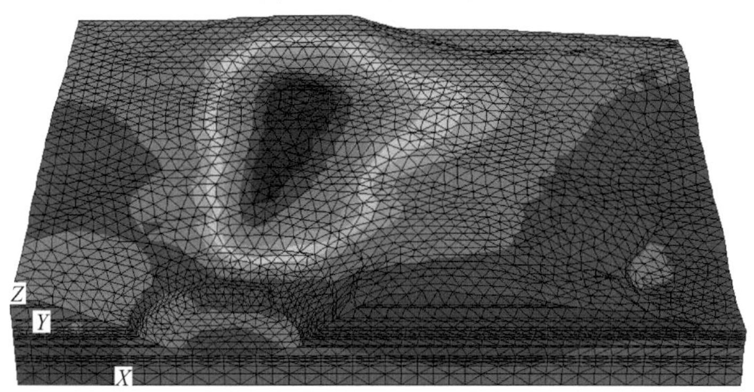

Contour of Z-Displacement
Magfac=1.000e+000
-4.0708e+000 to -4.0000e+000
-4.0000e+000 to -3.5000e+000
-3.5000e+000 to -3.0000e+000
-3.0000e+000 to -2.5000e+000
-2.5000e+000 to -2.0000e+000
-2.0000e+000 to -1.5000e+000
-1.5000e+000 to -1.0000e+000
-1.0000e+000 to -5.0000e-001
-5.0000e-001 to 0.0000e+000
0.0000e+000 to 2.6400e-001
Interval=5.0e-001

(b)　9004工作面回采完毕

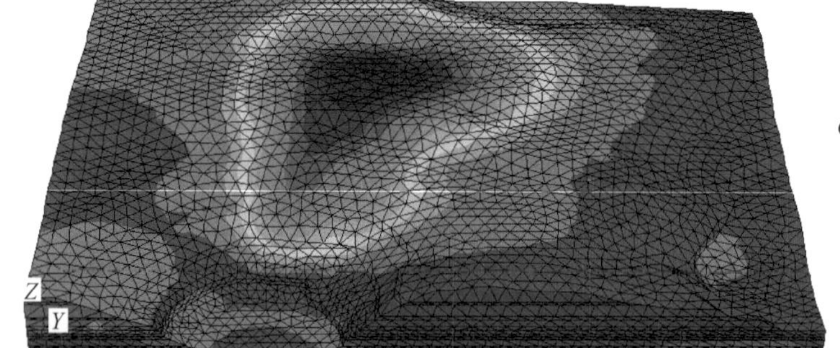

Contour of Z-Displacement
Magfac=1.000e+000
-5.0122e+000 to -5.0000e+000
-5.0000e+000 to -4.5000e+000
-4.5000e+000 to -4.0000e+000
-4.0000e+000 to -3.5000e+000
-3.5000e+000 to -3.0000e+000
-3.0000e+000 to -2.5000e+000
-2.5000e+000 to -2.0000e+000
-2.0000e+000 to -1.5000e+000
-1.5000e+000 to -1.0000e+000
-1.0000e+000 to -5.0000e-001
-5.0000e-001 to 0.0000e+000
0.0000e+000 to 2.6768e-001
Interval=5.0e-001

(c)　9005工作面回采一半

图 5-14　各回采阶段边坡竖向位移云图

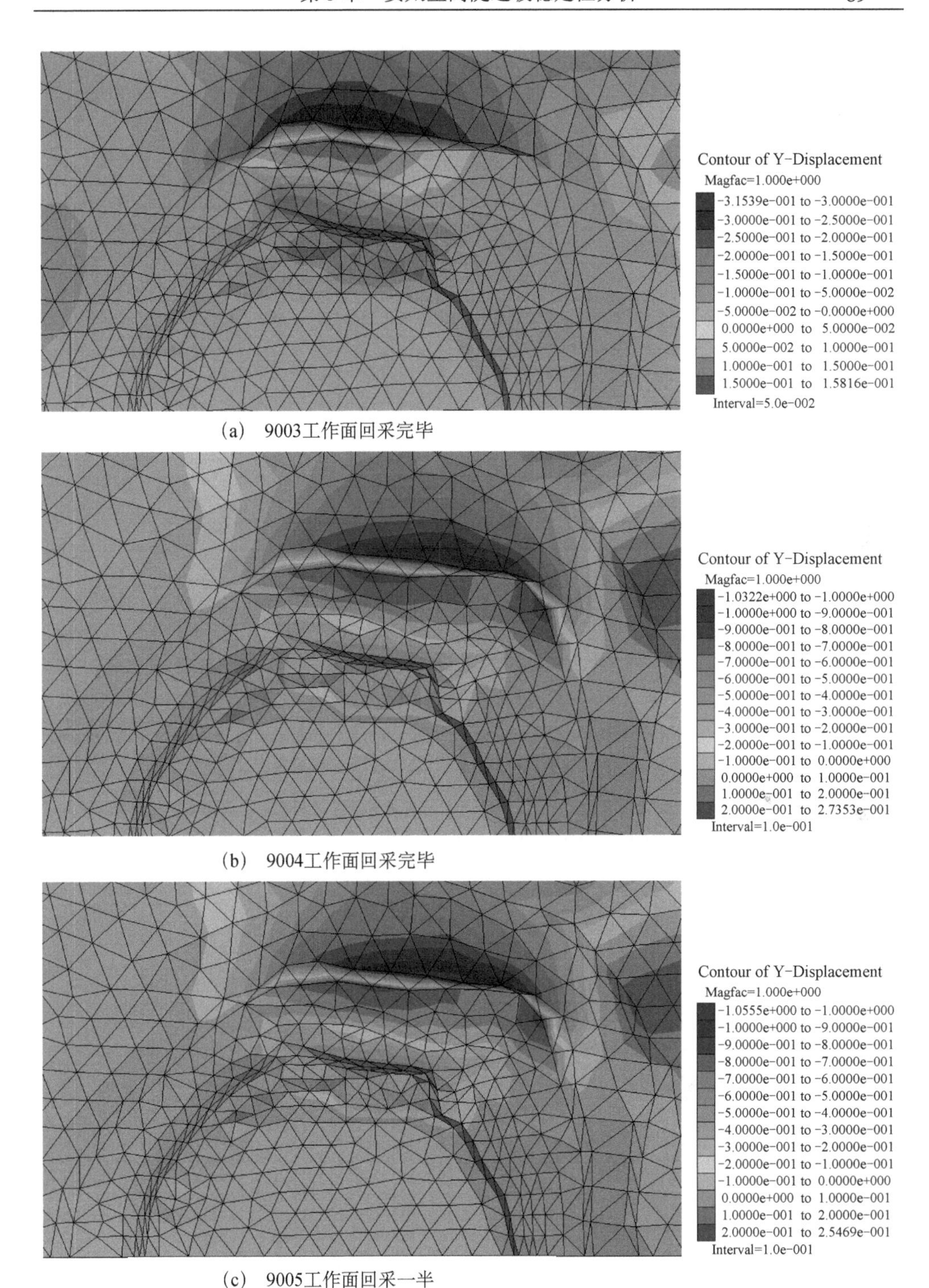

(a)　9003工作面回采完毕

(b)　9004工作面回采完毕

(c)　9005工作面回采一半

图 5-15　各回采阶段边坡水平位移

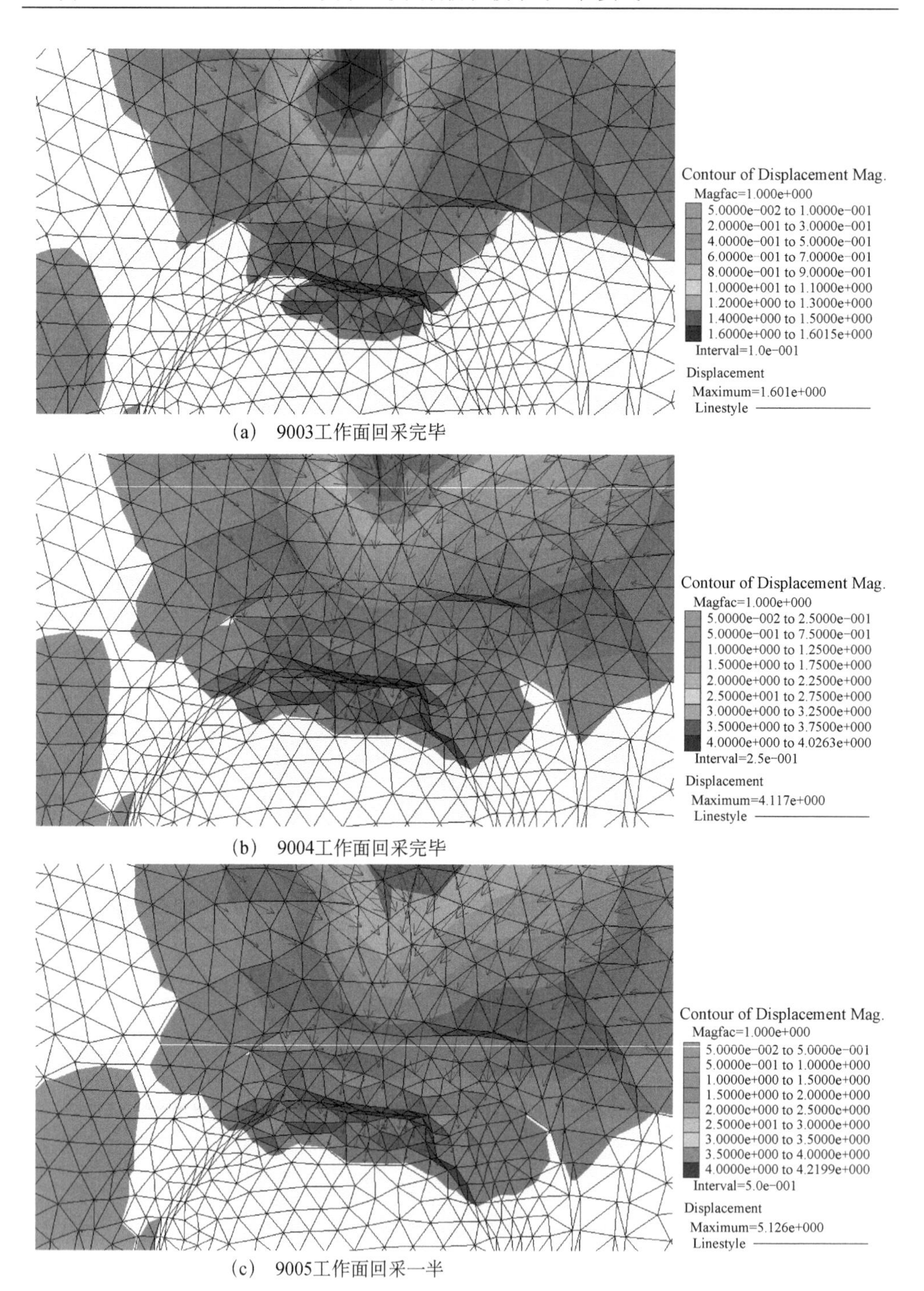

(a) 9003工作面回采完毕

(b) 9004工作面回采完毕

(c) 9005工作面回采一半

图 5-16 各回采阶段局部边坡位移场及位移矢量

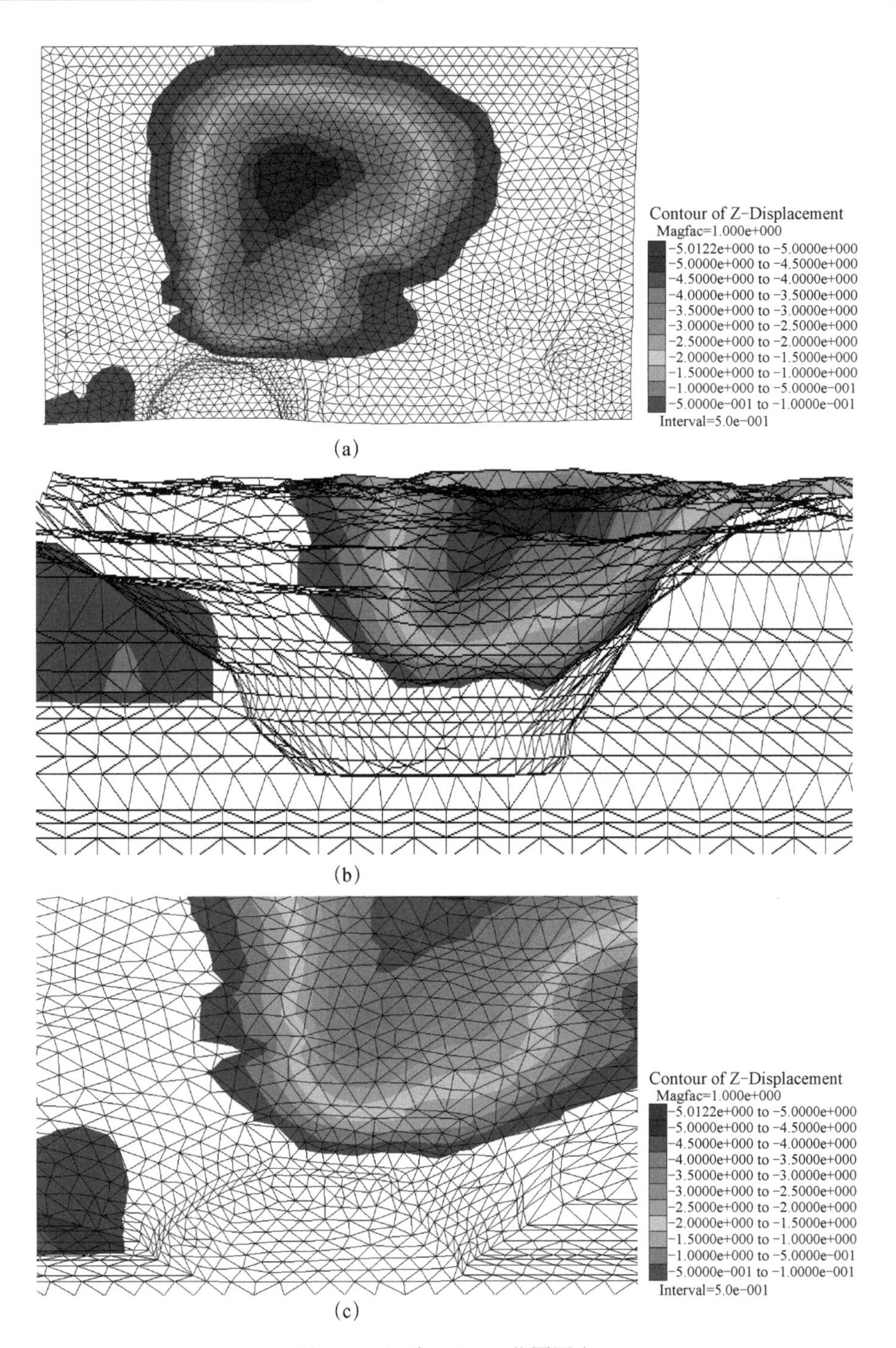

图 5-17　沉降 100mm 范围圈定

第二个区域位于露天矿边坡的南帮，虽然造成的影响程度没有第一个区域剧烈，但是南帮边坡主要为黄土边坡，相对于西帮区域边坡坡度更大，且由于减压平台太小几乎可以忽略不计，造成相对坡高在 30m 以上多界干扰对稳定性的影响相对于其他区域要敏感得多。该区域稳定性对于外界影响的敏感程度要比其他区域高得多，因此即使较小的采动效应也会对此区域造成强烈的影响。

4. 9005 工作面回采完毕后边坡变形破坏趋势预测分析

为了观察露天边坡形成后，在 4 号煤已采情况下 9 号煤区分期回采过程中露天边坡的变形及受力响应特征，并对 9005 工作面回采完毕后边坡的变形破坏趋势进行预测分析，选取如图 5-18 所示的 5 个剖面，分析按图 5-13 所示的推进方向及顺序进行 9 号煤回采过程中的边坡在采动影响范围内的变形场、应力场和破坏场的变化特征。现特选取穿过回采空区中心且穿过地表沉降中心的剖面 3 进行分析。

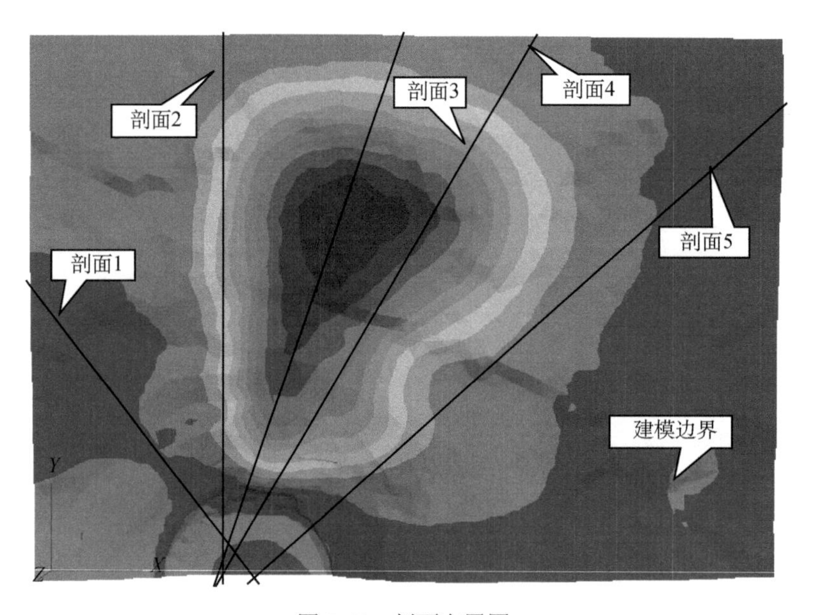

图 5-18　剖面布置图

由图 5-19～图 5-23 可知，在 9 号煤采动影响下，露天边坡的中部和上部以沉陷变形为主，位移矢量指向下方采空区；边坡下部则以向临空侧的变形为主，在上部及后方坡体的变形挤压作用下向露天采坑内变形；边坡下部坡表一定范围内产生拉应力，坡体内部靠近采空区端部产生剪应力集中区，可见坡体同时有向下方采空区沉陷和向临空侧露天采坑内发生水平位移这两种变形趋势，变形和受力都十分复杂。

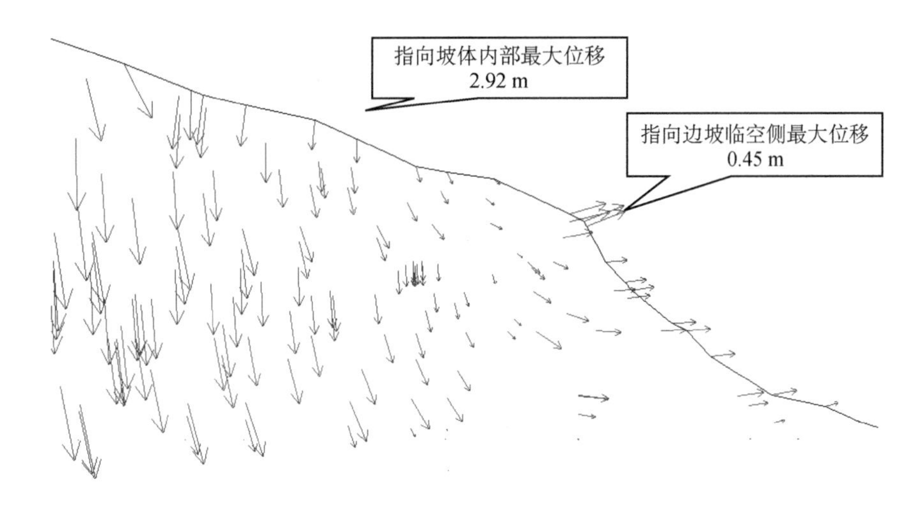

图 5-19　9 号煤回采一半时边坡位移矢量场图(剖面 3)

图 5-20　9 号煤回采一半时边坡竖向位移场图(剖面 3)

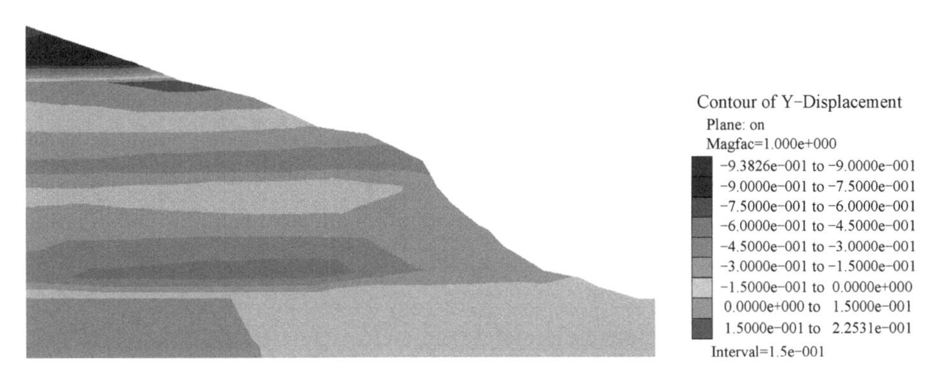

图 5-21　9 号煤回采一半时边坡水平位移场图(剖面 3)

图 5-22　9 号煤回采一半时边坡的最大主应力场图(剖面 3)

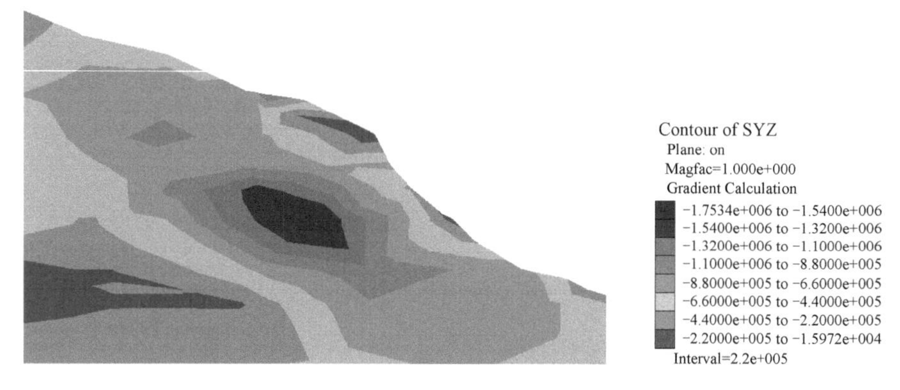

图 5-23　9 号煤回采一半时边坡的剪应力场图(剖面 3)

图 5-24～图 5-28 给出了对 9005 工作面回采完毕后边坡的变形及受力响应特征的预测结果，与图 5-19～图 5-23 相对比可以看出，9 号煤的继续回采推进，将对露天边坡的变形和受力产生更进一步的影响，将使边坡在最大变形量值和受影响范围上产生不同程度的增长。

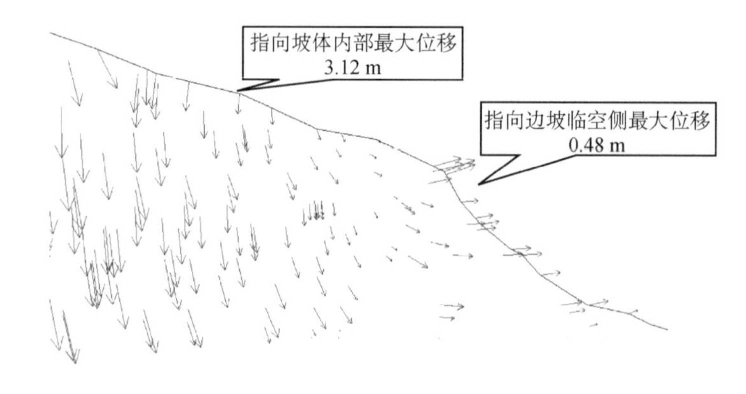

图 5-24　9 号煤回采完毕时边坡位移矢量场图(剖面 3)

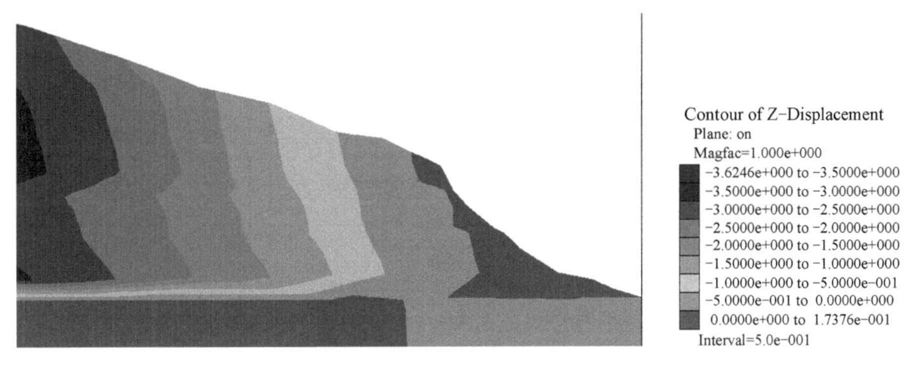

图 5-25　9 号煤回采完毕时边坡竖向位移场图(剖面 3)

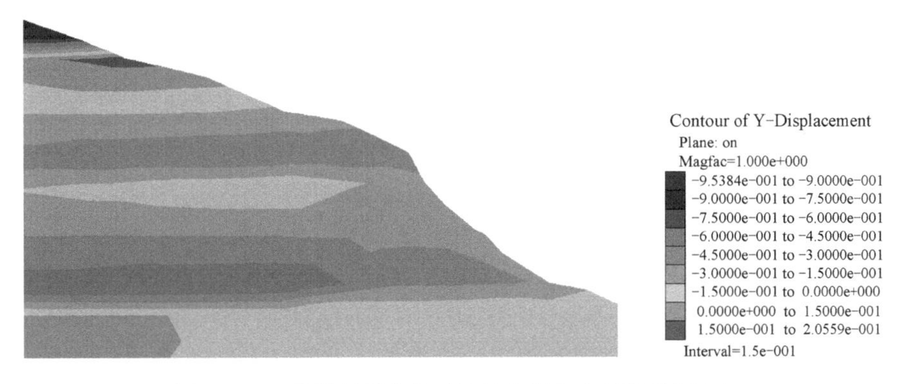

图 5-26　9 号煤回采完毕时边坡水平位移场图(剖面 3)

图 5-27　9 号煤回采完毕时边坡的最大主应力场图(剖面 3)

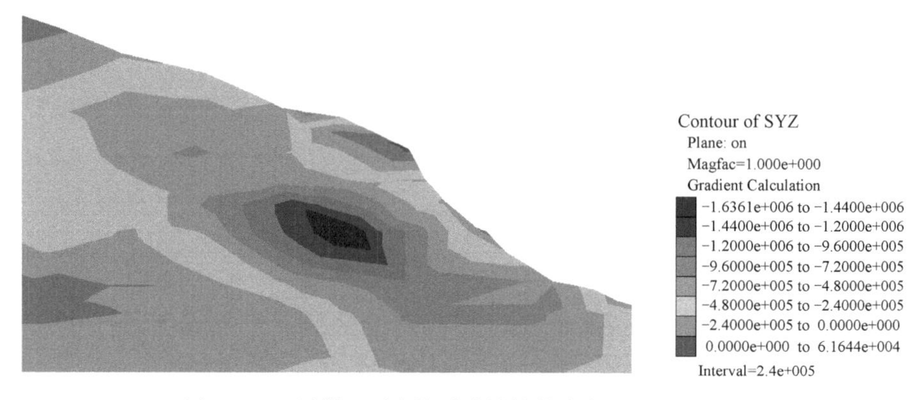

图 5-28　9 号煤回采完毕时边坡的剪应力场图(剖面 3)

在露天边坡坡表沿剖面 3 附近设置位移监测点，绘制监测点位移历史曲线如图 5-29 和图 5-30 所示。由图 5-29 可看出，边坡中上部产生向坡体后方位移(指向 Y 轴正向)，显然这是由下方 9 号煤和 4 号煤回采形成的采空区引起的；边坡下部产生向临空侧位移(指向 Y 轴负向)，坡表最大水平位移达 480mm 左右。

图 5-30 为剖面 3 监测点的总位移历史曲线图，其中历史曲线编号 502～508 对应的监测点与图 5-29 中的历史曲线编号 402～408 对应的监测点分别相互对应，且历史曲线编号 402～408(502～508)对应的监测点高程依次降低。对比两图可见，编号 502 和 503 对应监测点的总位移比水平位移大很多(该两监测点位于边坡中上部)，可见在边坡中上部坡表位移以沉陷变形为主，水平位移量相对

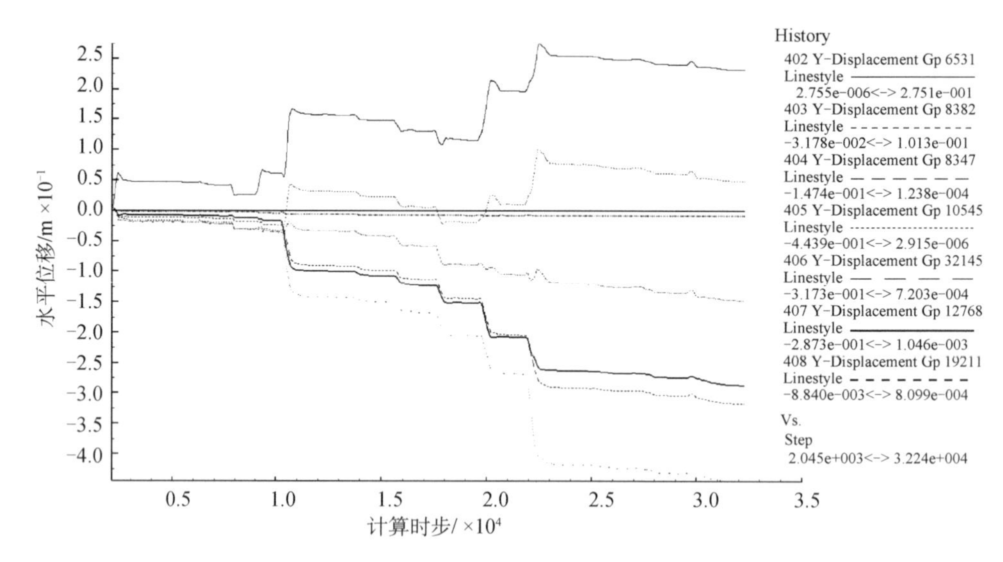

图 5-29　剖面 3 监测点水平位移历史曲线

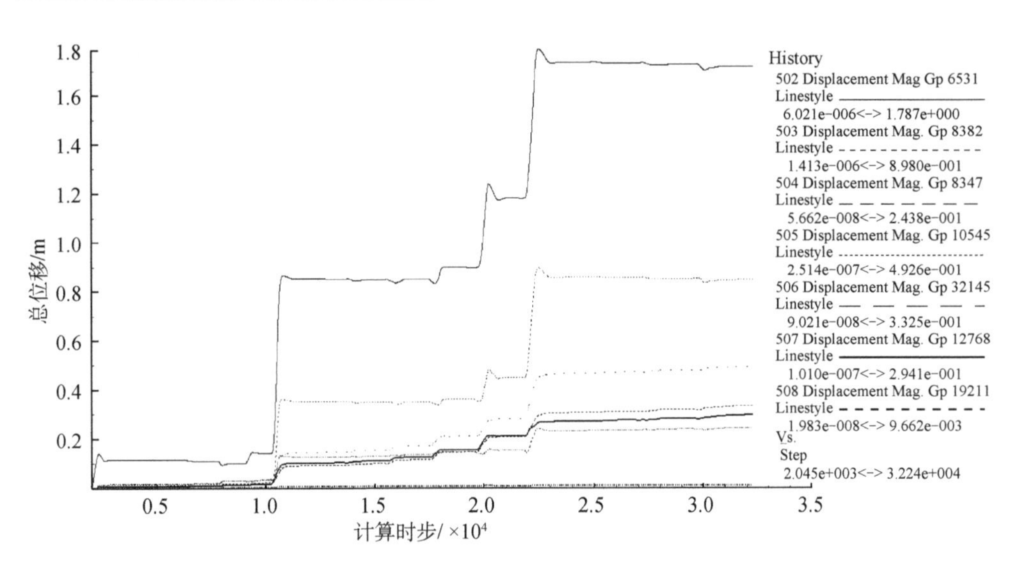

图 5-30　剖面 3 监测点总位移历史曲线

较小；而编号 504～506 对应监测点的总位移与水平位移基本一致(这些测点位于边坡下部)，可见在边坡下部受采动影响范围内，位移以水平位移为主。这些特征亦可从剖面 3 位移矢量场图得到验证。

5.2.4　露井联采及降雨入渗条件下边坡变形响应

虽然安太堡露天矿区属于典型的温带半干旱大陆性季风气候，冬春干旱少雨，夏秋降水较多，最大降雨强度达到 87mm/d。但近些年来，随着全球气候异常，2010 年朔州市各县区降水量与历年同期均值相比偏多 10%～20%，且日最大降水量超过 100mm。矿区属黄土丘陵-强烈侵蚀生态脆弱系统，对环境改变反应敏感，2010 年 9 月～10 月就出现大小十余处滑坡，后期的滑坡处理耗费了大量人力和财力。因此有必要对降雨条件下安太堡露天矿边坡的变形特性进行研究。

为此将西北帮的环形段边坡作为研究对象构建计算模型，分别在计算模型的直线段边坡(剖面 1，$y=-100$m)、直线段与环线段接合部(剖面 2，$y=0$m)及环线段边坡的中部(剖面 3，$y=141$m)截取 3 个剖面作为监测剖面，进行雨水渗流条件下的边坡固-流耦合分析，施加的边坡渗流自由水面如图 5-31 所示。分别对井工开采前、4 号煤开采完成后、9 号煤开采完成后的降雨入渗条件下边坡的位移响应进行分析。

1. 井工回采前降雨条件下边坡变形响应特征

对未实施井工开采时边坡在降雨入渗条件下的位移响应特征进行研究分析。

井工回采前降雨作用下边坡位移矢量场如图 5-32 所示。由边坡各剖面监测点水平位移图 5-33 可以看出，井工回采前降雨对边坡的稳定性影响不大，水平向位移最大值出现在 X 方向，达到 5mm，并且随着高程的降低影响程度逐渐减弱，这表明未进行井工开采时，降雨对边坡内部的影响很小，降雨入渗对边坡的影响仅局限于边坡表层土体。

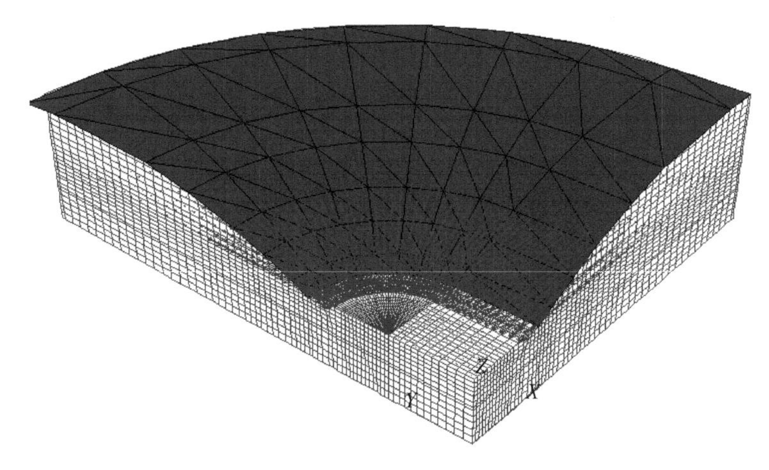

图 5-31 边坡渗流自由水面及流体矢量场投影到坡底平面图

在总体变形上来看，从 80m 高程处直到坡顶，边坡的变形主要表现为向坡体内部水平内陷，变形量在 3～5mm，从坡底到 80m 高程处，边坡变形主要表现为向临空侧水平外移鼓出，变形量为 1～2.5mm。分析结果表明边坡工程整体变形位移量较小，总体看边坡的变形状况是稳定的。

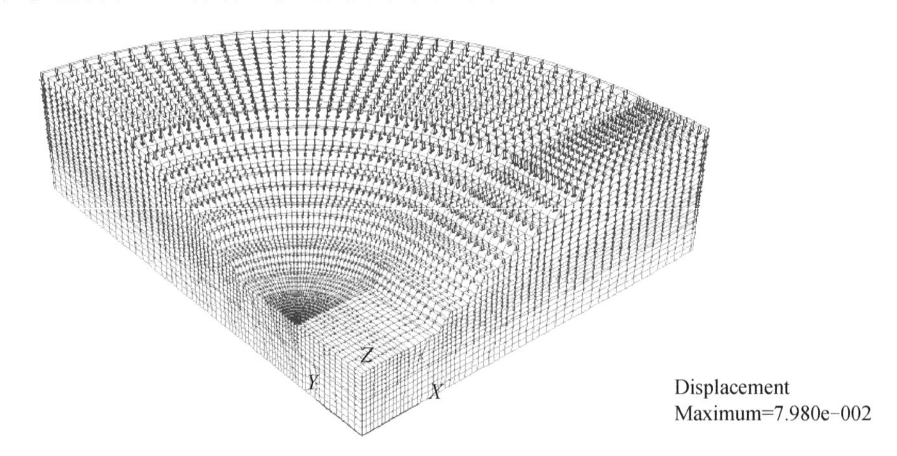

图 5-32 井工回采前降雨作用下边坡位移矢量场图

2. 回采 4 号煤降雨入渗条件下边坡变形响应特征

由图 5-34 边坡位移矢量场图可知，边坡整体变形较大部位主要分布在直线段边坡。井工回采 4 号煤后，坡顶表面产生的最大水平位移在 *X* 方向为−175mm 左右，*Y* 方向为 141mm 左右。从 100m 高程处直到坡顶，边坡右侧表现为向坡体内采空区塌陷的趋势，最大水平位移 *X* 方向为 91mm 左右；从坡底到 100m 高程处，边坡的右侧坡脚和左侧坡脚分别向临空侧产生外移鼓出变形，最大水平位移分别为 279mm 和 218mm 左右；由图 5-35 边坡位移曲线可见，剖面 1 和剖面 2 在边坡的 170m 高程处与 130m 高程处的上、下两个测点，分别产生了上测点向边坡临空侧倾斜、下测点向采空区侧内陷的位移变形。

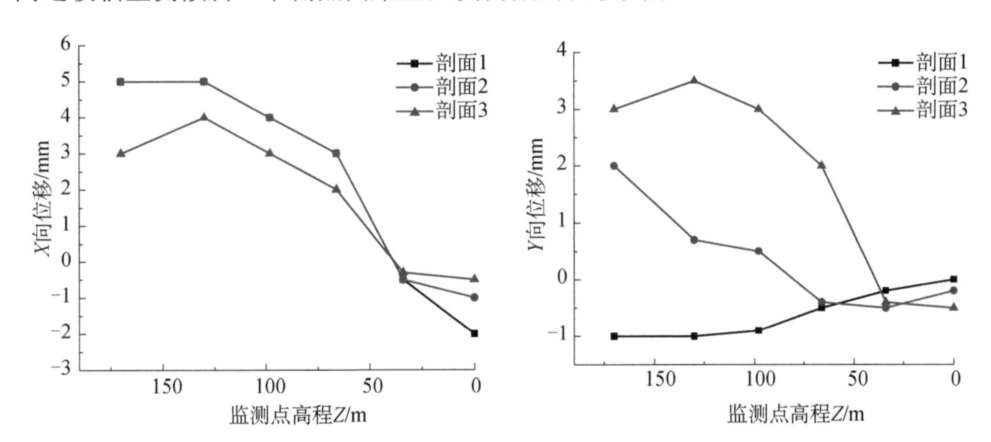

图 5-33　井工回采前降雨作用下 3 个剖面水平方向位移曲线

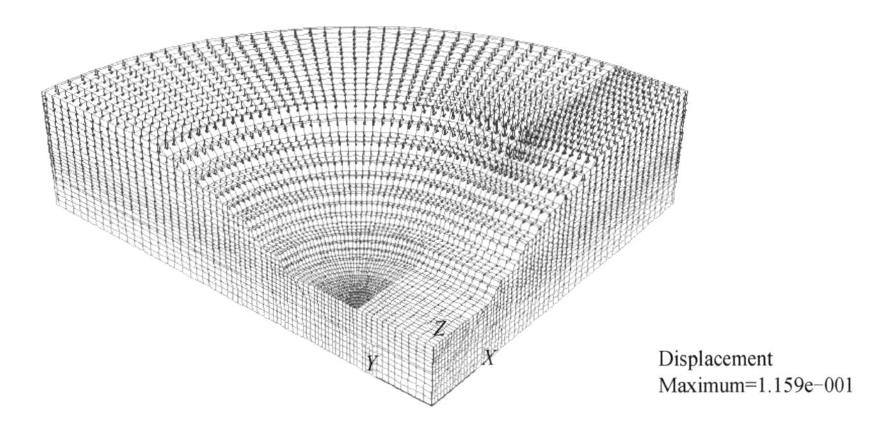

图 5-34　回采 4 号煤后雨水入渗下边坡位移矢量场图

由上所述，回采 4 号煤对边坡变形稳定造成的影响程度要远大于雨水入渗作用的结果，前者使边坡产生最大变形的部位集中在坡脚位置附近，而后者使边坡产生的变形相对较小，主要分布在边坡浅层部位。

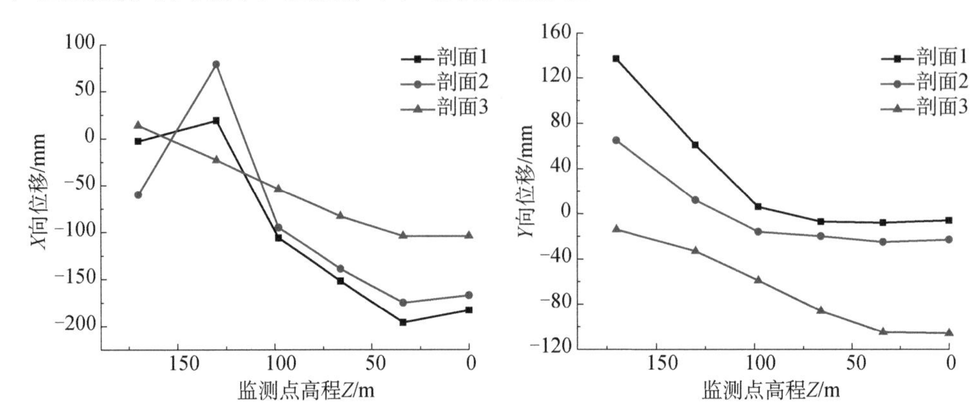

图 5-35 井工回采前降雨作用下边坡 3 个剖面水平方向位移曲线

3. 回采 9 号煤降雨入渗条件下边坡变形响应特征

9 号煤回采完成后，在降雨入渗作用下，如图 5-36 所示，整个边坡的变形主要以垂向沉降变形为主。从 114m 高程处往下，边坡向临空侧产生的最大滑移量仅为 20mm 左右；从 114m 高程处到坡顶，边坡向坡体内采空区基本呈垂直沉陷趋势，最大沉降量为 327mm。距离边坡较远的区域，主要表现为竖向沉降变形。

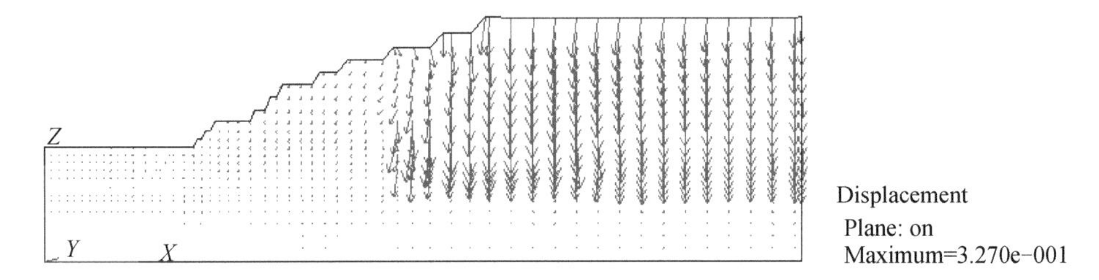

图 5-36 井工回采前降雨作用下边坡 3 个剖面水平方向位移曲线

综上所述，回采 9 号煤后，虽然西北帮边坡是基本稳定的，但在雨水渗流场的作用下，随着时间的增长，雨水渗流作用次数增多所造成的累积位移变形，将是触发边坡岩体产生局部塌滑的一个重要原因。随着时间的推移，雨水渗流作用将会进一步加剧采动影响范围内地表塌滑沉陷的效果。

5.3 研究区边坡稳定性 MSARMA 法分析设计

5.3.1 计算方法与模型

中国矿业大学中日地层环境力学校际研究中心将边坡稳定系数计算、影响边坡稳态的各类因子的敏感性分析、边坡最佳加固角的确定，以及边坡加固力计算等几方面有机地结合起来，编制了功能齐全的《边坡工程稳定性 MSARMA 评价分析系统》，系统适用于各类边坡(如水利工程边坡、矿山工程边坡、道路工程边坡、城市建筑工程边坡等)的稳定性评价和工程设计，已经在边坡工程中得到了很好的推广和应用。

本节在安太堡露天矿高陡边坡变形稳定性研究分析的基础上，结合露天矿边坡现场的实际情况及地质勘察资料选取了 5 个剖面进行计算。采用基于极限平衡理论的 MSARMA 法计算各剖面图中的潜在滑动面的边坡稳定性。结合各剖面的具体坡形，选取若干计算模型如图 5-37～图 5-41 所示。

5.3.2　计算参数选择

根据现场工程地质勘察资料和部分试验并结合《岩石力学参数手册》进行工程类比，最终确定计算使用的物理力学参数。对于研究区段存在的已滑动边坡则通过反分析来估算和优化边坡岩土体物理力学参数。具体参数见表 5-3。

表 5-3　计算参数表

序号	岩性名称	厚度/m	弹性模量/MPa	泊松比	密度/(g/cm^3)	黏聚力/kPa	内摩擦角/(°)
1	黄土	35	150	0.42	1960	500	20
2	风化砂岩	10	2000	0.36	2300	1000	33
3	砂岩	40	4200	0.32	2380	1200	35
4	泥岩	9	2800	0.34	2490	100	31
5	粉砂岩	21	4600	0.32	2320	1000	36
6	砂岩	16	5500	0.3	2380	1500	39
7	4 号煤	11	1000	0.38	1440	500	26
8	页岩	8	2400	0.33	2450	1200	34
9	粉砂岩	11	4800	0.32	2600	1600	40
10	页岩	18	3000	0.35	2580	1200	35
11	9 号煤	12	1200	0.36	1330	600	27
12	砂岩	27	6900	0.28	2380	1500	38
13	11 号煤	10	1300	0.35	1400	630	25
14	页岩	11	3500	0.27	2460	1300	35
15	粉砂岩	90	12000	0.25	2600	3700	43

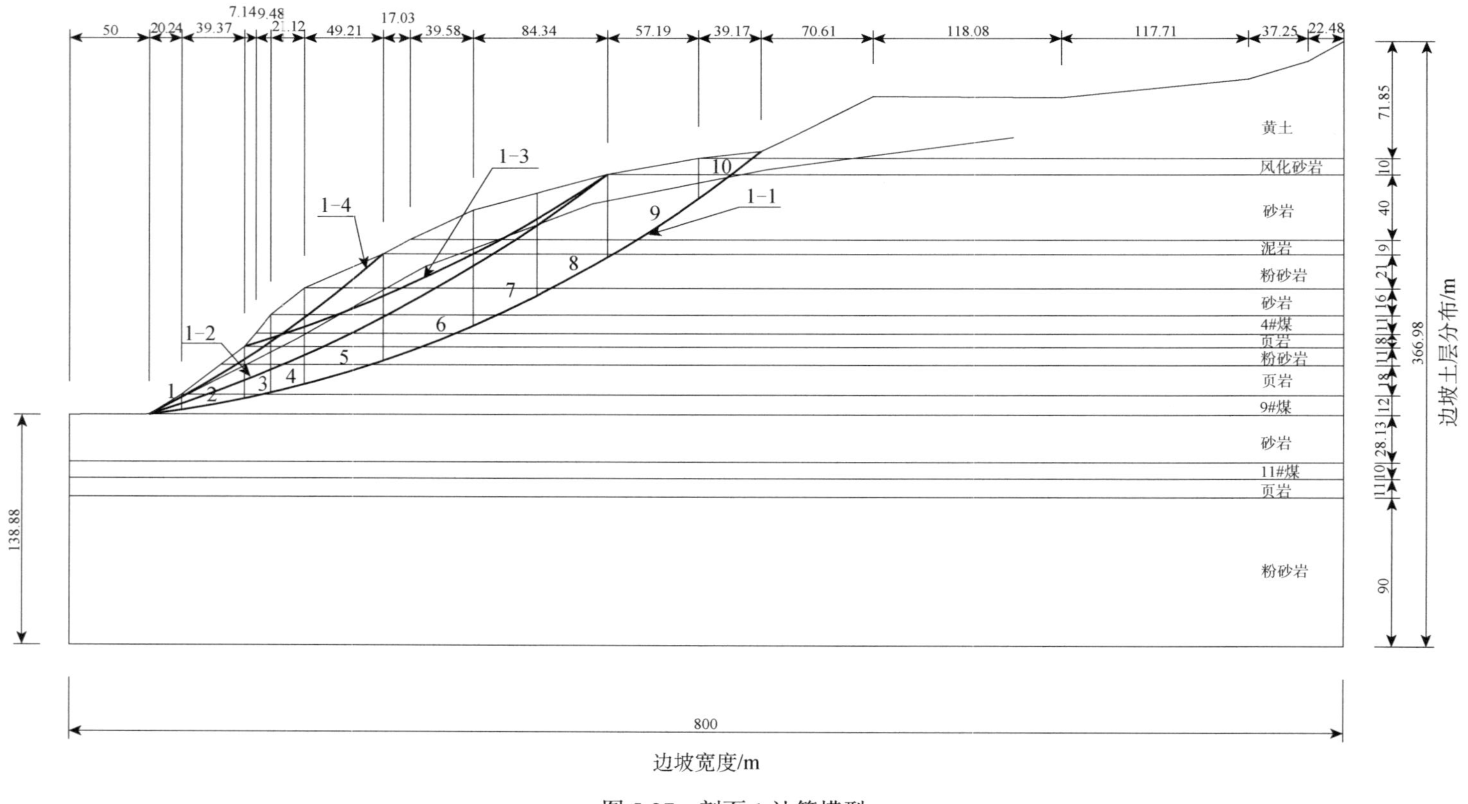

图 5-37　剖面 1 计算模型

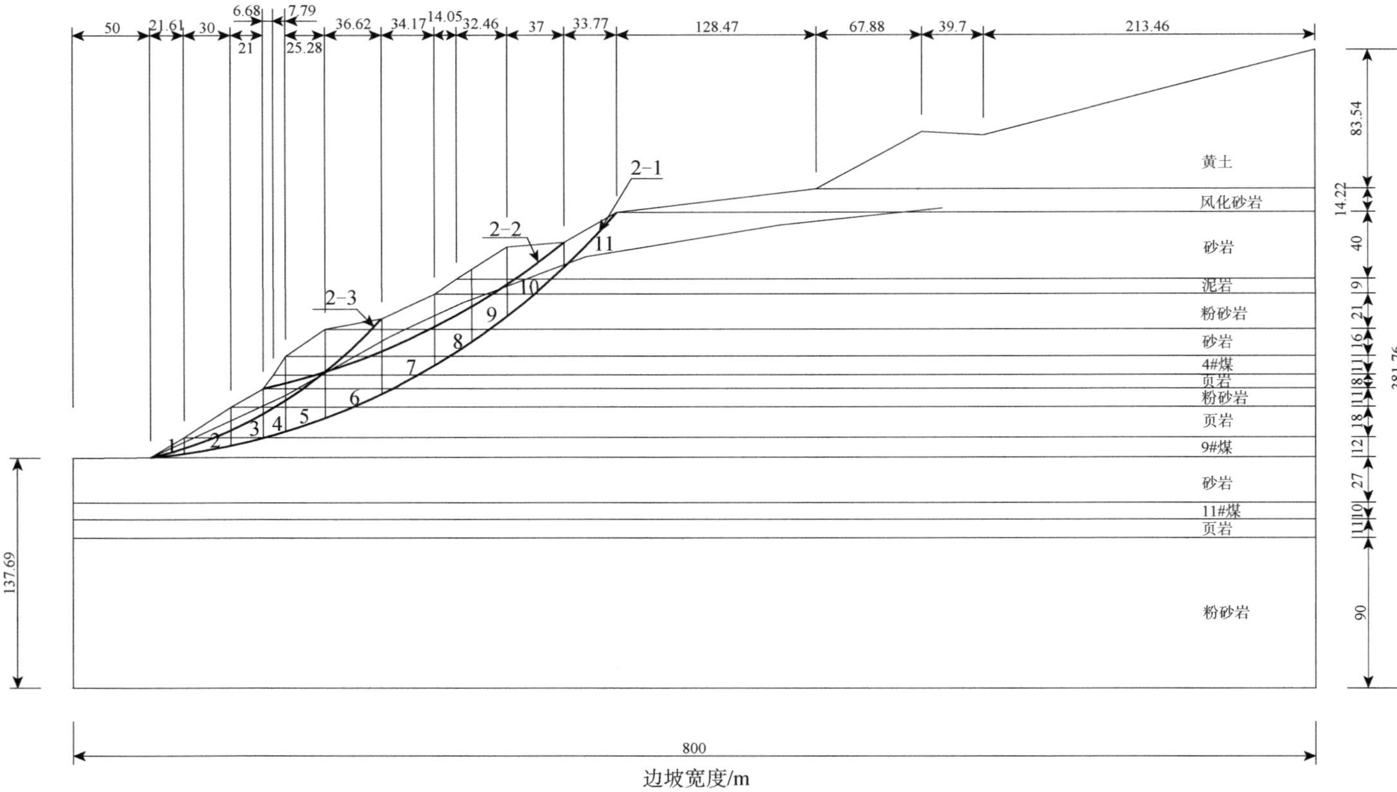

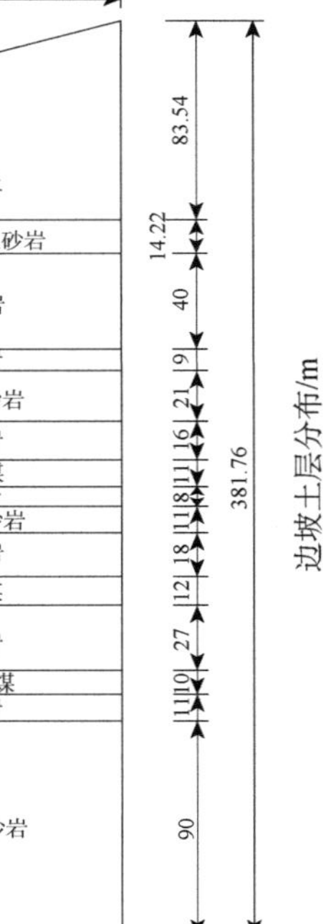

图 5-38　剖面 2 计算模型

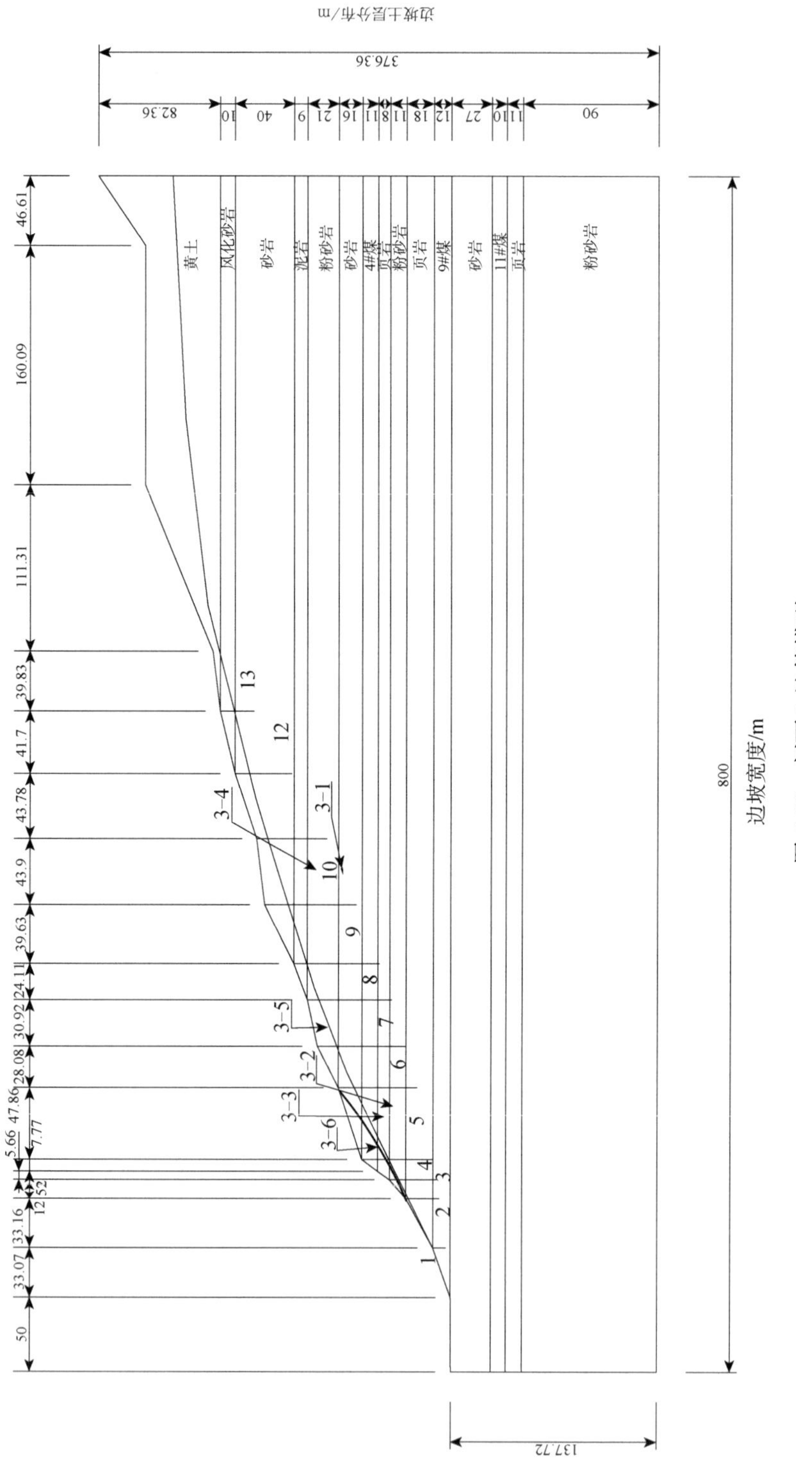

图 5-39　剖面 3 计算模型

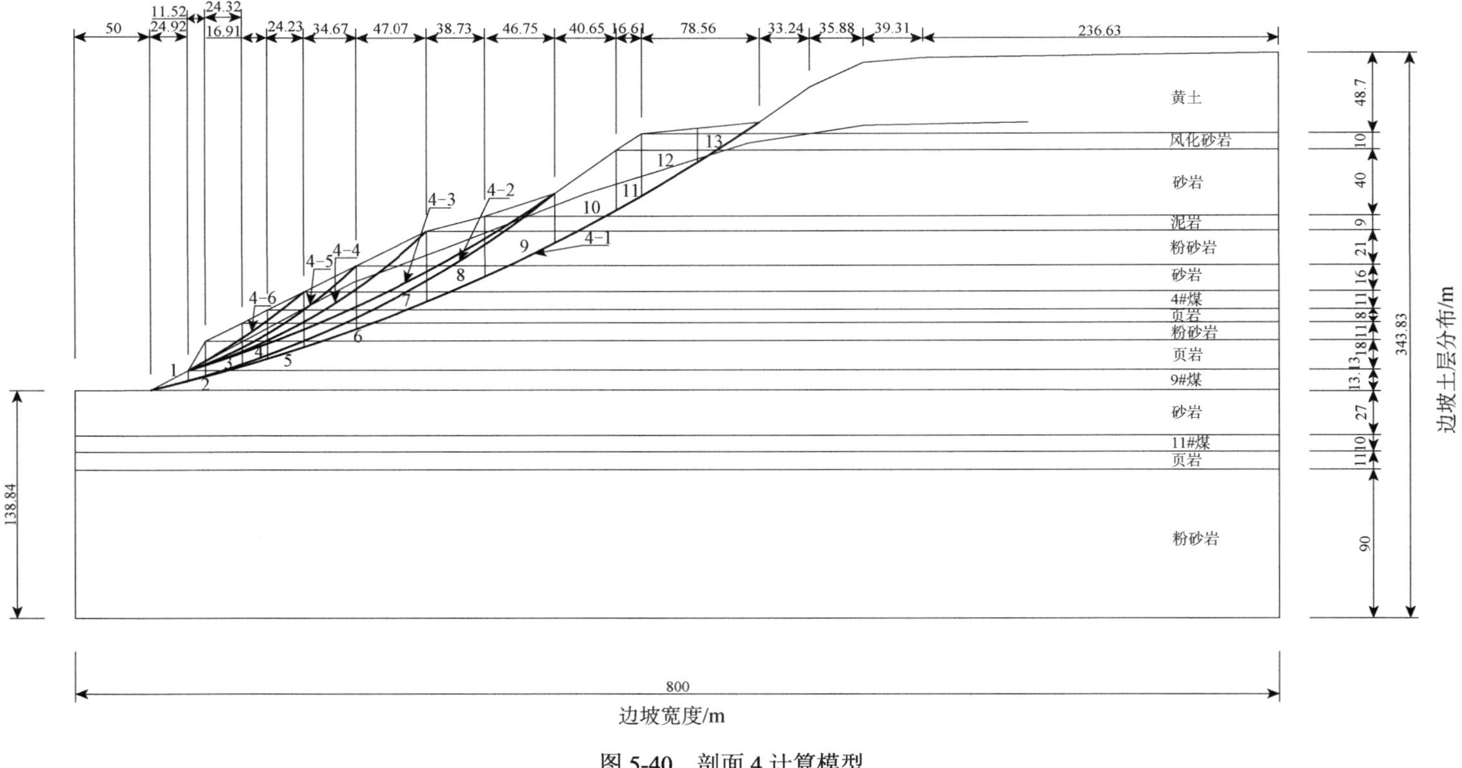

图 5-40　剖面 4 计算模型

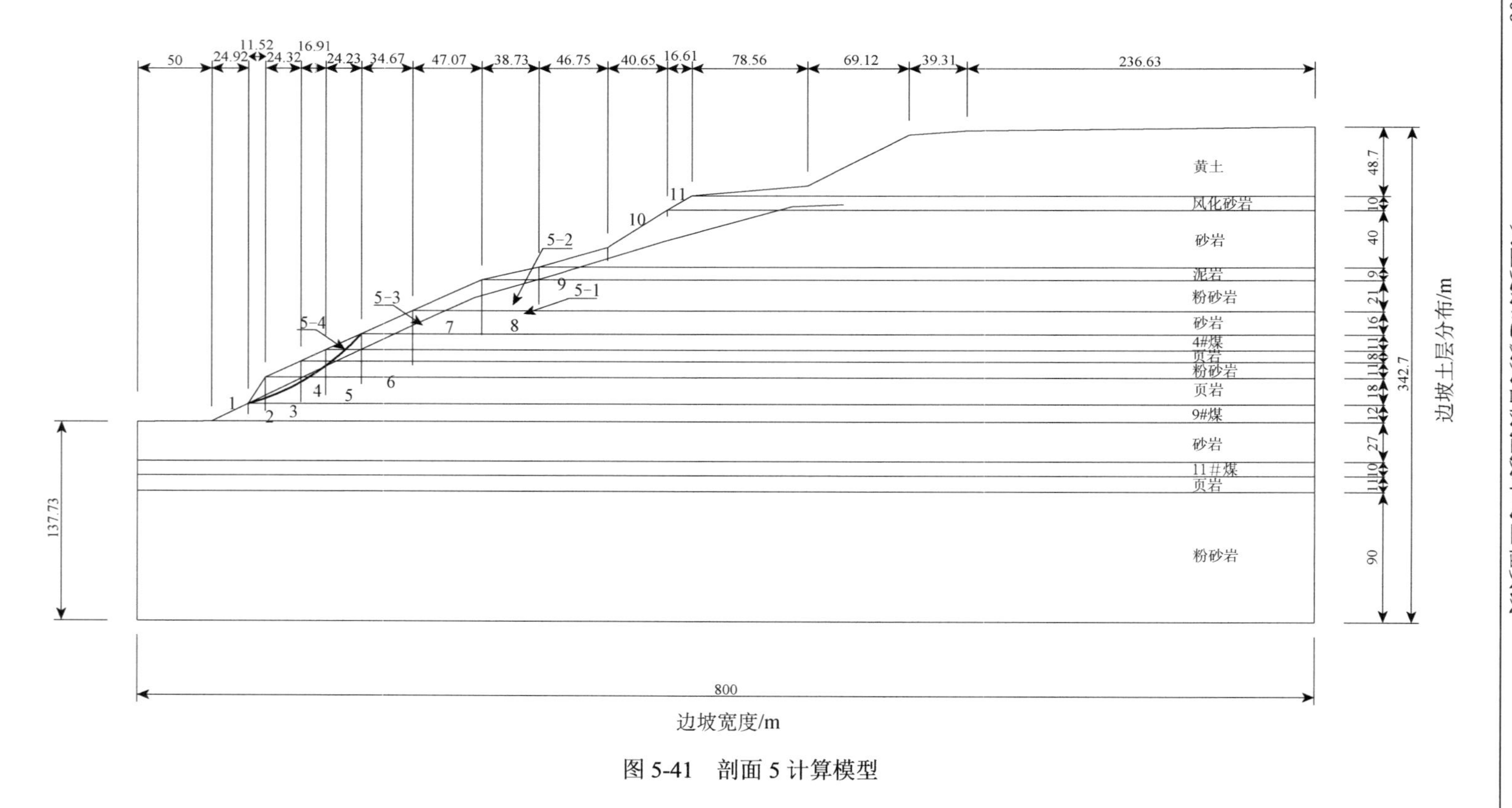

图 5-41　剖面 5 计算模型

5.3.3　无加固状态下稳定性评估

采用 MSARMA 法对无加固状态下边坡稳定性进行计算。计算假定条件为：考虑地震烈度为 7 度；考虑边坡最不利状态为饱和状态，并设定相应地下水位线。计算时选用 3 种边坡排水率分别进行计算；具体计算结果见表 5-4。

表 5-4　稳定系数计算

剖面	计算滑动面	F_S		
		0%	50%	100%
1	1-1	0.9954	1.1398	1.2833
	1-2	1.0613	1.1289	1.1958
	1-3	0.9256	0.9395	0.9534
	1-4	0.9676	0.9676	0.9676
2	2-1	1.1166	1.2390	1.3591
	2-2	2.1439	2.1871	2.2296
	2-3	0.9106	0.9377	0.9644
3	3-1	1.0175	1.2073	1.3958
	3-2	1.2302	1.3586	1.4853
	3-3	0.9300	1.0040	1.0772
	3-4	0.9985	1.1315	1.2641
	3-5	0.9820	1.0265	1.0709
	3-6	1.0843	1.0843	1.0843
4	4-1	1.0705	1.2098	1.3485
	4-2	1.1769	1.3088	1.4395
	4-3	1.3055	1.4103	1.5146
	4-4	0.9411	1.0018	1.0626
	4-5	1.0583	1.0898	1.1209
	4-6	1.1767	1.1767	1.1767
5	5-1	1.1778	1.3274	1.4750
	5-2	1.2405	1.3687	1.4957
	5-3	0.9433	1.0001	1.0571
	5-4	1.1887	1.2045	1.2203

从计算结果可知，未经加固的边坡稳定系数均不满足要求，为保证工程安全，必须进行加固治理。

5.3.4　加固力估算与设计

根据《建筑边坡工程技术规范》(GB 50330—2013)规定，如表 5-5 所示，安太堡露天矿高陡边坡下方的影响范围包含井东煤业煤炭运输通道、现场办公楼、生产附属建筑和设备以及大量的办公、生产人员，一旦发生滑坡灾害后果不堪设想。因此本工程边坡属于一级边坡。选取各剖面中稳定系数最小的最危险滑动面为计算模型。边坡设计安全系数选取为1.35，按两种工况计算：

1) 考虑地震烈度为7度，边坡饱水；

2) 不考虑地震作用，边坡饱水。

计算结果如表5-6所示。

表5-5　边坡工程安全等级

边坡类型		边坡高度 H/m	破坏后果	安全等级
岩质边坡	岩体类型为Ⅰ或Ⅱ类	$H\leqslant30$	很严重	一级
			严重	二级
			不严重	三级
	岩体类型为Ⅲ或Ⅳ类	$15<H<30$	很严重	一级
			严重	二级
		$H\leqslant15$	很严重	一级
			严重	二级
			不严重	三级
土质边坡		$10<H\leqslant15$	很严重	一级
			严重	二级
		$H\leqslant10$	很严重	一级
			严重	二级
			不严重	三级

表5-6　边坡工程安全等级　　（单位：kN/m）

模型	7度地震烈度时的加固力	无地震时的加固力
1-3	10584	2767
2-3	6878	3197
3-3	8023	1966
4-4	5326	1565
5-3	5482	1556

从表5-6可知，在无地震作用下各危险滑动面所需加固力不超过3000kN/m，但加固方案若考虑地震作用，则需较大的加固力，其中模型1-3达到10584kN/m。同时，考虑到边坡服务期要大于10年，因此，必须对安太堡露天矿实施边坡加固与滑坡监测，确保可以在不利外界因素的影响下对滑坡灾害及时预警，避免人员伤亡和经济损失。

5.4　研究区边坡稳定性分析

对边坡稳定性进行科学、准确地分析评价才能够保证边坡综合防治设计的有效性与合理性。首先应用 FLAC3D 程序构建了三维地质模型，对安太堡露天矿边坡在内部井工回采 4 号煤、9 号煤过程中，对边坡的变形响应特征进行了研究，并分析了在雨水入渗作用下边坡的岩移规律和变形特征，确定了露天矿高陡边坡的 5 个关键剖面。以此为依据采用 MSARMA 法，选用三种边坡排水率并考虑地震作用分别对各剖面进行计算，定量评价安太堡露天矿边坡关键剖面在无加固状态下的边坡稳定性，并对加固力进行初步计算。主要结论如下：

(1) 前期露天开采形成的边坡在 4 号煤采动影响下，上部以沉陷变形为主，坡顶后方发生严重的沉陷变形，虽然边坡也产生了向矿坑内部的位移，但变形较小不会对边坡的稳定性造成太大影响；当在回采 4 号煤过程中考虑降雨作用时，边坡变形主要表现为坡体浅部表土层及基岩风化带的竖向沉降，雨水入渗的反复作用，构成了局部边坡位移变形的累积，最终诱发局部滑坡。

(2) 在 4 号煤采空区和 9 号煤采动影响下，前期形成的露天边坡下部以水平变形为主，随着 9 号煤的继续回采，对上层岩土层形成复合扰动，相比于 4 号煤层的单一开采，其影响范围和变形更加剧烈，边坡下部向临空侧变形还会继续发展。特别是 9 号煤开采到临界状态时，采动影响范围扩大到露天矿边坡，造成边坡的坡表大幅度沉陷及水平向变形，对边坡的稳定性很不利。

(3) 通过边坡工程强度稳定性计算可知，未经加固的边坡稳定系数均不满足《建筑边坡工程技术规范》(GB 50330—2013) 要求(按一级边坡考虑，稳定系数 1.35)，为保证工程安全，必须进行处理。边坡上部 A 区和边坡中部 B 区发生滑坡的可能性较大，应对这两个区域采取相应的加固措施，以保证边坡的稳定。

第6章 安太堡露天矿西北帮高陡边坡监测研究与工程应用

据统计，世界各类灾害造成的损失每年要在1000亿美元以上，而滑坡灾害作为危害最严重的自然灾害之一，每年在世界范围内都要造成重大的人员伤亡与经济损失。滑坡灾害具有很强的区域性、突发性，同时边坡的稳定性不但受到地质状况及气候条件的影响，外界其他因素也会对边坡稳定性产生不利作用，以上特点使得滑坡的预防与治理工作有着很大的难度。传统方法通过一般的地质测绘来对边坡进行稳定性评价和预测往往有着很大困难。长期以来，滑坡监测作为一种能够有效减少灾害的预报手段，有着十分重要的社会价值与现实意义。

现代化科技进程的加快促使监测方法与监测手段有了很大改进与完善，全国各地大范围的山体危崖、矿山边坡、路堑边坡及库岸边坡等都采用了滑坡监测技术，积累了丰富的经验，取得了很多有价值的成果。例如，20世纪80～90年代，长江三峡新滩滑坡监测预报成功；1986年湖北秭归县马家坝滑坡发生前捕捉临滑前兆并报警。这些都是我国重大滑坡灾害防灾减灾的典例。

滑坡灾害问题是一个“空间”与“时间”问题的结合体。不但要弄清滑坡的区域和范围，对滑坡时间的准确预报也至关重要。目前滑坡监测对滑坡活动的评价通常依靠现场获得的监测数据，监测内容主要包括边坡位移的监测、内部应力的监测、地下水位的监测、雨量的监测等。虽然到目前为止，国内外已有不少监测预警成功的实例，但还有许多关键性的技术问题亟待研究与解决。例如，对滑坡体分析其运动学特征、诱发条件响应，掌握边坡变形规律、内部应力状态等多方面有待继续深入研究，从而掌握滑动体的范围、规模及滑坡趋势等，对灾害的发生做出准确的预报，以便及时采取防护措施。

对“滑动力”这一滑坡充分必要条件的监测能够实现对边坡内部应力状态的实时监控，从而掌握“下滑力”和“抗滑力”之间的平衡状态变化。位移监测预报虽然滞后于应力监测预报，但是相比于应力监测具有施工难度小、周期相对较短，成本低且可以大规模布置的特点。对安太堡露天矿边坡开展应力与位移联合监测，可充分发挥两种手段的优势，由内而外全方位地掌握边坡的稳定状况，实现滑坡灾害短期或临滑预测预报。本章将着重介绍两种监测方法的监测方案设计及工程实施。

6.1　滑坡灾害监测内容与手段

6.1.1　滑坡灾害监测内容

滑坡灾害具有很大的地域性，不同类型的滑坡发生的条件也不相同。因而滑坡监测要根据滑坡的类型确定监测内容与采用的监测方法。我国铁路部门提出了以滑坡体组成物质、滑坡体厚度、性质和成因为分类标准的三级分类法(图 6-1)。根据诱发滑坡因素的不同，还可以将滑坡分为工程滑坡和自然滑坡。工程滑坡包括由施工开挖、建筑物或者人工堆积加载及水库蓄水等工程活动引起的滑坡；自然滑坡包括由自然地质、降雨、地震等自然作用引起的滑坡。

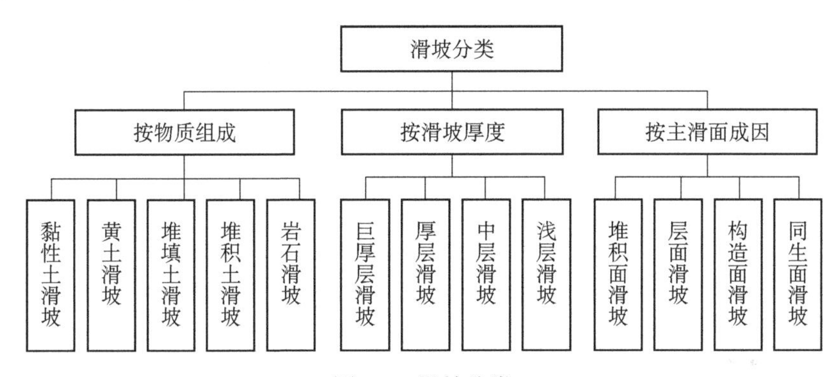

图 6-1　滑坡分类

不同类型的滑坡，其监测的重点内容也不同。例如，土质滑坡如果为降雨型的，那么应主要监测雨量及降雨连续性、地下水和降水动态变化；如果是由于冻融导致滑坡产生，那么监测重点应放在温度变化所引起的土中含水量的变化上；如果是施工开挖型滑坡，应主要监测前缘的冲蚀和开挖情况，坡脚被切割的宽度、高度、倾角及其变化情况，坡顶及谷肩处裂缝发育情况与充水情况。因此，滑坡监测的内容大体上可以概括为四个方面：滑坡形变监测、滑坡应力监测、滑坡诱发因素监测及滑坡前兆监测。

(1)滑坡形变监测：主要包括裂缝监测、位移监测、倾斜监测。

裂缝监测：包括边坡坡体裂缝尺寸发展变化的监测。

位移监测：包括地面位移监测、边坡深部位移监测。

倾斜监测：监测滑坡的角变位与倾斜、倾摆变形及切层蠕滑。包括地面倾斜监测和地下倾斜监测。

(2)滑坡诱发因素监测：包括地表水动态监测、地下水位动态监测、气象(降水量、气温）动态监测、地震及机械振动监测等。

地表水位的涨落、地下水位的变动都会使土体的自重及抗剪强度发生变化，进而导致应力平衡的改变。地震和机械振动会对边坡坡体的结构面及颗粒间黏结力造成影响。这些因素都会诱发滑坡的发生。

(3)滑坡前兆监测：滑坡前兆是滑坡滑动前出现的预示滑坡将要发生活动的各种现象，包括滑坡形变前兆监测、滑坡地声监测、动物异常行为监测及地下水动态异常变化监测。

滑坡灾害发生前会有一些异常现象发生称为滑坡的前兆。例如，滑坡前缘岩土体松弛或局部坍塌、沉降隆起活动；地表及深部岩石发生开裂或被剪切挤压，有时还发生异常声响；地下水水位、水量、水化学特征的异常；动物活动异常等。

6.1.2　滑坡灾害监测手段

滑坡灾害的发生是多种因素综合作用结果，因而滑坡的监测内容也是包括了滑坡产生因素的各个方面，是由多种监测方法相结合的。它既要监测地面、地下变形，同时也要监测诱发因素和相关因素。常用的监测方法有宏观地质监测法、大地精密测量法、GPS 法、近景摄影测量法、遥感法、测缝法等。

随着科技的不断进步，由于精密的监测仪器和适宜的技术方法，以及通信传输技术等多学科的结合发展，滑坡灾害监测也获得了长足的进步。监测技术逐渐步入高精度、全天候、全自动、信息化、智能化、网络化的时代。其基本工作原理就是通过现场的数据采集仪器，将获得的监测对象数据信息由现场传输仪器通过电缆或者无线发射装置发射到野外的工作站，然后工作站将所有采集的信息通过卫星或者其他传输途径发送到接收器传输到网络上。滑坡灾害监测手段及特点等见表 6-1。

表 6-1　监测手段及特点

	内容	主要监测方法	监测方法的特点	适用性评价
地表变形	大地测量法（三角交会法、几何水准法、小角法、测距法、视准线法）	经纬仪、水准仪、测距仪	投入快、精度高、监控面广、直观、安全，便于确定滑坡位移方向及变形速率	适应于不同变形阶段的位移监测，受地形通视和气候条件影响，不能连续观测
	近景摄影法	全站式速测仪、电子经纬仪等	精度高、速度快、自动化程度高、易操作、省人力，可跟踪自动连续观测，监测信息量大	适应于不同变形阶段的位移监测，受地形通视条件的限制
	GPS 法	GPS 接收机	精度高、投入快、易操作、可全天候观测，不受地形通视条件限制，目前成本高，发展前景可观	适应于崩滑体不同变形阶段地表三维位移监测

续表

	内容	主要监测方法	监测方法的特点	适用性评价
	测缝法（人工测缝法、自记测缝法、遥测法）	钢卷尺、游标卡尺、裂缝量测仪、伸缩自记仪、测缝计、位移计等	人工、自记测缝法投入快、精度高、测程可调、方法简易直观、资料可靠；遥测法自动化程度高，可全天候观测，安全、速度快、省人力，可自动采集、存储、打印和显示观测值，远距离传输，精度相对低，一般仪器易出故障，长期稳定性差，资源需要用其他监测方法校核后使用	人工、自记测缝法适应于裂缝两侧岩体土体张开、闭合、位错、升降变化的监测；遥测法适应于加速变形阶段及施工安全的监测，后者受气候等外界因素影响较大
地下变形	测斜法（钻孔测斜法、竖井测斜法）	钻孔倾斜仪、多点倒锤仪等	精度高、效果好、易遥测、易保护，受外界因素干扰少，资料可靠，测量有限，成本较高，投入慢	主要适应于崩滑体变形初期，在钻孔、竖井内测定滑体内不同深度的变形特征及滑带位置
	测缝法（竖井）	多点位移计、井壁位移计、位错计等	精度较高、易保护、投入慢、成本高，仪器、传感器易受地下水浸湿、锈蚀	一般用于监测竖井内多层堆积物之间的相对位移。目前多因仪器性能、量程所限，主要适应于初期变形阶段，即小变形、低速率，观测时间相对短的监测
	重锤法	重锤、极坐标盘、坐标仪、水平位错计等	精度高、易保护、机测直观、可靠；电测方便，量测仪器便于携带，但受潮湿、强酸、碱、锈蚀等影响	适用于平硐内上部危岩相对下部稳定岩体的水平剪切位移监测
	沉降法	下沉仪、收敛仪、静力水准仪、水管倾斜仪等		适用于平硐上部危岩相对下部稳定岩体的下沉变化及软层或裂缝垂直向收敛变化的监测
	测缝法（平硐）	单向、双向、三向测缝仪、位移计、伸长计等		适应于平硐内危岩裂缝的三维（X，Y，Z 三方向）监测和危岩体界面裂隙沿硐轴方向位移的监测
地声	地音测量法	声发射仪、地音测探仪	可连续观测，监测信息丰富，灵敏度高，省人力；测定的岩石微破裂声发射信号比位移信号超前 3～7 日	适宜于岩质边坡中后期变形阶段的监测，危岩加固跟踪安全监测，为预报岩石的破坏提供依据
应变	应变量测法	管式应变计	主要适宜测定崩滑体不同深度的位移量和滑面位置	
应力	滑动力	应力传感器	灵敏度高、全天候监测、智能化、信号接收范围广、预测分析准确	适用于露天矿、路堑高边坡等不同类型边坡的短期和临滑预报
水文	地下水位	水位记录仪	适应于崩滑体不同变形阶段的监测，其成果可做基础资料使用	
	孔隙水压	孔隙水压计、钻孔渗压计		
	泉流量	三角堰、量杯		
	河水位	水位标尺等		
环境	降水量	雨量计	适用于不同类型崩滑体及其不同变形阶段的监测，为崩塌滑坡的分析评价提供基础资料	
	地湿	温度记录仪		
	地震	地震监测仪		

6.2 安太堡露天矿西北帮边坡主要监测技术

6.2.1 监测技术概述

回顾国内外对边坡稳定性监测的内容，常规监测方法主要是针对位移监测、岩体倾斜监测、水的监测和岩体破坏声发射监测等，其中应用最广泛的是位移监测和岩体倾斜监测。然而，位移和倾斜是产生滑坡的必要而非充分条件，有位移或岩层出现倾斜变形不一定会发生滑坡，滑动力才是滑坡灾害发生的充分必要条件，只有滑动力超过岩体抗剪强度，边坡才会发生破坏。但是，到目前为止，人类无法对滑动力进行直接测量，严重地阻碍着人类对滑坡灾害的超前、准确预报。

1. 远程应力智能监测技术

边坡(围岩)应力远程智能监测系统，是滑坡灾害监测预报的高新技术设备，该监测系统适用于各种类型的岩土体边坡滑坡灾害监测和隧道、巷道围岩稳定性监测，也可用于其他岩体边坡应力及其加固结构工作状态的监测。通过该系统可实时掌握边坡岩体内部应力变化和锚索(杆)加固结构的工作状态，为岩土工程的研究和滑坡灾害的有效防治提供科学依据。

中国矿业大学(北京)何满潮教授提出了滑动力监测系统的构思和框架设计，并带领课题组研制成功了一种新型滑坡体远程监测预警系统(型号：SPRM-01型)，能够实时、智能、准确地对滑动面或断层面上的滑动力进行测量、无线传输、自动处理等。

该系统的功能优势主要体现在 6 个方面。

(1) 监测数据自动采集。室外子系统安装于安太堡露天矿工业广场周边边坡，通过该子系统的传感器和数据采集模块能够采集安太堡露天矿西北帮边坡的力学信息，如图 6-2 所示。

(2) 岩土体内部应力状态远程无线监测，数据传送和接收不受距离限制。远程应力智能监测系统借助安装在现场设备上的发射模块发出现场采集的数据，经由 GSM 网络或北斗卫星通信网络将数据传输至室内子系统，克服了因环境恶劣、地域偏远而导致的信号弱或信号盲区等问题，为监测数据的实时、有效传输提供了保障。

(3) 现场监测数据的实时自动接收。该监测系统适用于各种类型的岩土体边坡滑坡灾害监测，也可用于其他岩体边坡应力及其加固结构工作状态的监测。通过该系统可实时掌握边坡岩体内部应力变化和锚索加固结构的工作状态，为岩土工程的研究和滑坡灾害的有效防治提供科学依据。由于系统要长期放置在野外进行工作，为降低功耗，系统在不测量数据时进入休眠状态，关闭大部分电路及北斗用户机。本系统的程序每次运行完之后就不再运行，直到被实时时钟唤醒，再进行下一次的工作，如图 6-3 所示。

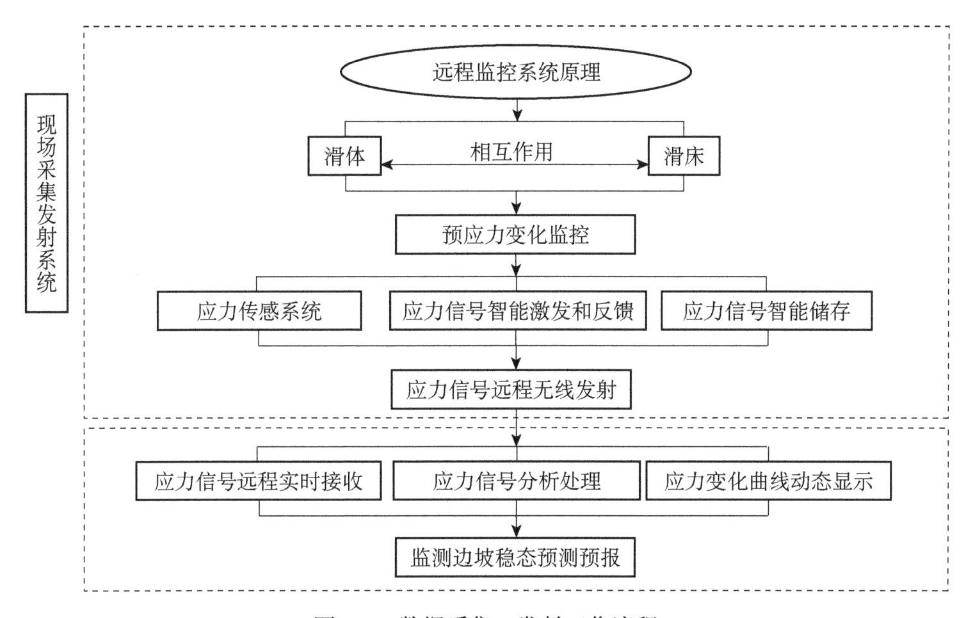

图 6-2　数据采集、发射工作流程

(4) 全过程信息转换成应力变化动态曲线和仿真软件系统。室内子系统安装的数据接收设备完成现场发射的监测数据的接收任务后，自动提交至数据处理-分析中心，数据分析系统可将现场发来的数据自动接收并处理成动态监测曲线和数据库文件，分析处理完成后形成动态的监测曲线，发布到互联网上，用户可通过访问监测网络随时获取监测信息和边坡的稳定性状况。

(5) 监测、预警、加固与防治一体化的作用效果。监测系统通过现场传感设备可以实现内部滑动力状态的实时监测，根据监测预警模式和预警准则对滑坡进行监测预警，另外用于监测滑动力的监测锚索，通过施加预应力对潜在滑体进行加固。因而远程应力智能监测系统具有监测、预警、加固与防治一体化的作用效果。

(6) 监测系统应用的广泛性与有效性。该系统研制成功后，已在全国范围内开始推广应用。其应用范围现已遍及全国 11 个地区，共计布设了 168 个监测点。根据用户反馈信息，系统应用效果甚佳，其中 4 处滑坡实现了成功预测，3 处滑坡的预警发布时间，均比滑坡灾害实际发生时间提前 1 个月左右，为监测区的生产设施和人员的撤离争得了充足的时间，极大地避免了人员伤亡和经济损失。

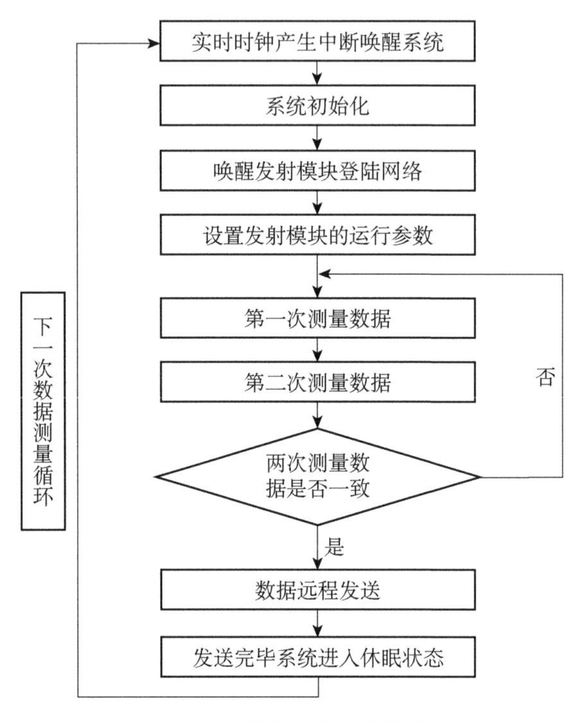

图 6-3 数据传输工作流程

2. 地表位移监测系统

滑动力监测虽然具有诸多的优点，但是相比于位移监测，应力监测施工难度较大、施工周期较长，而且成本要高于位移监测，对于规模庞大的露天矿边坡而言，难以实施高密度的布设，因此只能在边坡稳定性分析评价的基础上对关键部位进行优化设计，用以监测边坡的总体状态。而局部不在滑动力监测点位置的滑塌现象也不容忽视，因此有必要开展应力和位移的联合监测。

地表位移监测采用 GPS 自动监测系统和 GeoMoS 测量机器人自动监测系统，实时连续地进行无人值守式自动监测，运用最新的 GPRS 无线传输技术、Internet 接入方式将矿区监测点的位置和位移信息，实时连续地传输到数据中心。其中 GeoMoS 软件是徕卡专门针对监测应用设计的现代化大型多传感器自动监测系统。可以 24 小时不间断地监测传感器的控制管理和数据集成，如 GPS、TPS 等。可以实时地显示各个监测点的位移情况，实现监测系统的自动化和现代化。

6.2.2 滑坡力学平衡系统监测

根据超前滑动力的数学表达，就可以通过对摄动力的监测、分析处理，把滑坡力学系统中的变化动态反映出来，从而清楚地揭示滑坡的整个稳定—平衡—失稳—滑动的全过程。这样就把滑坡从“现象监测”转变为对“下滑力-抗滑力”的本质监测，从对“点监测”转变为对“滑坡力学平衡系统的监测”。

在监测方法上，运用了现代通信技术，在摄动力监测系统中增加无线发射装置，把滑坡力学系统中的变化动态实时发射出来，使其具有远程性、实时性和智能性。可以实现监测数据自动采集、边坡应力状态远程无线监测，不受距离限制，现场监测数据的实时自动接收等。

滑坡其实是滑体沿着滑面在滑床运动的一种灾害运动形式。本质是下滑力和滑面抗滑力这对矛盾的运动。当下滑力为主要因素时，就发生滑动；当下滑力为次要因素时，滑坡就稳定。滑坡监测预报的关键就是掌握下滑力相对于抗滑力的变化动态。

而滑坡力学系统作为一个“天然力学系统”，无法直接对其超前滑动力进行监测，必须采用一定的技术，将其转变成为“天然力学系统”与“人为力学系统”相结合的“可测力学系统”。

摄动监测的原理就是采用“穿刺摄动”技术，把锚索穿过滑面，施加一个小的预应力扰动，力学上称之为“摄动力”。这时摄动力已参与到滑坡力学系统中，这样就可以推导摄动力和滑动力之间的函数关系，从而反映超前滑动力的变化[152]。

根据滑坡摄动力学模型(图 6-4)可以得出：

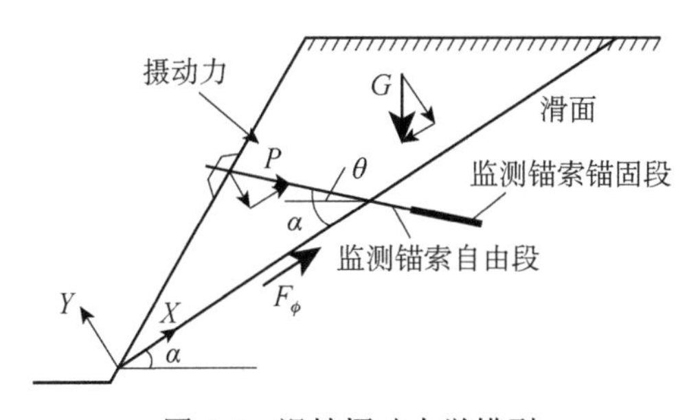

图 6-4　滑坡摄动力学模型

滑动摩阻力：

$$F_\phi = (P_n + G_n)\tan\bar{\phi} + cl \tag{6-1}$$

在极限平衡状态下有

$$\begin{cases} \sum \overline{X} = 0 \\ P_t + F_\phi - G_t = 0 \\ G_t = P_t + F_\phi \end{cases} \tag{6-2}$$

则超前滑动力的数学表达为

$$G_t = k_1 P + k_2 \tag{6-3}$$

其中

$$k_1 = \cos(\alpha + \theta) + \sin(\alpha + \theta)\tan\overline{\phi}\text{；}\quad k_2 = G\cos\alpha\tan\overline{\phi} + cl$$

式中，

G_t——滑动面上的下滑力，kN；

P——摄动力，即人为力学系统中的扰动力，kN；

G——滑坡体重力，kN；

α——滑动面与水平面夹角(°)；

θ——监测锚索加固角(°)；

$\overline{\phi}$——边坡滑动体各土层内摩擦角加权平均值(°)；

c——滑动面各土层黏聚力，kPa；

l——滑动面长度，m。

6.3　安太堡露天矿西北帮高陡边坡监测方案设计

6.3.1　滑坡工程分级

滑坡监测点设计依据国土资源部2018年制定的《地质灾害防治工程勘查规范》(DB 50/143—2018)，详见表6-2。

表6-2　地质灾害防治工程分级[5]

工程重要性	危及人数	经济损失/亿元	安全系数	
			常态	特殊态
Ⅰ级	≥2000	>1	≥1.25	≥1.1
Ⅱ级	300～2000	0.2～1	≥1.20	≥1.05
Ⅲ级	<300	<0.2	≥1.15	≥1

6.3.2　布点布线原则

远程监测线和监测点的布置，原则上根据滑坡工程的重要性分级，按照表6-3设计标准。

表 6-3　滑坡灾害实时摄动监测点设计标准(2006)

工程重要性	测线间距/m	监测点密度/m
Ⅰ级	50	20
Ⅱ级	70	40
Ⅲ级	100	60

6.3.3　应力监测设计内容

安太堡露天矿西北角矿坑周边陡帮边坡重点监测区域，主要涵盖了工业广场办公楼、井工矿入口、广场厂房等重要建筑上方的西、北帮陡帮边坡，如图 6-5 所示。稳定性远程监测预警预报工程设计主要包括以下两部分内容：

图 6-5　安太堡露天矿西北帮边坡重点监测区域分布图

(1) 安太堡露天矿西北角矿坑北帮边坡稳定性远程监测预警预报工程设计。

(2) 安太堡露天矿西北角矿坑西帮边坡稳定性远程监测预警预报工程设计。

以上两部分陡帮边坡稳定性远程监测预警预报工程设计主要考虑内容如下：①根据地层情况合理选择锚杆锚固类型，本次监测拟采用 6 束 1×7 低松弛级预应力钢绞线；②确定锚杆(索)埋设深度、自由段长度，长度要求穿过结构面进入稳定性强的岩体；③确定监测线(断面)和监测点数量，设置监测锚杆的布设位置和布设角度；④确定锚杆(索)的锚固力，按照相应的设计准则确定；⑤确定锚索束体材料及截面面积；⑥计算锚杆注浆体与锚杆(索)束体之间的黏结长度，并且根据所选用的张拉设备及锚具，确定锚杆(索)的张拉段长度。

6.3.4　应力监测设计方案

1. 设计参数

根据《山西中煤井东煤业有限公司井田概况及地质特征》，充分考虑工业广场周边陡帮边坡安全系数和边坡附近构筑物的重要等级，采用科学、经济的布设方法，在工业广场西帮和北帮边坡上共布设监测线(断面)11 个，滑动力远程智能监测点 30 个，监测锚索相关设计参数说明如下：

(1) 每个滑动力监测点布置 1 根监测锚索和 1 台应力传感器，每个监测点安装 1 套智能传感、采集、发射系统，对边坡稳定性进行实时智能监测。

(2) 共布设 9 条监测线(断面)，工业广场北帮边坡布置 3 条监测线(监测剖面)，由东向西编号：剖面 01、剖面 02、剖面 03；安太堡露天矿西北角矿坑西帮边坡布置 6 条监测线(监测剖面)，由北向南编号：剖面 04、剖面 05、剖面 06、剖面 07、剖面 08、剖面 09。

(3) 各监测点锚索的预应力设计值为 150t，张拉力值为 180t，锁定值为 30t。

2. 监测点布置

安太堡露天矿西北角西边陡帮边坡下方为现场办公楼、水处理车间、坑上变压器等办公建筑与设施。北帮陡帮边坡有井工矿入口、井工矿煤炭出口等重要位置。为了全面监测安太堡露天矿西北角矿坑周帮陡帮边坡的稳定性，保证工业广场生产的正常运行，远程智能应力监测点的现场布置方案如下：

(1) 在工业广场北帮边坡布置 5 条监测线。由东向西编号：剖面Ⅰ、剖面Ⅱ、剖面Ⅲ、剖面Ⅳ、剖面Ⅴ。其中，根据边坡高度和坡度及其边坡工程地质特征，在剖面Ⅰ、Ⅱ上分别布置两个应力监测点。在剖面Ⅲ、Ⅳ、Ⅴ上分别布置 3 个应力监测点。监测点横向间距约 50m，纵向间距为 15～20m。

(2) 安太堡露天矿西北角矿坑西帮边坡布置 6 条监测线(监测剖面)，由北向南编号：剖面Ⅵ、剖面Ⅶ、剖面Ⅷ、剖面Ⅸ、剖面Ⅹ和剖面Ⅺ。其中，根据边坡高度和坡度及其边坡工程地质特征，在剖面Ⅵ、Ⅶ、Ⅷ、Ⅸ、Ⅹ上分别各自布置 3 个应力监测点，在剖面Ⅺ上布置两个应力监测点。监测点横向间距约 100m，纵向间距为 15～20m。监测点布置如图 6-6～图 6-17 所示。

图 6-6　安太堡露天矿西北角矿坑周边陡帮边坡实景及测点布置图

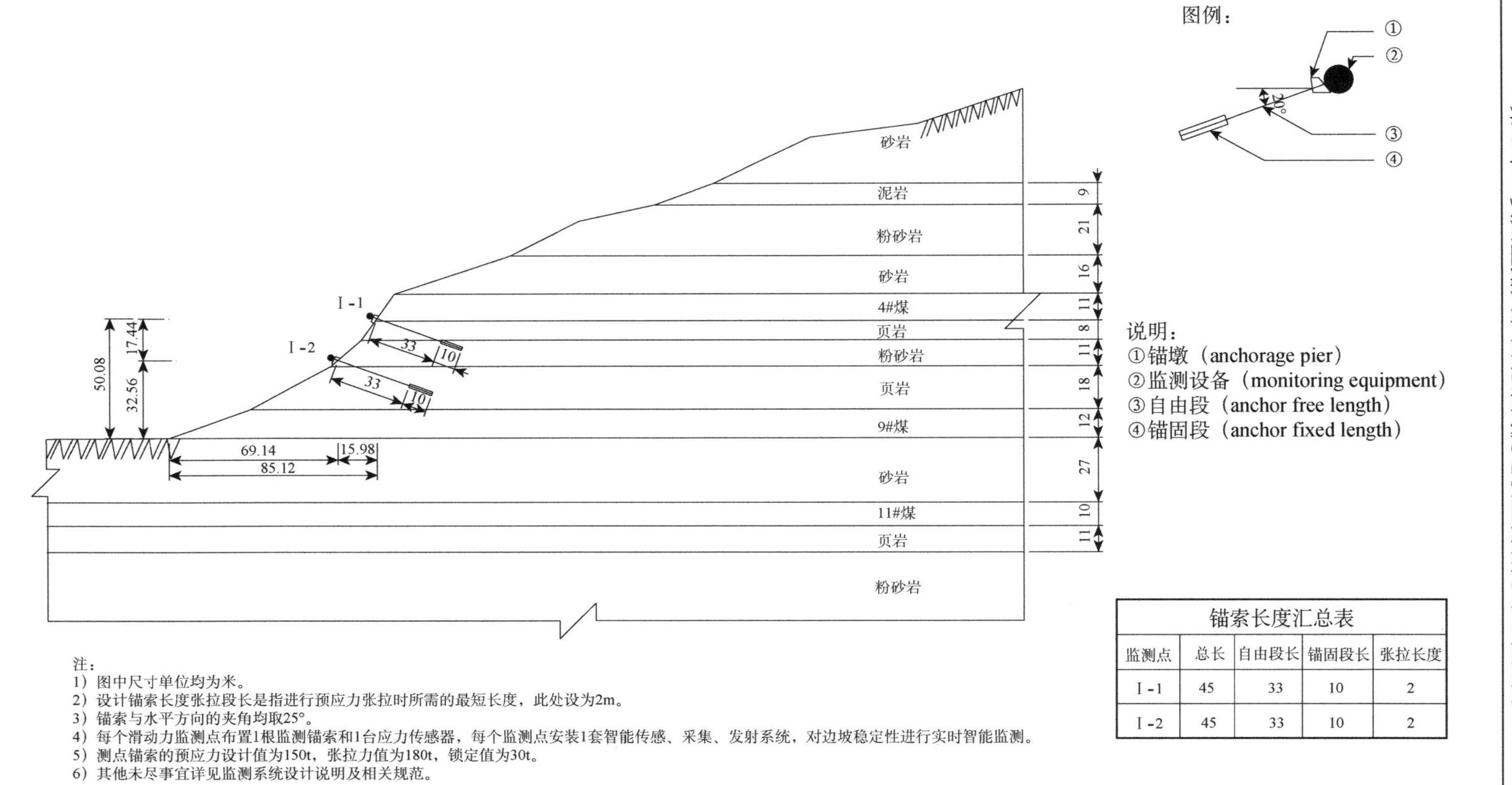

锚索长度汇总表

监测点	总长	自由段长	锚固段长	张拉长度
Ⅰ-1	45	33	10	2
Ⅰ-2	45	33	10	2

注：
1）图中尺寸单位均为米。
2）设计锚索长度张拉段长是指进行预应力张拉时所需的最短长度，此处设为2m。
3）锚索与水平方向的夹角均取25°。
4）每个滑动力监测点布置1根监测锚索和1台应力传感器，每个监测点安装1套智能传感、采集、发射系统，对边坡稳定性进行实时智能监测。
5）测点锚索的预应力设计值为150t，张拉力值为180t，锁定值为30t。
6）其他未尽事宜详见监测系统设计说明及相关规范。

图6-7　井东煤业安太堡露天矿西北角矿坑监测点Ⅰ-1～Ⅰ-2分布图

比例尺 1：2000

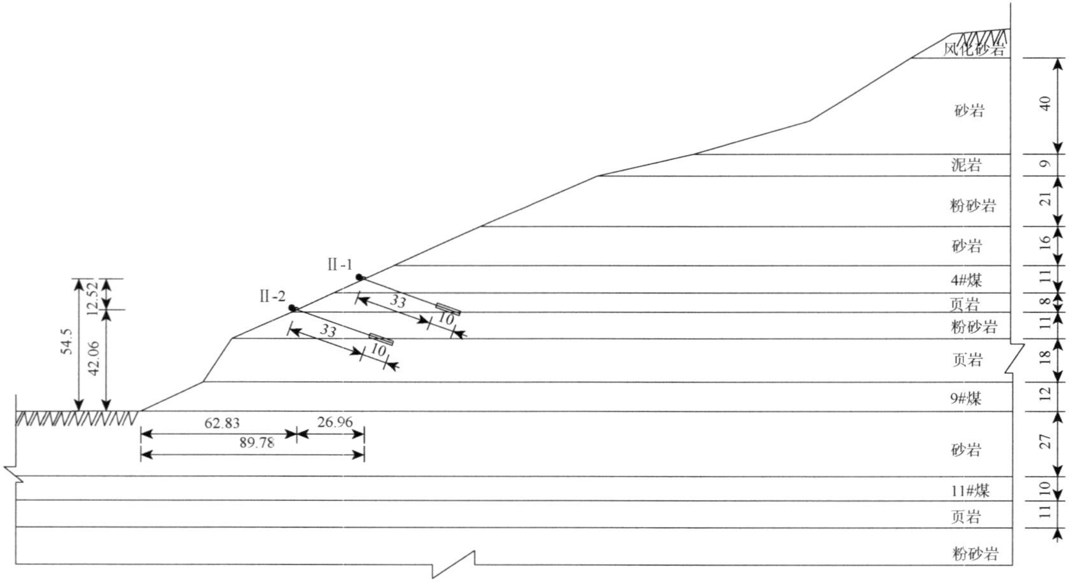

图例：

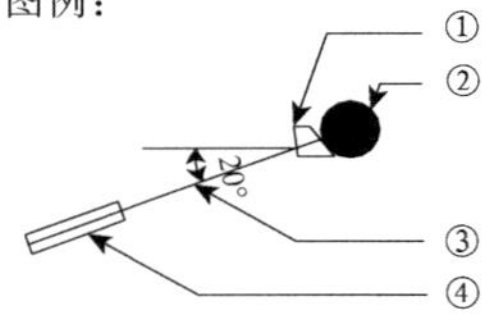

说明：

①锚墩（anchorage pier）

②监测设备（monitoring equipment）

③自由段（anchor free length）

④锚固段（anchor fixed length）

注：

1）图中尺寸单位均为米。

2）设计锚索长度张拉段长是指进行预应力张拉时所需的最短长度，此处设为2m。

3）锚索与水平方向的夹角均取25°。

4）每个滑动力监测点布置1根监测锚索和1台应力传感器，每个监测点安装1套智能传感、采集、发射系统，对边坡稳定性进行实时智能监测。

5）测点锚索的预应力设计值为150t，张拉力值为180t，锁定值为30t。

6）其他未尽事宜详见监测系统设计说明及相关规范。

锚索长度汇总表

监测点	总长	自由段长	锚固段长	张拉长度
Ⅱ-1	45	33	10	2
Ⅱ-2	45	33	10	2

图 6-8　井东煤业安太堡露天矿西北角矿坑监测点Ⅱ-1～Ⅱ-2 分布图

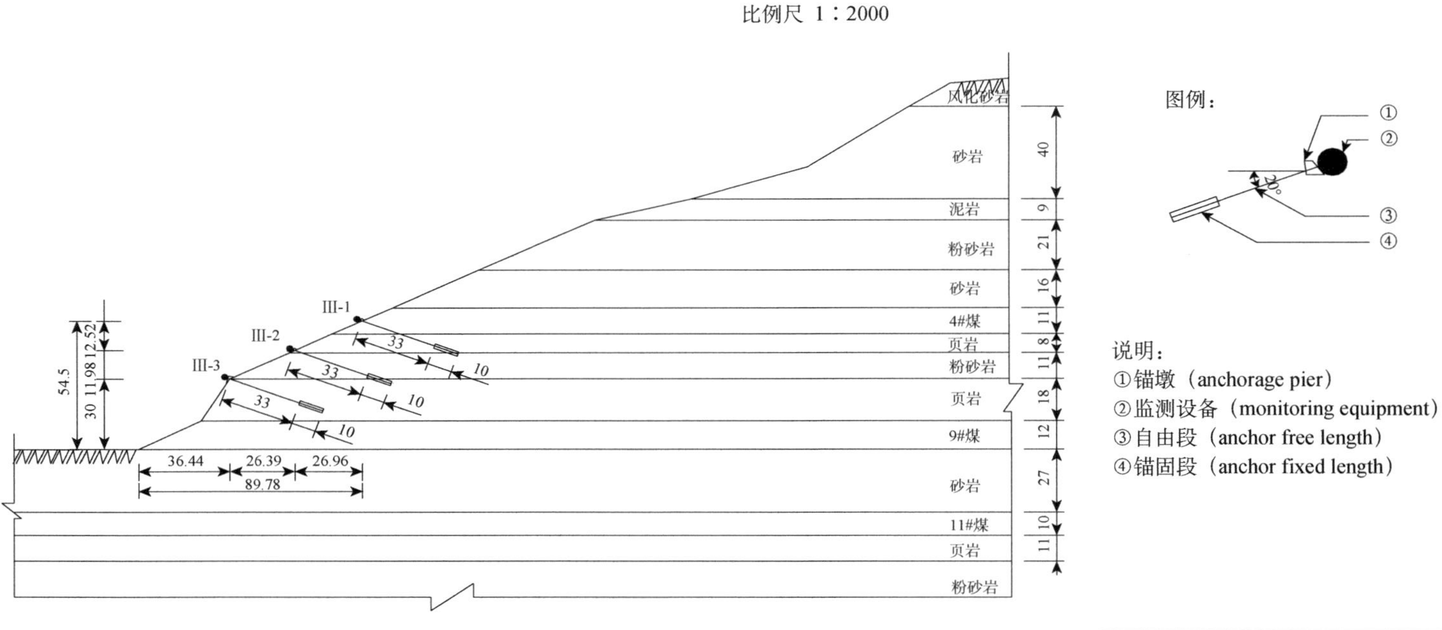

锚索长度汇总表

监测点	总长	自由段长	锚固段长	张拉长度
III-1	45	33	10	2
III-2	45	33	10	2
III-3	45	33	10	2

注：
1）图中尺寸单位均为米。
2）设计锚索长度张拉段长是指进行预应力张拉时所需的最短长度，此处设为2m。
3）锚索与水平方向的夹角均取25°。
4）每个滑动力监测点布置1根监测锚索和1台应力传感器，每个监测点安装1套智能传感、采集、发射系统，对边坡稳定性进行实时智能监测。
5）测点锚索的预应力设计值为150t，张拉力值为180t，锁定值为30t。
6）其他未尽事宜详见监测系统设计说明及相关规范。

图 6-9　井东煤业安太堡露天矿西北角矿坑监测点Ⅲ-1～Ⅲ-3 分布图

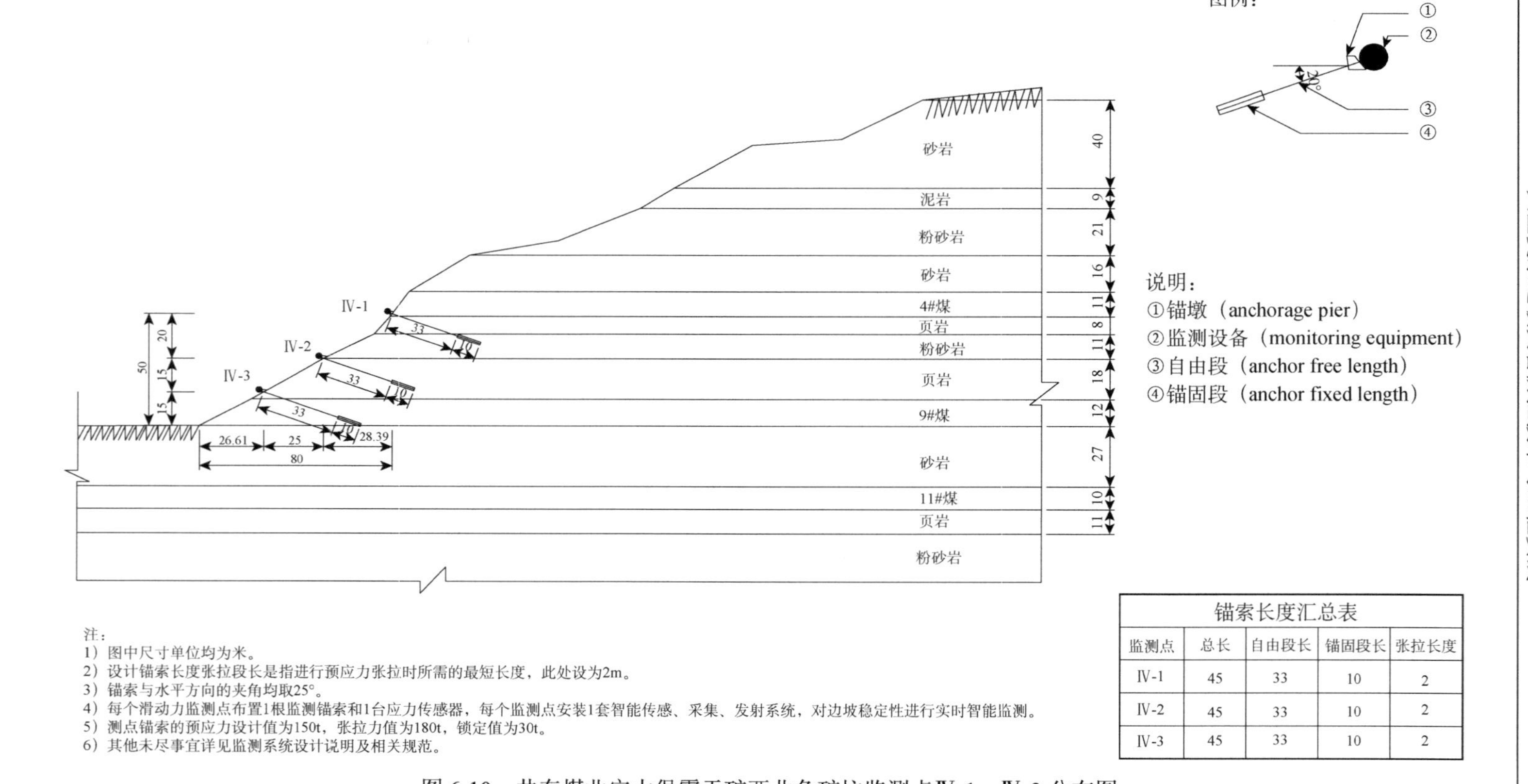

锚索长度汇总表

监测点	总长	自由段长	锚固段长	张拉长度
Ⅳ-1	45	33	10	2
Ⅳ-2	45	33	10	2
Ⅳ-3	45	33	10	2

注：
1）图中尺寸单位均为米。
2）设计锚索长度张拉段长是指进行预应力张拉时所需的最短长度，此处设为2m。
3）锚索与水平方向的夹角均取25°。
4）每个滑动力监测点布置1根监测锚索和1台应力传感器，每个监测点安装1套智能传感、采集、发射系统，对边坡稳定性进行实时智能监测。
5）测点锚索的预应力设计值为150t，张拉力值为180t，锁定值为30t。
6）其他未尽事宜详见监测系统设计说明及相关规范。

图 6-10 井东煤业安太堡露天矿西北角矿坑监测点Ⅳ-1～Ⅳ-3 分布图

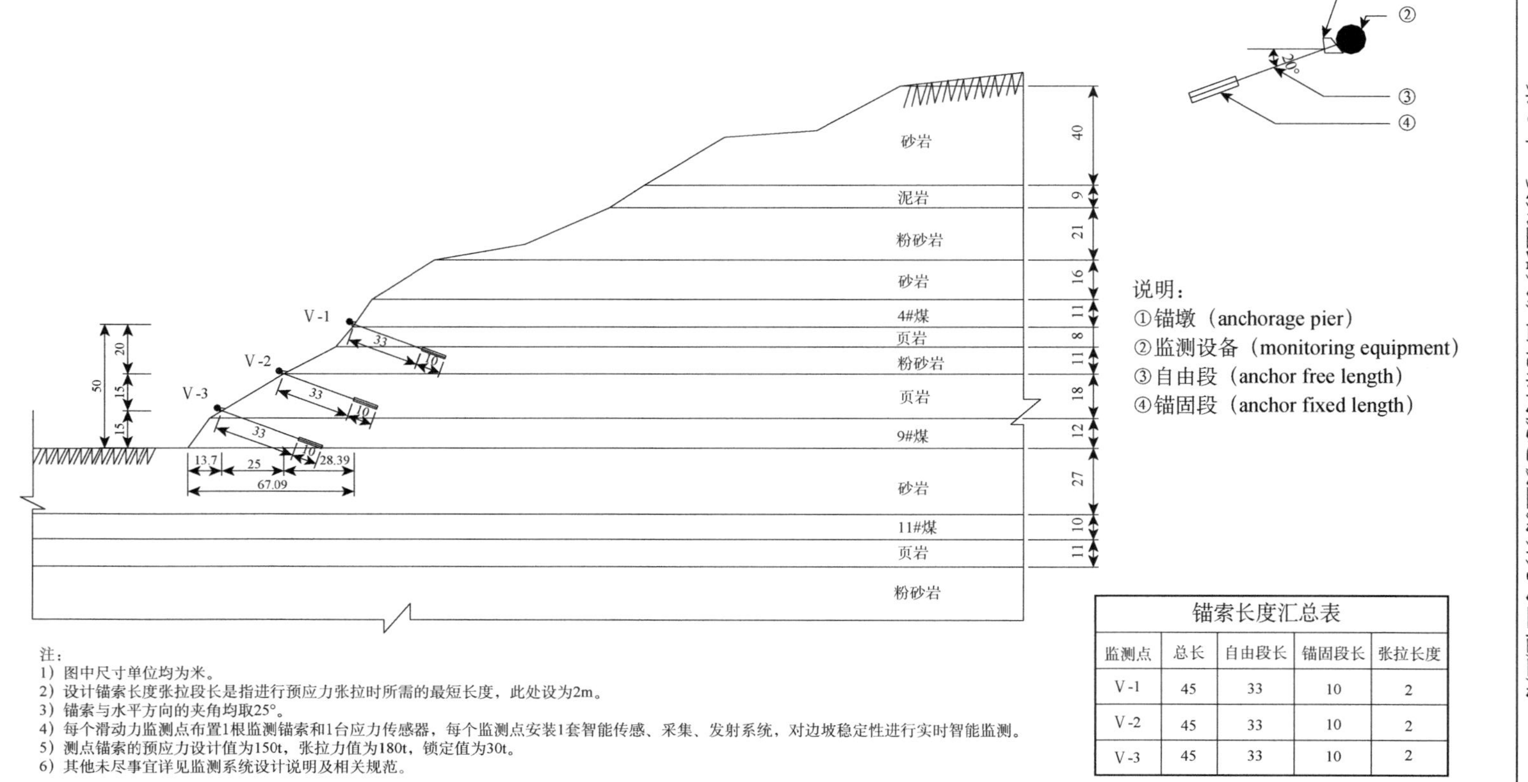

锚索长度汇总表				
监测点	总长	自由段长	锚固段长	张拉长度
V-1	45	33	10	2
V-2	45	33	10	2
V-3	45	33	10	2

注：
1）图中尺寸单位均为米。
2）设计锚索长度张拉段长是指进行预应力张拉时所需的最短长度，此处设为2m。
3）锚索与水平方向的夹角均取25°。
4）每个滑动力监测点布置1根监测锚索和1台应力传感器，每个监测点安装1套智能传感、采集、发射系统，对边坡稳定性进行实时智能监测。
5）测点锚索的预应力设计值为150t，张拉力值为180t，锁定值为30t。
6）其他未尽事宜详见监测系统设计说明及相关规范。

图 6-11　井东煤业安太堡露天矿西北角矿坑监测点 V-1～V-3 分布图

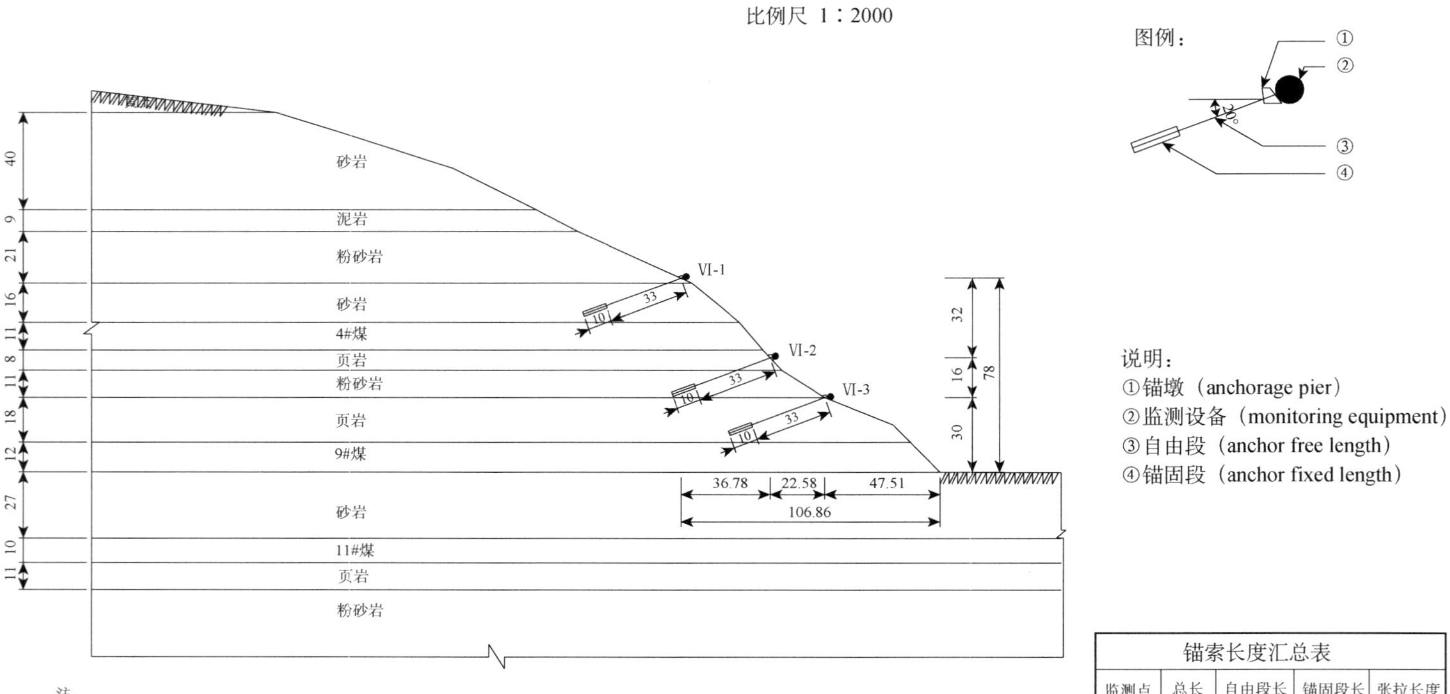

锚索长度汇总表

监测点	总长	自由段长	锚固段长	张拉长度
VI-1	45	33	10	2
VI-2	45	33	10	2
VI-3	45	33	10	2

注：
1）图中尺寸单位均为米。
2）设计锚索长度张拉段长是指进行预应力张拉时所需的最短长度，此处设为2m。
3）锚索与水平方向的夹角均取25°。
4）每个滑动力监测点布置1根监测锚索和1台应力传感器，每个监测点安装1套智能传感、采集、发射系统，对边坡稳定性进行实时智能监测。
5）测点锚索的预应力设计值为150t，张拉力值为180t，锁定值为30t。
6）其他未尽事宜详见监测系统设计说明及相关规范。

图 6-12　井东煤业安太堡露天矿西北角矿坑监测点Ⅵ-1～Ⅵ-3 分布图

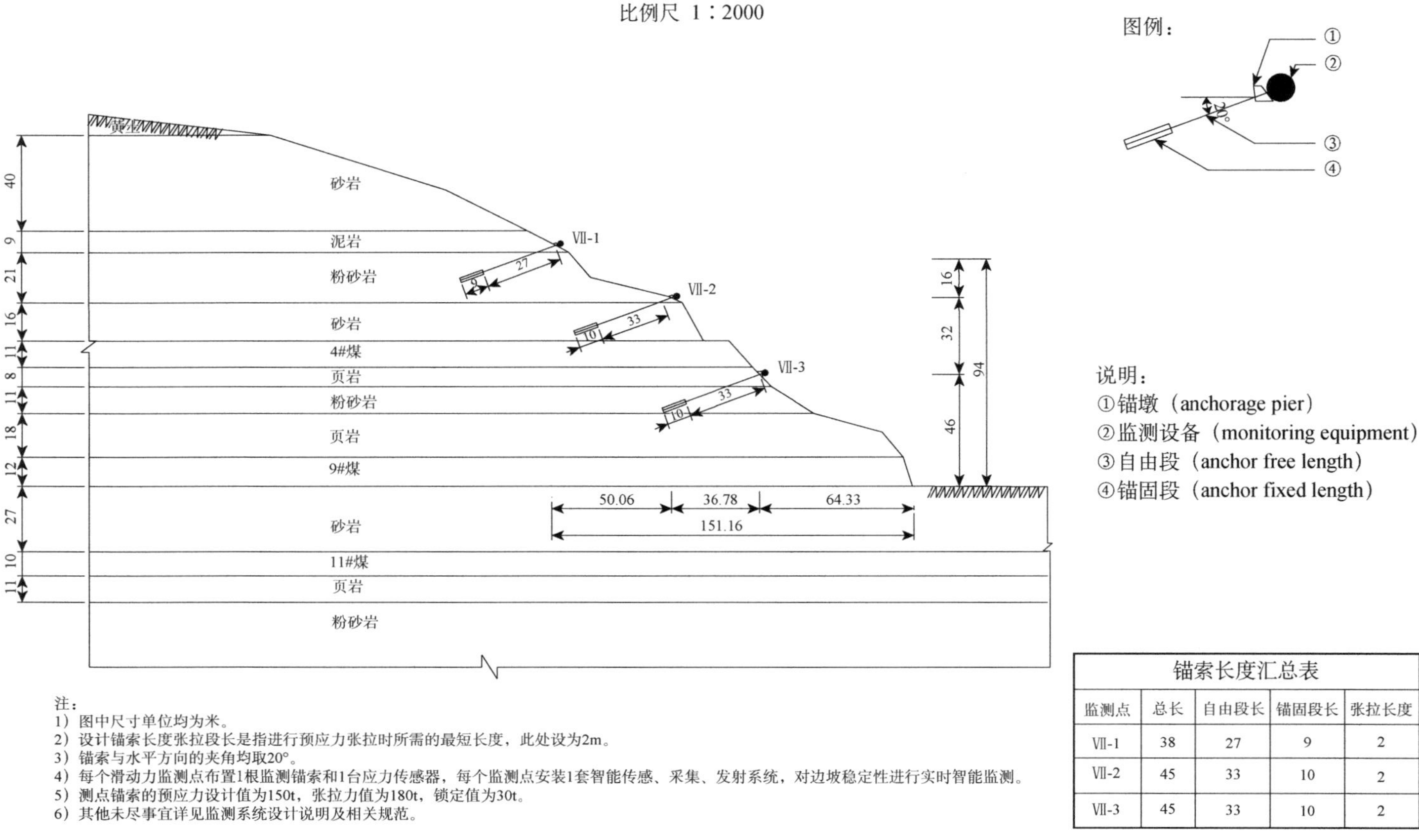

注：
1）图中尺寸单位均为米。
2）设计锚索长度张拉段长是指进行预应力张拉时所需的最短长度，此处设为2m。
3）锚索与水平方向的夹角均取20°。
4）每个滑动力监测点布置1根监测锚索和1台应力传感器，每个监测点安装1套智能传感、采集、发射系统，对边坡稳定性进行实时智能监测。
5）测点锚索的预应力设计值为150t，张拉力值为180t，锁定值为30t。
6）其他未尽事宜详见监测系统设计说明及相关规范。

锚索长度汇总表

监测点	总长	自由段长	锚固段长	张拉长度
Ⅶ-1	38	27	9	2
Ⅶ-2	45	33	10	2
Ⅶ-3	45	33	10	2

图 6-13　井东煤业安太堡露天矿西北角矿坑监测点Ⅶ-1～Ⅶ-3 分布图

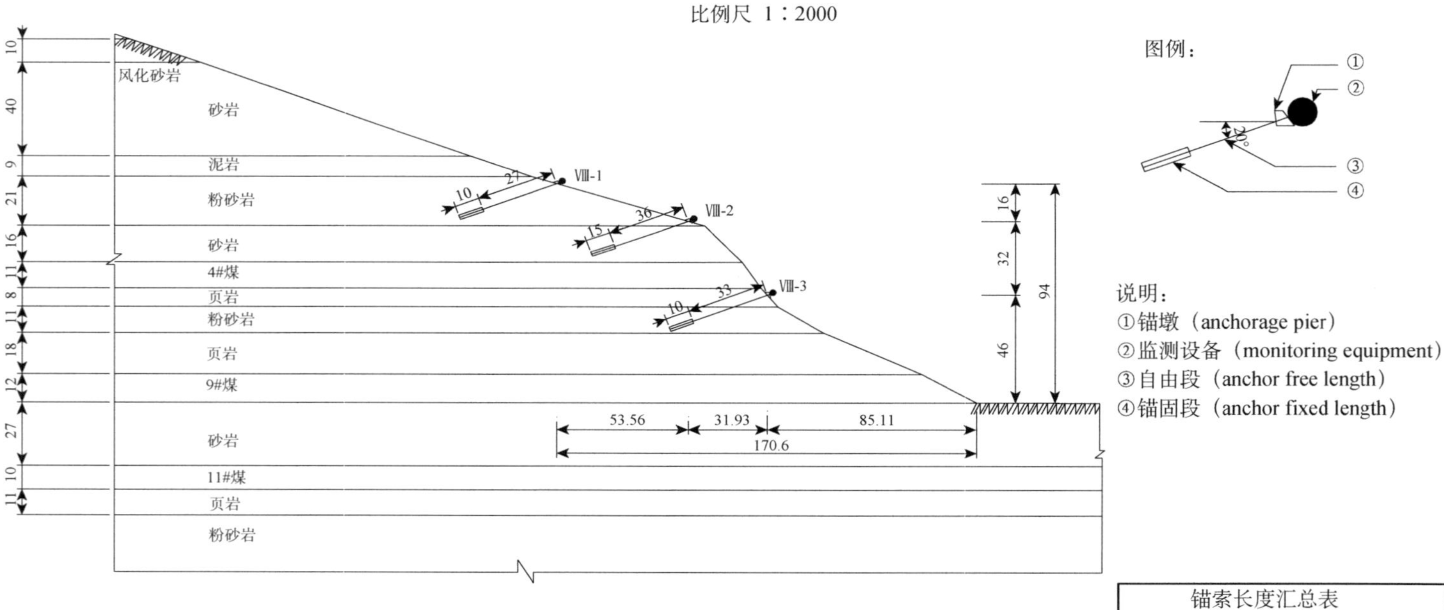

锚索长度汇总表				
监测点	总长	自由段长	锚固段长	张拉长度
Ⅷ-1	39	27	10	2
Ⅷ-2	53	36	15	2
Ⅷ-3	45	33	10	2

注：
1）图中尺寸单位均为米。
2）设计锚索长度张拉段长是指进行预应力张拉时所需的最短长度，此处设为2m。
3）锚索与水平方向的夹角均取25°。
4）每个滑动力监测点布置1根监测锚索和1台应力传感器，每个监测点安装1套智能传感、采集、发射系统，对边坡稳定性进行实时智能监测。
5）测点锚索的预应力设计值为150t，张拉力值为180t，锁定值为30t。
6）其他未尽事宜详见监测系统设计说明及相关规范。

图 6-14　井东煤业安太堡露天矿西北角矿坑监测点Ⅷ-1～Ⅷ-3 分布图

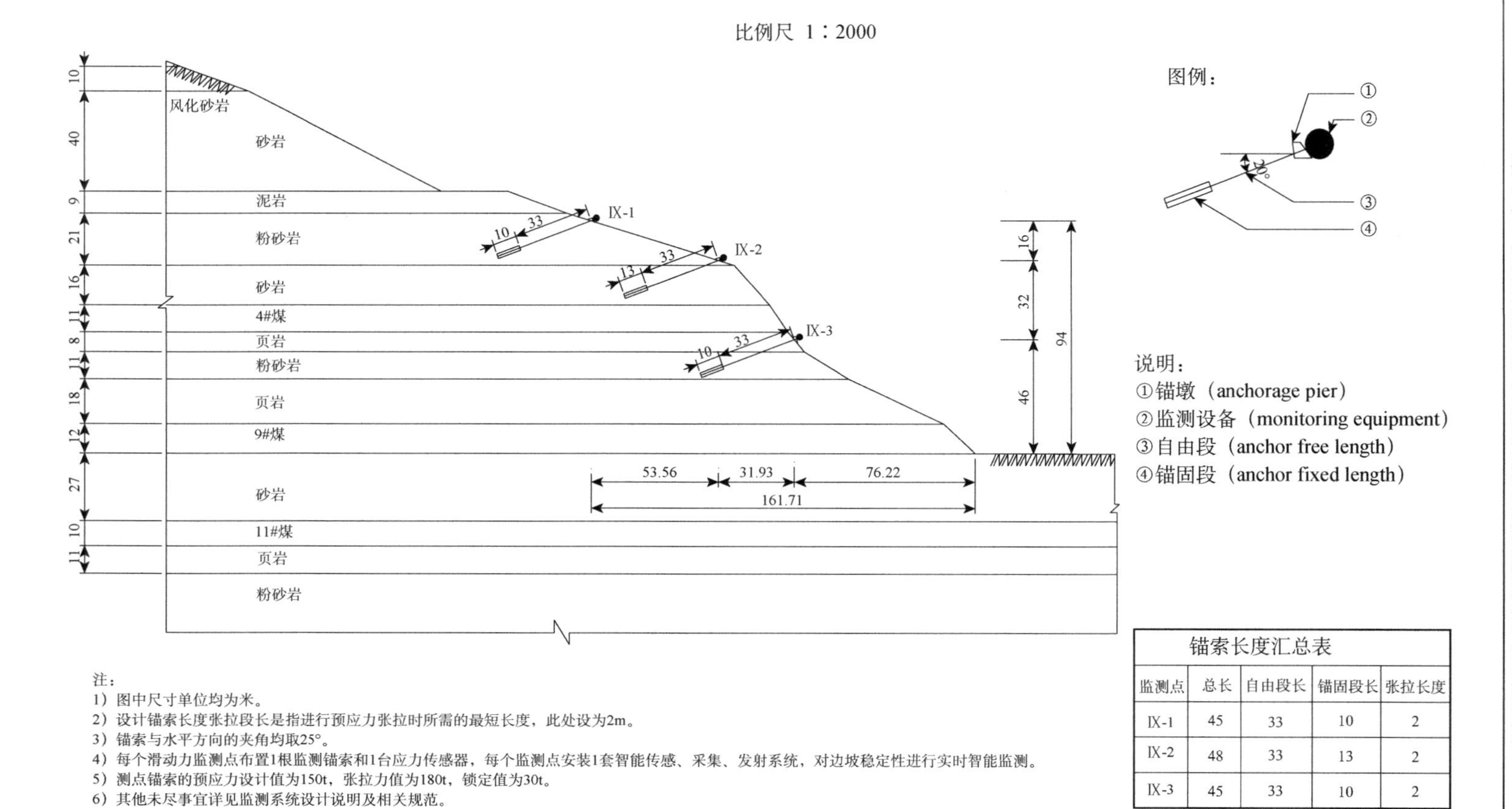

锚索长度汇总表

监测点	总长	自由段长	锚固段长	张拉长度
IX-1	45	33	10	2
IX-2	48	33	13	2
IX-3	45	33	10	2

注：
1）图中尺寸单位均为米。
2）设计锚索长度张拉段长是指进行预应力张拉时所需的最短长度，此处设为2m。
3）锚索与水平方向的夹角均取25°。
4）每个滑动力监测点布置1根监测锚索和1台应力传感器，每个监测点安装1套智能传感、采集、发射系统，对边坡稳定性进行实时智能监测。
5）测点锚索的预应力设计值为150t，张拉力值为180t，锁定值为30t。
6）其他未尽事宜详见监测系统设计说明及相关规范。

图 6-15　井东煤业安太堡露天矿西北角矿坑监测点IX-1～IX-3 分布图

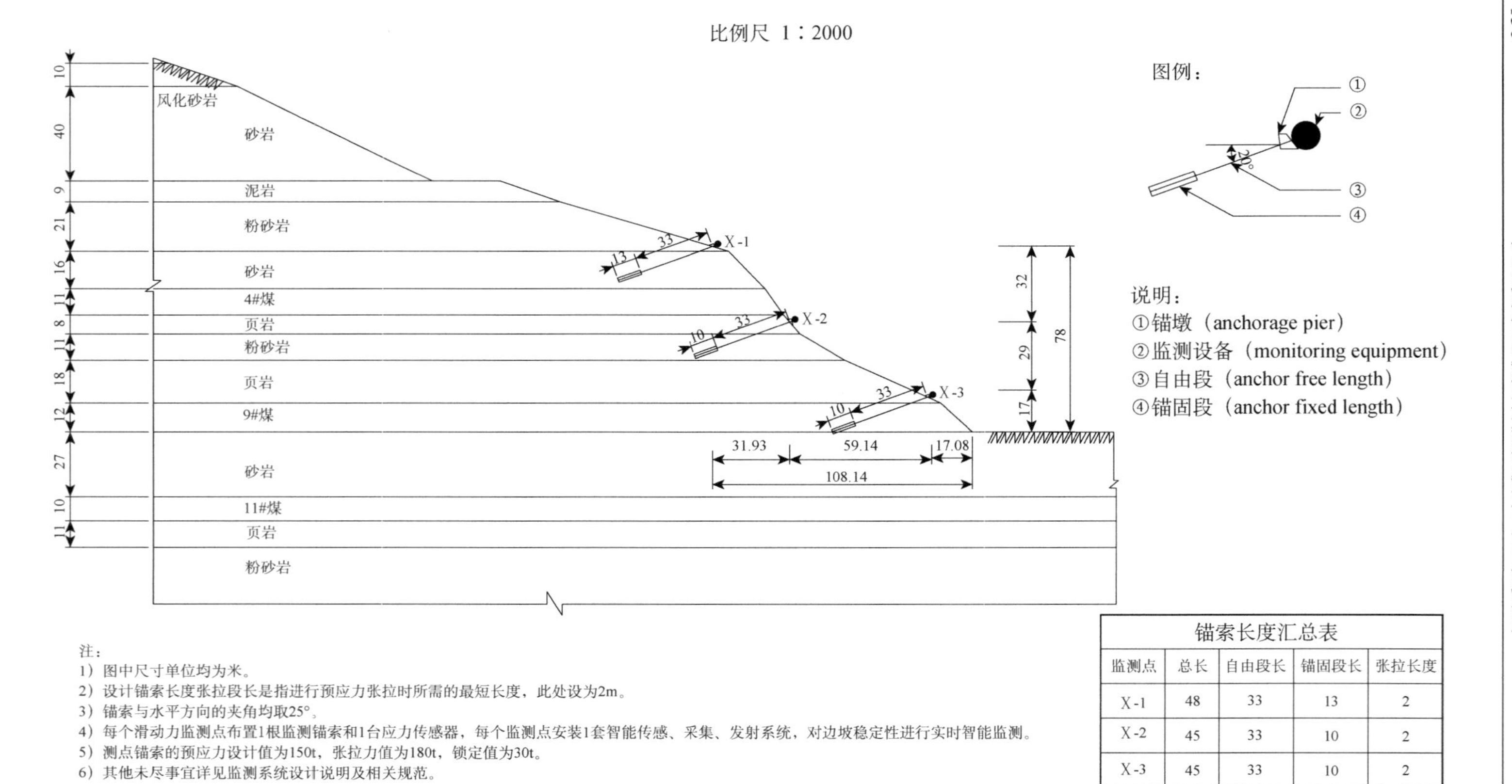

锚索长度汇总表

监测点	总长	自由段长	锚固段长	张拉长度
X-1	48	33	13	2
X-2	45	33	10	2
X-3	45	33	10	2

注：
1）图中尺寸单位均为米。
2）设计锚索长度张拉段长是指进行预应力张拉时所需的最短长度，此处设为2m。
3）锚索与水平方向的夹角均取25°。
4）每个滑动力监测点布置1根监测锚索和1台应力传感器，每个监测点安装1套智能传感、采集、发射系统，对边坡稳定性进行实时智能监测。
5）测点锚索的预应力设计值为150t，张拉力值为180t，锁定值为30t。
6）其他未尽事宜详见监测系统设计说明及相关规范。

图 6-16　井东煤业安太堡露天矿西北角矿坑监测点X-1～X-3分布图

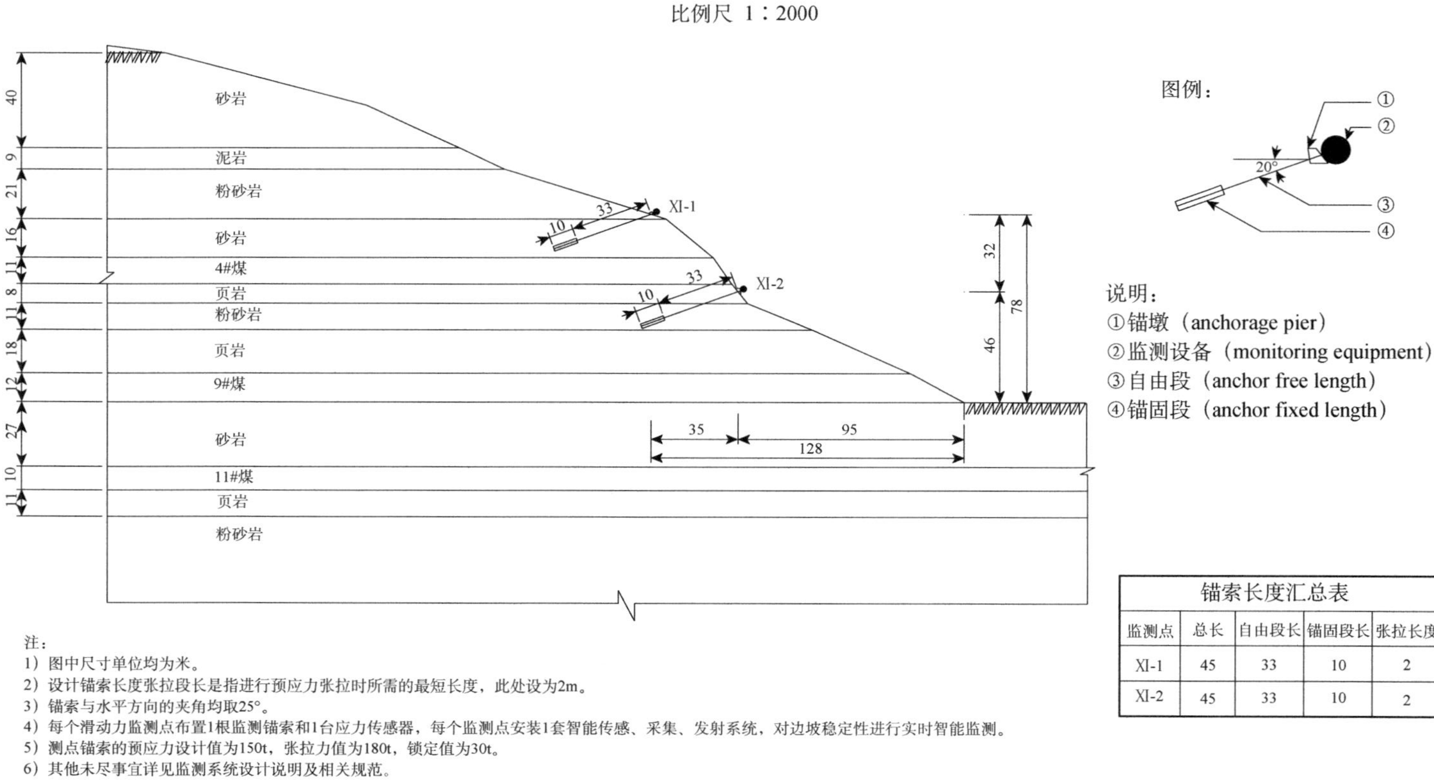

锚索长度汇总表

监测点	总长	自由段长	锚固段长	张拉长度
XI-1	45	33	10	2
XI-2	45	33	10	2

注：
1）图中尺寸单位均为米。
2）设计锚索长度张拉段长是指进行预应力张拉时所需的最短长度，此处设为2m。
3）锚索与水平方向的夹角均取25°。
4）每个滑动力监测点布置1根监测锚索和1台应力传感器，每个监测点安装1套智能传感、采集、发射系统，对边坡稳定性进行实时智能监测。
5）测点锚索的预应力设计值为150t，张拉力值为180t，锁定值为30t。
6）其他未尽事宜详见监测系统设计说明及相关规范。

图 6-17　井东煤业安太堡露天矿西北角矿坑监测点XI-1～XI-2 分布图

6.3.5 位移监测设计方案

安太堡露天矿西北帮边坡地表位移监测系统由太原理工大学完成，在变形监测区域采用 GPS 和 GeoMoS 一体化监测站的方式，并配合在矿坑周围重点布设的棱镜，对露天矿坑周边进行全自动密集观测。

前期在西北帮边坡的上部土质边坡中已经布置了大量的地表位移监测点，后期在远程应力智能监测系统构建过程中在监测点锚墩上相应布置了位移监测棱镜。截至 2012 年 4 月安太堡露天矿西北帮周边边坡共布设约 104 个位移监测点，主要分布在西北帮边坡及坑底排土场，间距约 50m，监测面积达 0.6km^2。

联合已经构建完毕的远程应力智能监测系统 30 个监测点，已基本实现对露天矿边坡的整体覆盖。

6.4 基于滑动力监测技术的工程应用

6.4.1 远程应力智能监测方案实施

要想做出准确超前的滑坡预报，必须采取“逐步逼近”的工作方法，不间断地采集下滑力动态信息，随时对预报结果进行修正，才能获得最好的结果。即使是在临滑预报阶段也不例外。但是临近发生剧滑时，为了安全起见，监测人员必须远离滑坡区，不能再到滑坡体上测量或读取相关数据，所以研制开发滑坡体远程监测预报系统迫在眉睫。

2010 年 10 月 24 日，在安太堡露天矿西北帮高陡边坡建立的 30 套滑动力远程监测预警系统全部安装并调试完毕，开始正常监测工作，这也标志着“安太堡露天矿西北帮高陡边坡滑坡远程监测预警网络”构建完毕。

远程应力智能监测系统包括室外监测系统和室内监测系统，室外系统进行构建之前首先需要进行现场施工，进行监测传输设备的安装。然后经过现场调试，才能完成室外系统的构建。室外监测设备的安装与调试流程如图 6-18 所示。

6.4.2 远程应力智能监测施工工艺

1. 锚索施工工艺

1) 监测钻孔施工工艺

锚索钻孔施工前先要对设计点位区域的坡面进行整理，然后根据设计确定钻孔的施工位置。随后钻机到位(图 6-19)，开始进行钻孔施工。随着钻头的推进，逐步增加钻杆，直至达到设计深度(图 6-20)。为确保施工质量，钻孔施工应满足以下几点要求：

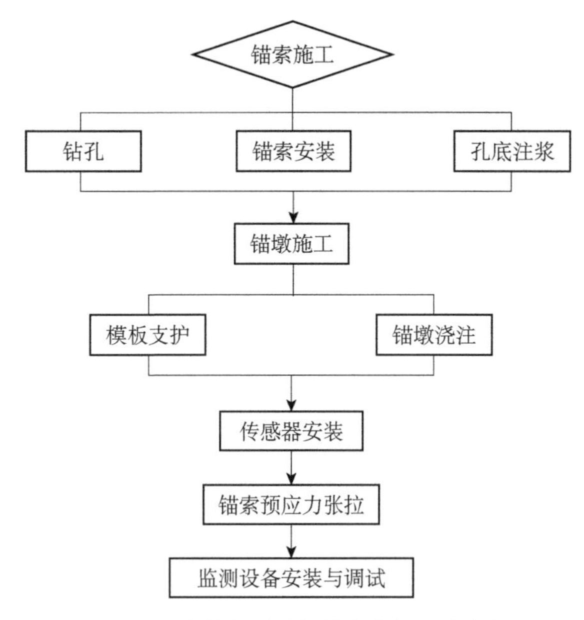

图 6-18　室外监测设备的安装与调试流程

图 6-19　钻机就位

(1) 锚索孔位测放力求准确，偏差不得超过±10cm，钻孔倾角按设计倾角允许误差±2°；考虑沉渣的影响，为确保锚索深度，实际钻孔要大于设计深度 0.5m。

(2) 锚索成孔禁止开水钻进，以确保锚索施工不至于恶化边坡工程地质条件。钻进过程中应对每孔地层的变化(岩粉情况)、进尺速度(钻速、钻压等)、地下水情况及一些特殊情况作现场记录。若遇塌孔，应采取跟管钻进。

图 6-20　钻机钻进

(3) 锚索孔径 150mm，成孔后的孔径不得小于该值。钻孔完成之后必须使用高压空气(风压 0.2～0.4MPa)清孔，将孔中岩粉全部清出孔外，以免降低水泥砂浆与孔壁土体的黏结强度。

(4) 若遭遇不稳定地层，或地层受扰动导致水土流失而危及邻近建筑物或公用设施的稳定性时，宜采用套管护壁钻孔。

2) 锚索的加工制作

锚索在现场直接加工制作，锚索材料采用高强度、低松弛预应力钢绞线，直径 $\Phi=15.24$mm，强度 1860 级，采用 6 根锚索编组的方案，形成锚索束。钢筋束前安装导向头(图 6-21)，以便于钢筋束的安放。为了保障工程质量要符合以下规范要求：

(1) 钢绞线顺直、无损伤、无死弯。每根钢绞线的下料长度误差不大于 50mm。

(2) 锚索下料采用砂轮切割机切割，避免电焊切割。考虑到锚索张拉工艺要求，实际锚索长度要比设计长度多 2m，即锚索长度 $L_{锚}=L_{锚固段}+L_{自由段}+2$m(张拉段)。

(3) 锚固段必须除锈、除油污，按设计要求每隔 2m 布置一个对中支架，使钢筋束分散受力均匀(图 6-22)。

(4) 自由段钢筋表面涂抹黄油，防止钢筋锈蚀，外面套 PVC 管，保证自由段与外部水泥砂浆隔离，不受约束。PVC 管接口采用胶带处理防止外部液体进入腐蚀钢筋。

图6-21　锚索导向头

图6-22　对中支架

3)锚索的安装与注浆

锚索现场加工完成之后，进行人工安装(图6-23)。锚索束放入钻孔前要检查其加工质量，确保满足设计要求。安放过程中应防止扭压和弯曲。注浆管在锚索束加工完毕后插入钢绞束的隔离支架中，前段直至导向头处。采用从孔底到孔口返浆式注浆，锚索孔内灌注水灰比0.45，灰砂比1∶1，强度不低于30MPa的砂浆体。注浆压力不低于0.3MPa，并应与锚索拉拔试验结果一致，注浆直到孔口翻浆，注浆完成。当砂浆体强度达到设计强度的80%后，方可进行张拉锁定。

图 6-23　人工安装锚索

2. 锚墩施工工艺

1) 锚墩钢筋绑扎与支模

锚墩模板现场加工，然后进行支模(图 6-24)。模板安装直接影响到锚墩施工质量好坏，其操作规程应满足下列要求：

图 6-24　锚墩模板加工

(1) 模板的接缝不应漏浆。在浇筑混凝土前，木模板浇水湿润，但模板内不能有积水。

(2) 模板与混凝土的接触面应清理干净并涂刷隔离剂。浇筑前，模板内杂物清理干净。

(3) 锚墩安装模板同时按照设计要求进行钢筋的锚墩内钢筋安装，其施工依照《混凝土结构工程施工质量验收规范》(GB 50204—2015)。

2) 锚墩浇筑

锚墩浇筑使用混凝土现场制备，再由三轮车运送，一个锚墩一次性浇筑完毕。为了保证锚墩质量混凝土要振捣密实。

6.4.3　室外监测系统构建

室外监测系统构成

室外设备主要有力学传感器、力学信号采集-发射装置、线-面状灾害信息集中采集和传输设备、北斗卫星发射一体机等(图 6-25)。

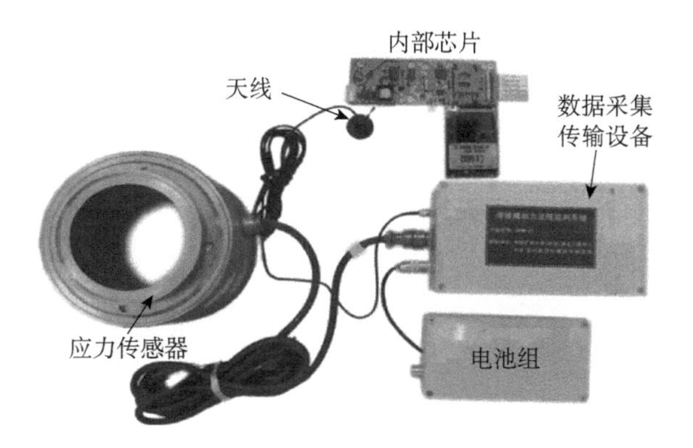

图 6-25　滑动力远程监测系统组成(室外)

1) 力学传感器

对现有监测设备和系统的研究发现，设计一种能保障监测人员生命安全的监测系统必须安装相应传感器，这样可以降低监测人员工作量和危险性，提高监测精度。故在系统设计时考虑了传感器的开发。该部分安装在滑坡体上，主要是测量监测锚索上的力学量，实现对力学量的自动采集与传输功能，如图 6-26 所示。

数据采集-传输设备结构如图 6-27 所示，该设备主要由三部分构成：

(1) 信号采集-传输设备，该部分安装在力学传感器上部的保护装置内，是高精密电子部件集成的核心系统。核心电子部件主要由采集存储模块、信号发射模块和 ID 卡组成，其中每个 ID 卡有唯一的网络标识，对应一个数据库文件，可以保存该标识的监测信息。

(2) 电池组，使用 3.7V 锂电池组，可以供电两个月左右。

(3) 天线，该部件的工作效果直接影响到滑坡监测预警预报的准确性。所以，在安装时要对该部件的工作状态和效果进行校验，直至达到最优的工作状态。

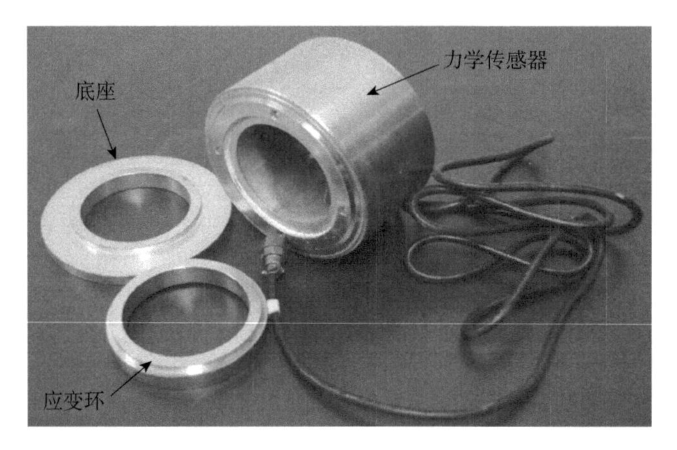

图 6-26　力学传感系统结构图

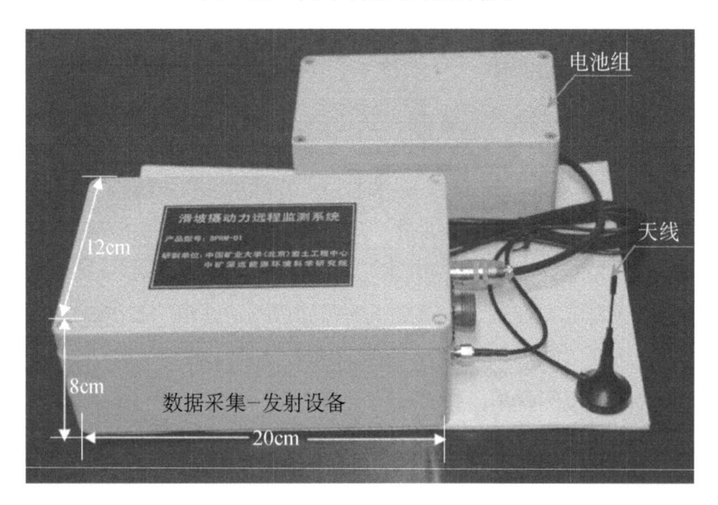

图 6-27　数据采集-发射系统结构图

2) 室外设备安装与调试

对于室外设备的安装与调试要符合以下各项技术指标：

(1) 传感器要求高精度安装，必须保证传感器—应变环—承压板—锚板同心；

(2) 传感系统安装后，用夹片将传感器锁定在 20t (30t) 左右，并且用频率手测仪检测锁定值，如果达不到设计锁定值，进行二次补拉；

(3) 外露多余锚索用手持切割机切除，将传感器和信号采集–发射装置用线缆连接，放入保护装置内(图 6-28)，完成室外设备安装。

(4) 北斗卫星通信系统必须安装在与监测点通视条件良好的地方，我们选择采场上帮 1340 监测站作为安装平台，并且保证卫星机正对南方(图 6-29)。

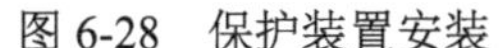
图 6-28　保护装置安装

图 6-29　北斗卫星通信系统安装

北斗卫星通信系统的安装与调试关系到监测数据是否能够实现无盲区实时传输。北斗卫星通信系统在安装过程中，要选择一个最佳的安装场所，必须保证每个监测点的点-面状灾害信息集中采集与传输设备与北斗一号卫星机距离适中，并且两点之间必须通视。经过现场调查，发现南帮边坡 1340 平台监测站距离下帮危险区直线距离约 1000m，监测站与每个监测点保持有良好的通视条件，完全符合北斗卫星的数据传输条件，是最佳的安装地点。

6.4.4　室内监测系统构建

室内设备主要有信号接收器、数据处理–分析系统及一些辅助分析软件。

室内设备安装与调试要符合如下各项技术指标：

(1) 数据接收正常，滑动力数据接收频率 f 满足设计要求 12 个/d；

(2) 可以自动生成应力变化曲线图，直观显示出监测应力随时间的变化曲线，反映出下滑力的变化状态；

(3) 具有“滑动力数据查询”“监测点分布特征查询”等功能。

2010 年 10 月 24 日，山西省井东煤业安太堡露天矿西北角矿坑周帮边坡 30 套滑动力远程监测预警系统开始正常工作。为了提高数据采集频率，避免遗漏重要数据信息，我们编写了自适应性数据采集程序，设置采集频率为：f=1 /2h。

监测预警系统主界面上显示安太堡露天矿西北角矿坑周帮边坡实景图，在实景图上标出了已经安装的 30 个滑动力远程监测点的分布特征。在图 6-30 单击每个监测点图标即可打开图 6-31 所示监测曲线界面，该界面可以显示每个监测点一周内监测曲线变化趋势，其功能既可以实现按“全部数据”显示，也可以按“历史数据”显示(图 6-32、图 6-33)。监测曲线纵坐标为滑体下滑力值，单位“kN”，横坐标为时间轴，单位“天”。其中“全部数据”可以查看从监测开始到当前的下滑力变化趋势。如果用户想下载这些数据，单击“历史数据”按钮，可弹出窗口，该窗口可显示某监测点历史全部监测数据列表，列表记录包括：设备 ID 号、监测应力值和监测时间。

图 6-30　安太堡露天矿西北帮(井东煤矿工业广场周边陡帮)滑动力监测系统主界面

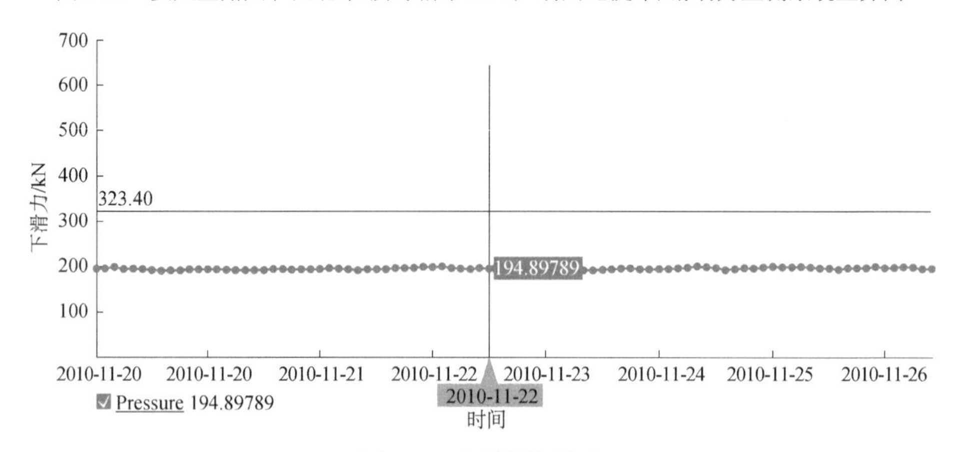

图 6-31　监测曲线界面

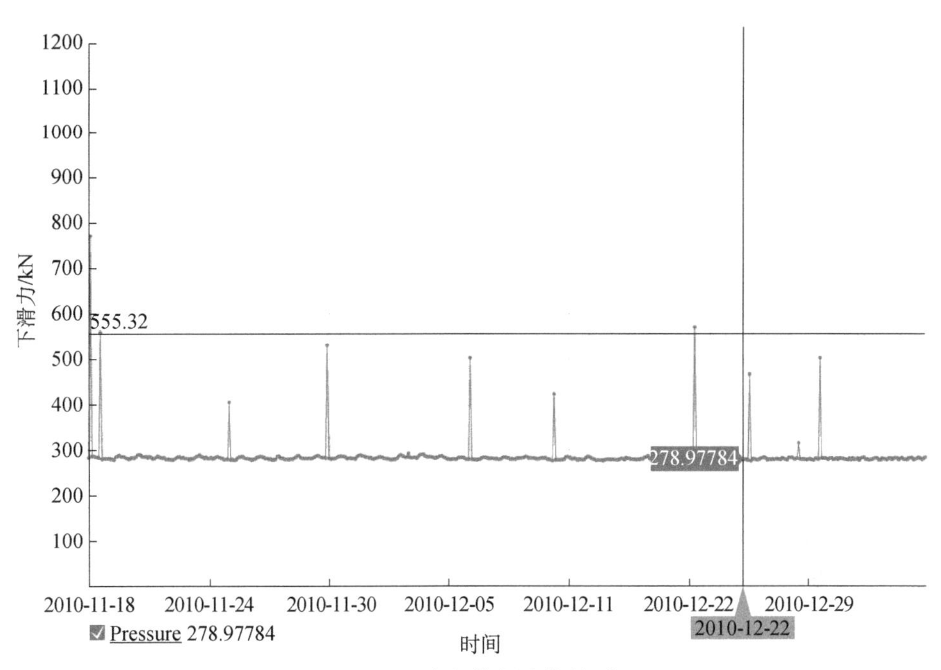

图 6-32　全部数据查询界面

(a) 力学信息	(b) 时间信息
201.00717	2011-01-16 11:52:00
202.11157	2011-01-16 13:52:00
202.11157	2011-01-16 15:52:00
278.19415	2011-01-16 17:52:00
201.00717	2011-01-17 13:52:00
202.11157	2011-01-17 15:52:00
279.50024	2011-01-18 13:52:00
278.97704	2011-01-18 15:52:00
278.19415	2011-01-18 17:52:00
281.65046	2011-01-19 11:52:00
282.11157	2011-01-19 13:52:00
282.37265	2011-01-19 15:52:00
278.4554	2011-01-19 17:52:00
279.50024	2011-01-20 10:22:00
281.06717	2011-01-20 12:22:00
283.1558	2011-01-20 14:22:00
281.06717	2011-01-20 16:22:00
278.7166	2011-01-20 18:22:00
280.5440	2011-01-21 10:22:00
282.69474	2011-01-21 12:22:00

(a) 力学信息　　(b) 时间信息

图 6-33　历史数据查询界面

第7章 安太堡露天矿西北帮边坡防护方案防治设计与工程实施

滑坡灾害是最常见的自然地质灾害之一，它的存在制约着人类的工程建设等活动，同时也造成惨重的人员伤亡和经济损失。对于滑坡等地质灾害应立足于防，重于整治，在遵循自然地质环境规律的大前提下，有针对性地加以治理，从而达到改善自然生态与环境的目的。

露天矿边坡的治理是一项长期而又艰巨的任务，边坡的稳定直接关系到矿区的安全生产和经济效益。由于露天矿边坡长期受到风化和雨水侵蚀的影响，岩体的表面破碎较为严重，岩体强度降低；同时由于井下开采作业的进行，以及爆破对边坡产生的冲击，造成上部岩体不断垮落，边坡失去原有的支撑，稳定性会逐渐降低，不断改变岩体内部的地应力平衡状态。由于采场边坡工程地质条件复杂多变，影响边坡稳定的因素又是多方面的，因此，治理露天矿边坡必须依据边坡的工程地质、环境因素、地质条件、植被完整性、地表水汇集等因素进行综合治理，对不同条件下的边坡进行分析，因地制宜地进行滑坡综合治理方案设计。

安太堡露天矿周边边坡存在大量的地质灾害隐患，包括边坡失稳破坏、边坡蠕滑破坏、地表裂缝、排土场滑塌等灾害，不仅严重影响了矿区工人的正常生产生活，而且一旦发生崩塌、滑坡等灾害，将会造成大量的人员伤亡和严重的经济损失。安太堡露天矿周边陡帮边坡滑坡和崩塌等地质灾害的形成与降雨密切相关，暴雨引发滑坡的可能性较大。因此，若不及时对不稳定坡体进行治理，在雨季来临之时，有可能会变形失稳，发生严重的灾害事件。若遇到一定强度的地震，也可能会诱发滑坡灾害。局部的变形破坏若发展成为坡体的整体滑移，将会造成巨大的灾难，治理的费用也将会更加巨大。因此，对安太堡露天矿工业广场周边陡帮边坡滑坡、崩塌及不稳定斜坡灾害隐患的治理已迫在眉睫。

安太堡露天矿西北帮边坡治理工程的主要目的是制定出符合实际、科学合理的加固治理方案，通过分区综合加固治理方案的设计及实施，预期达到以下目标：

(1)构建完善的地质灾害防治监督管理体系，研制完善的滑坡监测预报预警系统，形成群测群防网络及群专结合的防灾减灾体系。

(2)地质灾害预测预报成功率达到95%；调动各方面的积极性，加大治理力度，使突发性地质灾害(隐患)得到防治。

(3)严格控制各种人为因素引发的地质灾害，降低地质灾害发生率，最大程度地减少可能的人员伤亡及财产损失。

(4)促进区域生态环境和地质环境的进一步改善，为经济的可持续发展提供保障。

(5)逐步建立和完善地质灾害评价指标体系和建设场地地质灾害评估制度，使矿联井工业广场周围边坡得到有效治理。

7.1　滑坡治理的原则与基本措施

7.1.1　滑坡治理基本原则

1. 以人为本，防治并举，消除隐患

滑坡、崩塌及不稳定斜坡的发生、滑动与发展受多种因素的影响，主要包括斜坡的物质组成(地层岩性)、地质构造与地震、地形条件、降水、人类工程活动等。有些因素是人为不可改变的，有些因素是人类可以控制的，特别是人类自身的工程活动是可以控制和规划的，因此在滑坡灾害发生区的工程活动必须严格规划，科学控制，抑制不利因素的发展，同时发展有利因素，消除地质灾害隐患。

2. 设计合理、安全可靠，兼顾经济、适用、美观的原则

灾害治理工程应以保护环境、美化环境为原则，密切配合安太堡露天矿总体发展规划，精心布置，合理设计，力求工程技术措施可行，特别是与当地实际结合起来，做到少拆迁，少搬迁，减少工程间接费用。同时，加固治理工程必须安全可靠，一次根治，不留隐患。

3. 对滑坡和不稳定斜坡遵循边坡治理中“固脚、护腰、排水”的原则

贯彻“恢复自然、水土保持、综合治理、因地制宜、技术先进、经济美观”的建设理念，在保持边坡稳定的前提下，尽可能采取植物防护方案，体现边坡工程绿色环保的设计思想，对边坡隐患及早治理，主动防护。

4. 综合治理与长期监测相结合的原则

综合治理工程的完成，并不意味着地质灾害防治工作的结束，既要防止出现新的灾害点，又要警惕旧的灾害点复活。只有通过长期监测才可能掌握区内地质变化的规律，预测地质灾害发生的可能，因此，综合治理工程只有与长期监测相结合才能保证地质灾害防治工作安全可靠。

7.1.2　滑坡治理实施原则

边坡治理实施原则如下：

(1) 对滑坡的整治，应针对引起滑坡的主导因素进行，原则上应一次根治不留后患。

(2) 对性质复杂、规模巨大，短期内不易查清或工程建设进度不允许完全查清后再整治的滑坡，应在保证建设工程安全的前提下，做出全面整治规划，采用分期治理的方法，使每期工程能获得必需的资料，又能争取到一定的建设时间，保证整个工程的安全和效益。

(3) 对建设工程随时可能产生危害的滑坡，应先采用立即生效的工程措施，然后再作其他工程。

(4) 一般情况下，对滑坡进行整治的时间，宜放在旱季为好，施工方法和程序应以避免造成滑坡产生新的滑动为原则。

结合井东煤业安太堡工业广场的发展及自然环境条件的影响，分 4 步开展边坡滑坡治理工程。

首先，针对持续强降雨导致的边坡地表平盘出现的裂缝，进行填平夯实，同时，开展坡顶削坡及坡脚堆载等工作；其次，建立完善的地表排水系统及地下仰斜排水疏干系统；再次，为了实现对边坡发展过程的有效监控及滑坡预警，在各区域建立边坡应力远程智能监测系统及地表位移监测系统；最后，根据边坡监测的结果，有针对性地开展边坡加固及治理工程。

滑坡加固治理实施步骤如图 7-1 所示。

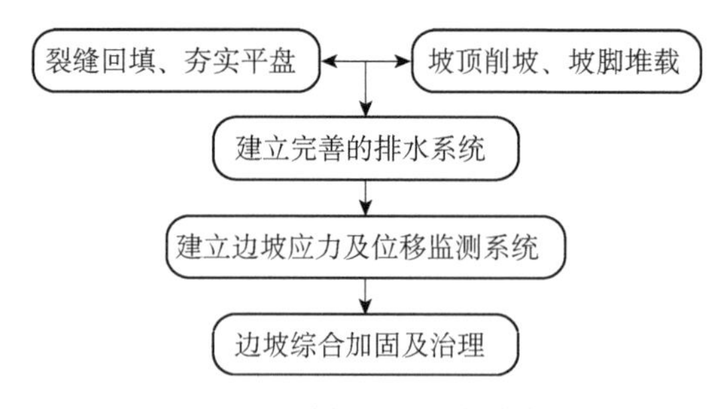

图 7-1　滑坡加固治理实施步骤

7.1.3　滑坡加固防治措施

边坡整治的本质在于改变边坡滑动体滑面上的平衡条件，而改变平衡条件可以通过改变滑坡体的抗滑力及下滑力来实现。滑坡治理措施有很多种，目前常用的治理措施主要有以下几种。

1. 回填夯实

边坡丧失平衡状态，总是先出现裂缝。边坡裂缝和冲沟区域应进行回填、夯实等，裂缝较大区域可采用碎石或黏性土进行回填，以防雨水继续下渗，恶化边坡内部环境。对边坡顶部贯通裂缝也要夯实填平，必要时可进行混凝土注浆。

2. 削坡减载

削坡减载前必须理清滑坡的成因和性质，查明滑动面的位置、形状及可能发展的范围，根据稳定滑坡和修建防滑构造物的要求进行设计计算，以决定减重的范围。对于小型滑坡可以全部清除；削坡减载的弃土，不能堆置在滑坡的主滑段，应尽量堆填于滑坡前缘，以便起到堆载阻滑的作用；削坡减载之后的坡面必须注意整平、排水及防渗处理。

对滑坡进行削坡设计，应注意控制滑坡从残存滑体薄弱部分剪出的可能性。为检验设计是否满足边坡稳定的要求，需要对减重后的滑坡进行稳定性验算。当所有验算均满足要求时，可认为滑坡的减重设计是可行的，否则需重新修改设计或采用其他方案。

3. 排水

雨水湿化坡体，降低土体强度，软化滑面，促使和加剧滑体滑动，因此滑坡一般发生在雨季，故有“十滑九水”之说，边坡排水主要包括地表排水和地下排水。

治理地表水的措施主要是在坡体周围设计截水沟和排水沟，使地表水不能进入坡体内部并及时排出坡体范围以外，同时应做好沟渠的防渗措施。整平地表，填塞裂缝和夯实松动地面，做好隔渗层，减少地表水下渗并使其尽快汇入排水沟，排出坡体外。地表排水因其技术上简单易行且加固效果好、工程造价低，在滑坡防治工程中应用极广。

治理坡体内部的地下水，对于出露的地下水和湿地等，可设置排水沟或渗沟，将水引出滑坡体外。滑坡体前缘可作边坡渗沟疏干。若滑动带上的水是由下向上承压补给时，多采用盲洞或平孔将地下水排走或者降低地下水位到滑动面以下。为了排出深层地下水，土层和岩层工况下均可采用长水平钻孔。在地下水集中的地段附近，可设置集水井，用于集中汇集基岩面及其附近的地下水。

4. 支挡结构抗滑工程

对于大、中型滑坡体，通过改变滑坡几何形态和排水措施不能保证坡体稳定的情况时，通常可采用支挡结构物如挡墙、抗滑桩、沉井、拦石格栅，或采取在斜坡内部加强的措施如锚固、土锚钉、加筋土等来防止或控制滑坡岩土体的活动。

挡土墙是指支承路基填土或边坡岩土体、防止填土或岩土体变形失稳的构造物。重力式挡土墙是以挡土墙自身重力来维持挡土墙在土压力作用下的稳定，它是我国目前常用的一种挡土墙。重力式挡土墙可用石砌或混凝土建成，一般都做成简单的梯形，适用于一般地区、浸水地区、地震地区等地区的边坡支挡工程，当地基承载力较低时或地质条件较复杂时应适当控制墙高。

锚网喷支护是喷射混凝土、锚杆、钢筋网联合支护的简称。作为一种先进的支护技术，在高边坡加固工程中，特别是在不良地质条件下，通过喷锚作用形成喷射混凝土、锚杆，钢筋网与土体共同作用的主动支护体系，可最大限度地利用边坡岩土体的自承能力，变土体荷载成为支护结构物的一部分，支护效果较为显著。

5. 坡体内部加固

坡体内部加固的方法，主要是改良滑带土，增加滑坡自身的抗滑力，比如灌浆、旋喷混凝土、石灰桩、焙烧等，尽管作用的微观机理不尽相同，但目的都是加强滑带土的强度。

灌浆按浆液材料的不同可以分为水泥注浆、化学注浆、混合注浆。滑坡注浆加固一般适用于以岩石为主的滑坡、崩塌堆积体、岩溶角砾岩堆积体，以及松动岩体滑坡。

而石灰桩对滑坡的加固作用主要是生石灰消化反应吸收桩体周围黏土中的水分，减小孔隙水压力，增加有效应力，增加抗剪强度，同时钙离子和氢氧根离子向周围迁移，与周围的黏土发生反应，也可增加坡体强度。

对于土质边坡，可采用电化学加固法、冻结法来加固内部土体；还可以采用焙烧法，即对坡脚处的土体进行焙烧加热，使其成为坚硬的天然挡土墙，显然焙烧法仅适用于黏土类土层中。

6. 生态护坡

近年来，随着大规模的工程建设和矿山开采，形成了大量无法恢复植被的岩土边坡。传统的边坡工程加固措施，大多采用砌石挡墙及喷混凝土等护坡结构，仅仅起到了一个保护水土流失的作用，对生态环境起不到保护作用，反而会破坏生态环境的和谐。随着人们环保意识的增强，生态护坡技术在滑坡防治工程中的应用日益广泛。

生态护坡，是综合工程力学、土壤学、生态学和植物学等学科的基本知识，形成由植物或工程和植物组成的综合护坡系统的护坡技术。生态护坡设计应与生态环境相协调，尽量使其对环境的破坏影响达到最小。这种协调意味着设计应充分尊重物种多样性，减少对资源的剥夺，保持营养和水循环，维持植物生存环境和动物栖息地的质量。

7. 滑坡的监测

滑坡发生前其坡体应力与变形平衡体系会被打破。为了及时发现隐患，采取经济可行的防治措施，保证边坡工程的正常使用，必须对滑坡建立观测网，并将监测得到的滑坡信息及时反馈到下一步的边坡防治工程。

建立边坡应力和位移监测系统，可以得到边坡的应力和位移监测数据，通过对监测数据的分析，可以有效地总结研究边坡的变形和破坏机制，并为滑坡的防治和治理提供依据。

7.2　安太堡露天矿滑坡灾害综合防治设计

7.2.1　研究区滑坡现状分析

根据研究区副井场的周边状况，将边坡划分为 4 个区，副井场西帮上部边坡为 A 区，西南帮红黏土蠕滑区边坡为 B 区，坑下东部内排土场边坡为 C 区，南部内排土场边坡为 D 区，如图 7-2、图 7-3 所示。

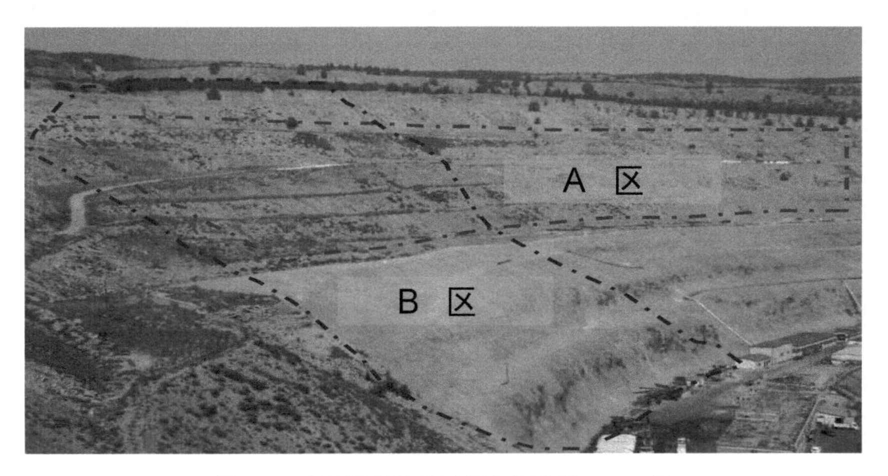

图 7-2　研究区副井场西帮上部边坡 A、B 区

图 7-3　坑下东、南部内排边坡 C、D 区

现将各区域滑坡现状分述如下：

(1)露天开采形成的边坡底部的矿坑如同一个巨大的汇水漏斗，大量的地表降雨、岩层涌水和施工积水浸泡、侵蚀边坡底部的基岩，将进一步加剧边坡的不稳定状况。岩体十分破碎，裂隙发育、贯通，连日暴雨大量雨水下渗，边坡内部软弱结构面力学性能大幅度降低，抗剪能力下降，导致局部滑坡发生。

目前，A 区边坡的两个平盘(钢筋混凝土硬化路面的上下两个平盘)出现了大量的贯通裂缝、积水洼地、冲沟及塌陷坑等，受连日强降雨的影响，雨水不断入渗，裂缝不断发育，形成了多个巨型楔形滑体，随时存在局部边坡塌滑的可能，如图 7-4 所示。

(2)蠕滑区域(B 区)，表层为拉裂变形带，主要位于红黏土层中。该带可见大量拉裂缝，是地表水集中入渗通道。地表裂缝的分布范围基本上与地下采空区相对应，多沿采区周边地带成群分布。地下采空引起上覆岩体冒落、挤压、张裂变形，改变了坡体的水文地质环境，使岩体的透水性增加，地下水循环加剧，岩体进一步软化，极易发生滑塌。同时，蠕滑区上部岩质边坡较陡，其表层风化十分严重，局部碎石土已发生滑移，并存在较大楔形体破坏的可能性，如图 7-5 所示。

通过调查研究与分析得知，该处基岩面埋深较深，且基岩面表层被红黏土覆盖。红黏土为高塑性黏土，其孔隙比大，具有明显的收缩性，但压缩性低，极易成为水流聚集地。在该区域已喷护的边坡上方各平盘均出现了不同程度的裂缝，且之前曾发生过蠕滑。因此，该区域极有可能形成上下贯通的楔形滑体，一旦发生滑坡，将对下方办公区、坑下生产设施、人力、物力等造成重大损失。

(a) 局部产生大量剪切裂缝，边坡已发生滑动

(b) 局部裂缝宽度开展达25cm

(c) 局部形成塌陷坑，宽20cm

(d) 多处形成巨大楔形滑体，长100多米

图 7-4　西部黄土边坡平盘破坏

蠕滑的变形初期往往出现一系列小的局部滑面，较少被注意。变形后期，局部滑面逐渐联成一较连续滑床面，产生缓慢滑动；一定条件下，也可能沿该滑面产生急剧滑动。正是由于蠕滑的这一变形特点，所以及早发现、及时整治就显得极为重要。

(3) 工业广场东部排土场边坡 (C 区) 高度达 80m，其下方为重要的运煤道路，使用时间较长，边坡的稳定直接关系着道路运输的安全。由于受连日暴雨冲刷和雨水下渗等自然因素影响，排土场边坡表面已产生多处较大的张拉裂缝，并已贯通至边坡上部，将会进一步降低边坡稳定性，导致滑坡的发生。

(4) 南部边坡 (D 区) 为露天矿堆砌物堆砌形成，断面长，坡度大，且边坡下部为矿区主要运煤道路，故其稳定性比较重要。由于长时间受风化和雨水冲刷作用，边坡强度明显降低，边坡表面可见大量冲沟及裂缝，导致局部边坡已发生较大范围滑塌，对矿区的正常、安全运输产生了严重威胁。

通过强降雨期间对边坡隐患区的现场勘查及研究分析，总结研究区滑坡现状如下：

(a) 局部产生较大张拉裂缝　(b) 岩质陡坡风化及渗水现象

(c) 局部碎石土边坡发生滑移　(d) 潜在楔形体破坏

图 7-5　蠕滑区域边坡破坏

A 区：西部边坡上部平盘已出现大范围垮塌(不是局部)迹象，有三段 100m 左右范围的边坡已形成连通性裂缝和滑坡前常出现的整体性台阶，有多处宽度达 0.5m 的裂缝和漏斗状雨水下灌坑。因上部无排水系统，降雨水全部灌入边坡体内。

B 区：高塑性红黏土蠕滑区上缘因强降雨已出现楔形下滑，并判断已饱水到一定程度，存在再次滑移可能性。原因：一是 U 型低凹槽形成汇水域；二是有一条输水管在此处破裂，流了大量水灌入边坡体内。

C 区：东部内排边坡前期调查坡体顶部出现大量裂缝，有些局部已连通。

D 区：南部内排边坡出现局部片帮和上部裂缝。

7.2.2　A 区加固综合治理方案(西部黄土边坡)

以 A 区加固综合治理方案为例阐述加固综合治理方案的设计过程。

1. 方案概述

针对西部黄土边坡已经发生局部滑移，主要采取以下治理措施：

(1)回填各级边坡平台裂缝，夯实平整平台；

(2)对各级边坡顶部进行削坡减载，底部进行堆载增重；

(3) 建立排水系统，保证边坡排水顺畅；

(4) 对边坡表面进行锚喷防护，减少雨水的冲刷，提高其整体稳定性；

(5) 滑移区域建立边坡监测系统，实施动态应力及地表位移监测。

2. 方案设计

1) 回填、夯实各级边坡平台

对道路上方和下方两级边坡裂缝及冲沟等区域进行回填、夯实等，裂缝较大区域采用黏性土回填夯实，防止雨水继续下渗，恶化边坡内部环境，保证其稳定性。

边坡平台平整时，使平台中央比两侧高 3%，这有利于将平台上的雨水汇集到平台两侧的排水沟中，减少雨水冲刷和入渗，如图 7-6 所示。

图 7-6　平盘裂缝回填夯实示意图

2) 坡顶削坡减载，坡脚堆载增重

对于边坡已发生滑动的区域，若只采取回填裂缝、夯实平台并不能从根本上保证边坡的稳定性。因为滑坡一旦发生滑动，说明其内部已经产生滑动面，只是并未与底部贯通，边坡在上部滑体推力的作用下仍将会沿该滑面继续滑动，最终导致滑坡的发生。根据目前滑体现状，后缘张裂沉降，滑体表面台阶坡张裂变形，土体松散破碎，比较适宜的方法是对滑体进行适量削坡减载，从而清除滑体表面的松散土体，减轻上覆荷载，降低滑体对深部边帮稳定的影响；同时将削坡得到的碎石土进行坡脚堆载，可以有效增加滑坡的抗滑力，提高边坡稳定性。

设计方案：

(1) 对道路上部第一级边坡上部按 1∶1 的坡比削成两级边坡，边坡高 20m 时，边坡顶部削进 2.3m，边坡中部削进 1m，削坡后对其表面进行密实处理，平台需夯实。

(2) 清除边坡下部表面松散土体，进行密实处理后，将上部削下来的碎石土堆载在边坡下部，堆载坡比为 1∶1。堆载时需分层夯实，对边坡表面进行密实处理，最终在边坡中部可形成宽 2m 卸载平台，如图 7-7 所示。

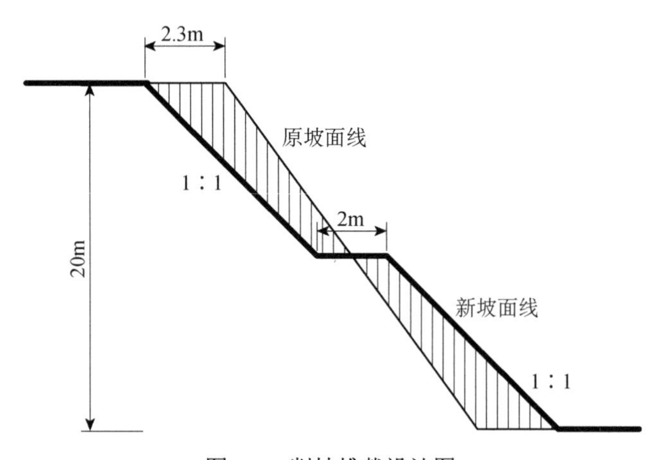

图 7-7　削坡堆载设计图

(3) 进行削坡时须由上向下施工，切忌由下而上刷方，并禁止开挖边坡坡脚岩体。堆载坡体需采取措施保证与原坡体密切接触，不产生新的裂缝。

3) 建立地表排水系统

排除地表水的目的在于拦截、引离滑坡范围外的地表水，使其不致进入滑坡区，同时将降落或出露在滑坡范围内的雨水及泉水尽快排除，使其不致渗入滑坡体。为了使降落在滑坡体上的雨水能迅速排走，防止渗入滑坡体内，应以防渗、汇集和尽快引出为原则。在滑坡体外的地表排水建筑物，应使所有的水不流入滑坡区，故其设计应以拦截、引离为原则。地表排水系统采用截水沟、排水沟、吊沟结合的体系对地表水进行拦截和排引。

(1) 为防止滑坡体外坡面汇水进入滑坡体，通常在滑坡体外修筑截水沟。坡体上总的汇水流量采用暴雨洪峰流量的经验公式进行计算：

$$Q_p=0.278riF \tag{7-1}$$

式中，Q_p 为频率为 p 的暴雨洪峰流量，m^3/s；F 为流域面积，km^2；i 为产流系数，一般 i=0.5−0.9；r 为按小时平均雨强设计，mm/h，区内取 r =41.8mm/h。

经计算，安太堡露天矿工业广场区域内不稳定斜坡坡体汇集的总地表水流量为 0.47m^3/s。经综合分析，拟在道路上方第一级平台上部坡体顶部修建 1 条截水沟，汇集滑坡体外雨水；平面上依地形而定，多呈“人”字形展布。沟底坡降设为 2%，以方便排水。截水沟迎水面需设置泄水孔，推荐尺寸为 100mm×100mm～300mm×300mm。

(2) 由于平台汇水面积较大，每级平台设两条排水沟，同时在边坡中部平台修建 1 条集水沟。排水沟之间相互连通，最终与已有的排水系统相连接，保证水排到滑坡体以外的区域。沟底坡降设为 2%，以方便排水。在道路平台及道路上部第一级平台两侧各修建两条纵向排水沟。

(3) 将平台进行平整，使其中央比两侧高约 2%，有利于将平台雨水引流到两侧排水沟中，减少坡面冲刷。利用吊沟工程汇集截水沟、集水沟、排水沟所收集雨水，并与已有的排水系统相连接。同时在边坡平台修建横向排水沟，与吊沟对接，道路平台排水沟顶面需用混凝土板铺盖，吊沟间距设为 50m。吊沟(急流槽)进水口与沟渠泄水口之间做成喇叭口式联结，变宽段应有至少 15cm 的下凹并做铺砌防护。吊沟出水口处应设置消能设施，可采用混凝土或石块铺筑的消力坪或消力池。

(4) 为了防止水流的下渗，在滑坡体上也应充分利用自然沟谷，布置树枝状排水系统，使水流得以汇集旁引。

(5) 在边坡合适区域打若干口疏干井，将边坡地下水抽到蓄水池中。

排水系统断面如图 7-8 所示，边坡排水局部示意图见图 7-9，西部黄土边坡排水系统设计如图 7-10 所示。

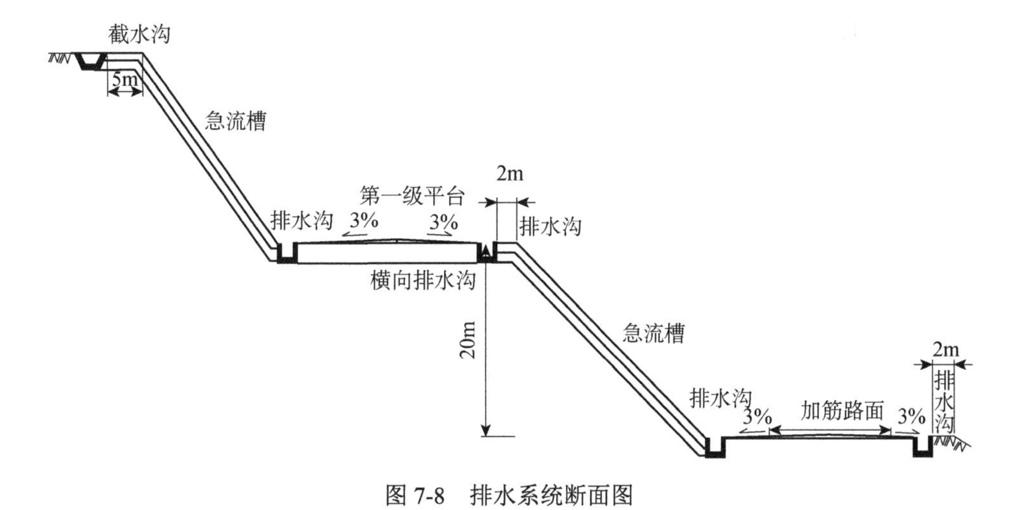

图 7-8　排水系统断面图

图 7-9　边坡排水局部示意图

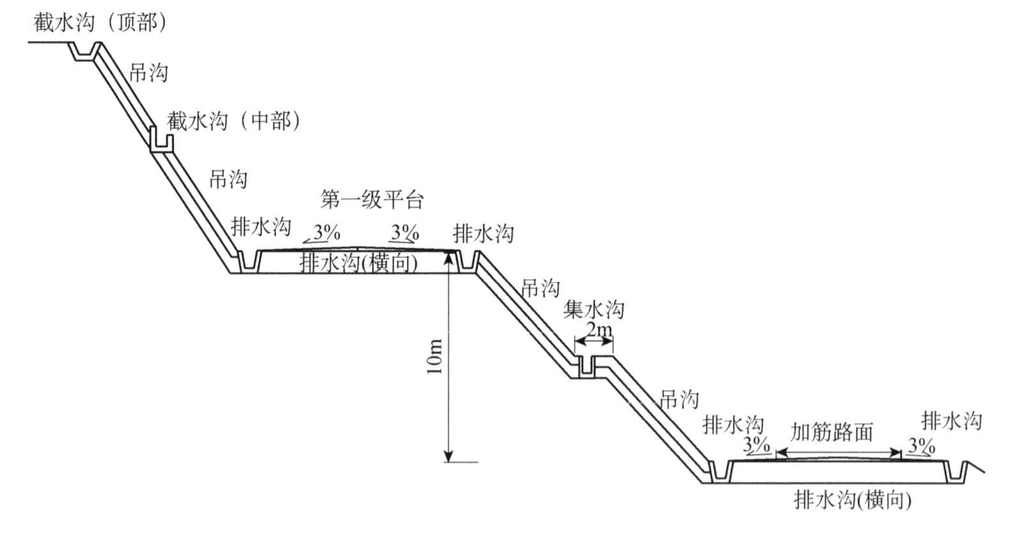

图 7-10　A 区西部黄土边坡排水系统设计

4)采用锚喷支护边坡

将需要喷锚支护的边坡分喷锚网防护和素喷混凝土防护两种类型。对边坡较高、坡面松散破碎严重，且破碎岩层较厚的地方采用喷锚网防护；而对那些边坡较低，只有少量裂缝，破碎不严重的地方则采用素喷混凝土防护。

主要设计参数如下：

(1)喷射混凝土厚度采用10cm，喷射混凝土标号为C20细石混凝土。

(2)锚杆采用HRB335级钢筋，直径25mm；实际钻孔取70mm。考虑到局部位置可能存在块径较大的不稳定块体，对于土质边坡砂浆锚杆长度8～10m，对于岩质边坡锚杆长度可适当减小，取4～6m施工时可根据实际情况进行修改，以穿过风化岩层为准。

(3)水泥砂浆强度M30；锚杆间距采用2m×2m，梅花形布置。

(4)钢筋网的孔眼尺寸采用20cm×20cm的方孔，钢筋采用6盘条。

(5)喷锚支护体系施工过程应先施工锚杆，再进行坡面钢筋网施工，施工完后喷射混凝土。

(6)每20m设置一条伸缩缝，缝宽2cm，伸缩缝采用沥青麻絮堵塞；每4m^{2}设一个直径10cm泄水孔，对于有裂隙水出露处，宜增设泄水孔。

锚网喷支护设计如图7-11所示。

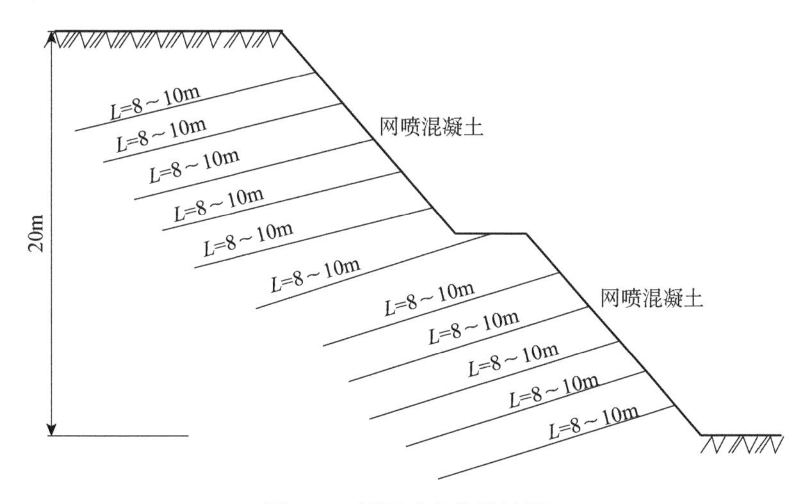

图7-11 锚网喷支护设计图

5)建立边坡应力和位移监测系统

在西部黄土边坡建立边坡应力和位移监测系统，可以得到边坡的应力和位移变化等监测数据，通过对监测数据的分析，可以及时反馈滑坡信息，从而有效的总结研究边坡的变形和破坏机制，并为滑坡的防治和治理提供依据。

在边坡中上部沿其走向方向均匀布置应力和位移监测点，应力监测点最佳间距为 50m，考虑到西部边坡长度较长，间距可适当放宽为 60～80m，位移监测点可在应力监测点的间距基础上适当加密，对整个西部及蠕滑边坡进行全方位远程实时动态监测。一旦边坡应力或位移超过警戒值，监测系统便可及时发布预警信息，从而可以迅速采取有效的应对措施，减少人员伤亡和财产损失，保证矿区的安全生产。

位移监测点主要布设在边坡平台边缘处，同时，斜坡表面凸出部位宜适当增设位移监测点。

7.2.3　B 区加固综合治理方案(蠕滑区域边坡)

由于软岩蠕滑主要发生在软弱岩层系中，成分多变的互层岩体一般没有支护工程中可利用的持力层，且力学强度互有差异，受构造作用，极易形成层间错动带，在地下水的作用下极易软化，因此需要采用喷锚支护并结合排水、减载的综合处理措施。因为软岩蠕滑初期的速度较慢，进一步的处理在时间上较为有利，在处理顺序上也要合理安排。

主要治理措施如下。

(1) 回填、夯实各级边坡平台。边坡裂缝及冲沟等区域进行回填、夯实等，裂缝较大区域采用黏性土填满，防止雨水继续下渗，恶化边坡内部环境。

(2) 清除表面风化碎石土，并进行削坡减载。清理蠕滑区域及其上部未喷锚边坡表面的风化碎石土，并进行削坡减载，以减少其上部荷重。经现场勘查，蠕滑区域上部两级边坡为岩质边坡，表层风化较为严重，建议削坡比为 1∶0.3～1∶0.5，可削成两级边坡。

(3) 进行锚网喷或素喷混凝土。对边坡较高、坡面松散破碎严重，且破碎岩层较厚的地方采用喷锚防护，喷锚加固区重点分布在蠕滑边坡前缘和后缘，以起到防护边坡的作用；而对那些边坡较低，只有少量裂缝，破碎不严重的地方则采用素喷混凝土防护。

锚网喷或素喷混凝土设计同 A 区西部黄土边坡设计。

(4) 建立边坡监测系统。在蠕滑区域布置应力监测点和位移监测点，在蠕滑区域上方布置应力和位移监测点，间距为 60～80m，对边坡进行全程实时动态监测，一旦预警，可以及时采取有效的加固的措施。应力和位移监测设计同 A 区西部黄土边坡设计。

边坡综合治理设计如图 7-12 所示。

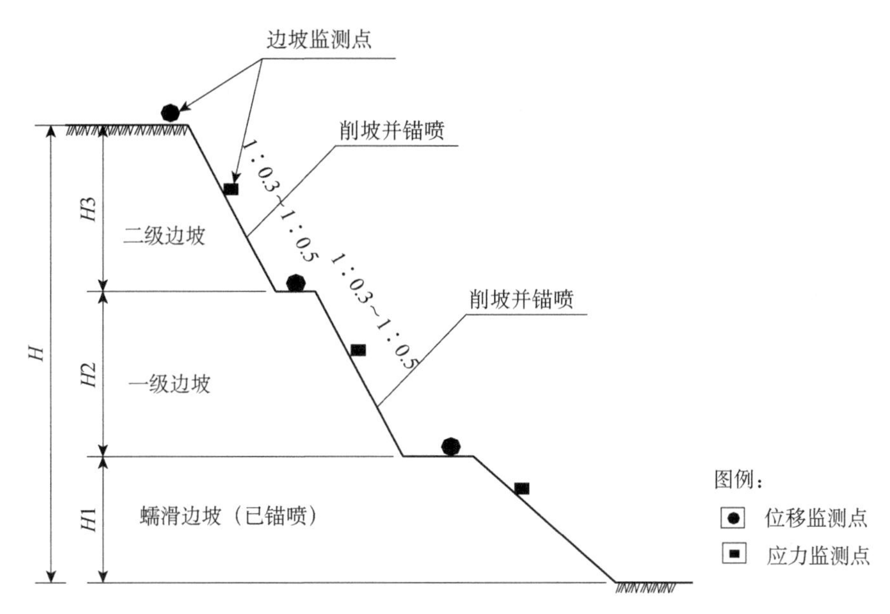

图 7-12　B 区综合治理设计图

7.2.4　C 区加固综合治理方案(东部排土场边坡)

东部排土场边坡实景见图 7-13，C 区主要治理措施如下。

图 7-13　东部排土场边坡实景图

1) 削坡减载，适当放坡

考虑东部排土场高度达 80m，且上部为材料堆放场，不宜采取大角度削坡，故削坡减载以清理表面松散土层为主，并进行适当放坡。对边坡上部坡体按 60°

的坡角进行逐级放坡，设计为 4 级放坡，每抬高 20m 预留宽 2～4m 的卸载平台，以增强排土场边坡的整体稳定性。

(1) 对道路上部第一级边坡上部按 1∶0.58 的坡比削成两级边坡，边坡顶部削进 10m，边坡中部削进 4m，削坡后对其表面进行密实处理，平台需夯实。

(2) 清除边坡下部表面松散土体，进行密实处理后，将上部削坡所得碎石土堆载在边坡下部，堆载坡比为 1∶1。堆载时需分层夯实，对边坡表面进行密实处理，最终在边坡中部可形成宽 2m 的卸载平台。

(3) 进行削坡时须由上向下施工，切忌由下而上刷方，并禁止开挖边坡坡脚岩体。堆载坡体需采取措施保证与原坡体密切接触，不产生新的裂缝。

2) 回填、夯实各级边坡

对边坡裂缝及冲沟等区域进行回填、夯实等，裂缝较大区域先采用周边碎石进行回填，然后顶部再用黏性土填满，对边坡顶部贯通裂缝也要夯实整平，必要时进行混凝土注浆。

3) 修建挡土墙

为保证削坡后坡体前缘的稳定性，在坡体的前缘修建挡土墙，挡土墙墙顶宽 1m，背坡比为 1∶0.2，胸坡比为 1∶0.4，墙高 5.0m，以抵御不稳定斜坡体发生滑坡或崩塌。挡土墙墙背用素填土填实整平。

4) 建立排水系统

(1) 为防止滑坡体外坡面的汇水进入滑坡体，通常在滑坡体外修筑截水沟。设置 1 条环形截水沟。

(2) 在每级边坡卸载平台处修建 1 条集水沟，共 3 条集水沟，汇集边坡表面雨水，在边坡底部修建 1 条排水沟，汇集截水沟、吊沟及边坡表面的水，并最终与已有的排水系统连接，排入到蓄水池中。

(3) 利用吊沟工程，将每级边坡集水沟和截水沟连通，便于排水，吊沟断面尺寸要能够满足排水要求，吊沟间距 50m 为宜。

5) 建立边坡应力和位移监测系统

在排土场 4 级边坡平台上布置位移监测点，对边坡变形情况进行全程实时动态监测，一旦预警，可以及时采取有效的加固措施。位移监测设计同 A 区西部黄土边坡设计，监测点布置与 A 区统一考虑。

由于边坡紧邻公路，对第 1 级边坡宜采用拱形骨架护坡，可有效减少雨水对坡面的冲刷及碎石土滚落，对其余 3 级边坡宜采用三维植被护坡。

东部排土场高边坡综合治理设计如图 7-14 所示。

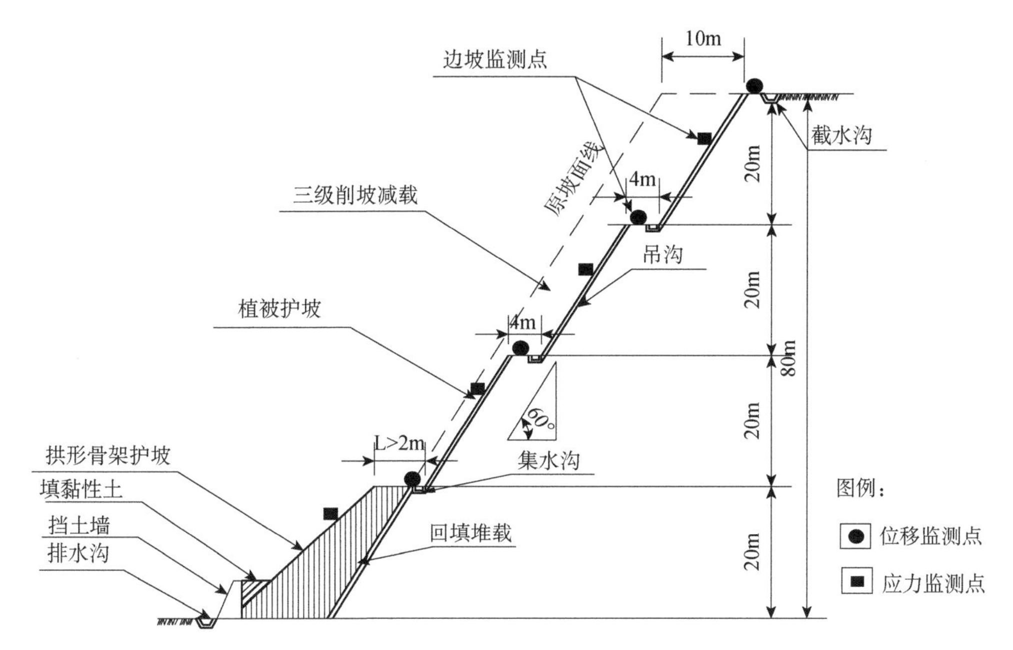

图 7-14　东部排土场高边坡综合治理设计

7.2.5　D 区加固综合治理方案(南部排土场边坡)

南部排土场边坡如图 7-15，D 区主要治理措施如下。

图 7-15　南部排土场边坡

1. 削坡减载

对边坡按 1∶1 的坡比分 3 级逐级放坡，每抬高 15～20m 预留宽 2～3m 的卸载平台，以增强南部排土场边坡的整体稳定性。

2. 回填、夯实各级边坡

对边坡裂缝及冲沟等区域进行回填、夯实等，裂缝较大区域先采用周边碎石进行回填，然后顶部再用黏性土填满，防止雨水继续下渗，恶化边坡内部环境，保证其稳定性。

3. 建立排水系统

(1) 为防止滑坡体外坡面汇水进入滑坡体，可在滑坡体外设置 1 条环形截水沟。

(2) 在每级边坡卸载平台处修建 1 条集水沟，共两条集水沟，汇集边坡表面雨水，在边坡底部修建 1 条排水沟，汇集截水沟、吊沟及边坡表面的水，并最终与已有的排水系统连接，排入到蓄水池中。

(3) 利用吊沟工程，将每级边坡集水沟和截水沟连通，便于排水，吊沟断面尺寸要能够满足排水要求，吊沟间距 50～60m 为宜。

4. 建立边坡应力和位移监测系统

在排土场 3 级边坡平台上布置位移监测点，对边坡进行全程实时动态监测，一旦预警，可以及时采取有效加固措施。位移监测设计同 A 区西部黄土边坡设计。

5. 边坡表面可采用拱形骨架石护坡和植草护坡

南部边坡综合治理设计如图 7-16 所示。

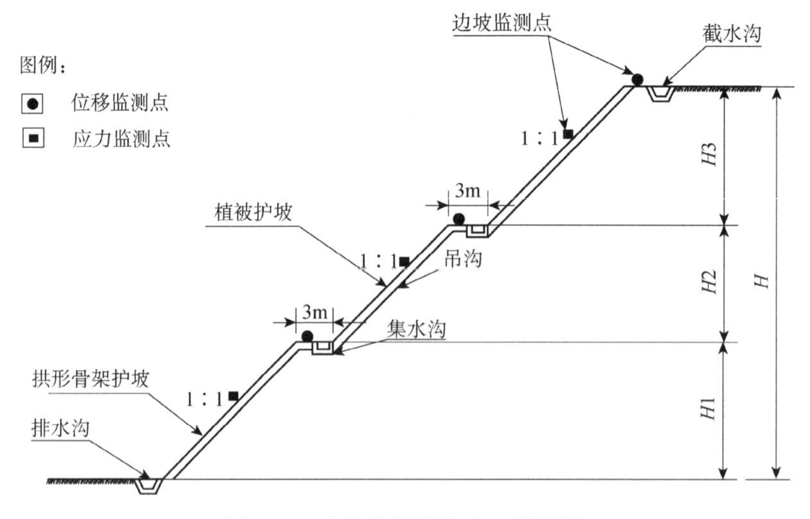

图 7-16　南部边坡综合治理设计图

7.2.6　施工图设计

研究区滑坡综合防护设计施工图如下：

图 7-17　削坡堆载设计图；

图 7-18　锚喷支护设计方案及细部结构图；

图 7-19　A、B 区监测点设计图；

图 7-20　边坡排水系统设计断面图；

图 7-21　排水沟(纵向)、截水沟设计图；

图 7-22　吊沟设计图；

图 7-23　排水沟(横向)设计图；

图 7-24　多级吊沟设计图；

图 7-25　仰斜疏干孔结构图；

图 7-26　挡土墙设计图；

图 7-27　三维植草护坡设计图；

图 7-28　拱形骨架护坡设计图。

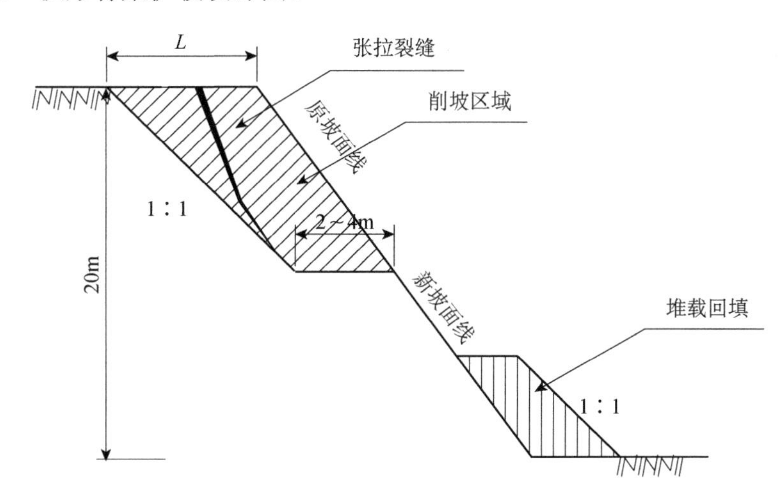

注：
1）对边坡中上部已发生滑动的土体按1∶1的坡比削成两级边坡，可适当放缓，边坡顶部削进的长度L依滑面而定,须保证将已滑移的扰动土清理干净。边坡中部预留卸载平台2～4m。削坡后对其表面进行密实处理，平台需夯实。
2）清除边坡下部表面松散土体，进行密实处理后，将上部削下来的碎石土堆载在边坡下部，堆载坡比为1:1。堆载时需分层夯实，对边坡表面进行密实处理。
3）在对滑坡体作减重处理时，必须切实注意施工方法，尽量做到先上后下，先高后低，均匀减重，以防止挖土不均匀而造成滑坡的分解和恶化。对于减重后的坡面要进行平整，及时做好排水和防渗。在滑坡前部的抗滑地段，采用加载措施，可以产生稳定滑坡的作用，当条件许可时，应尽可能地将滑坡上方的减重土石堆于前部抗滑的地段。为了加强堆土的反压作用，可以将堆土修成抗滑土堤，堆土时要分层夯实，外露坡面应干砌片石或种植草木，土堤内侧应修渗沟，土堤和老土之间应修隔渗层。

图 7-17　削坡堆载设计图

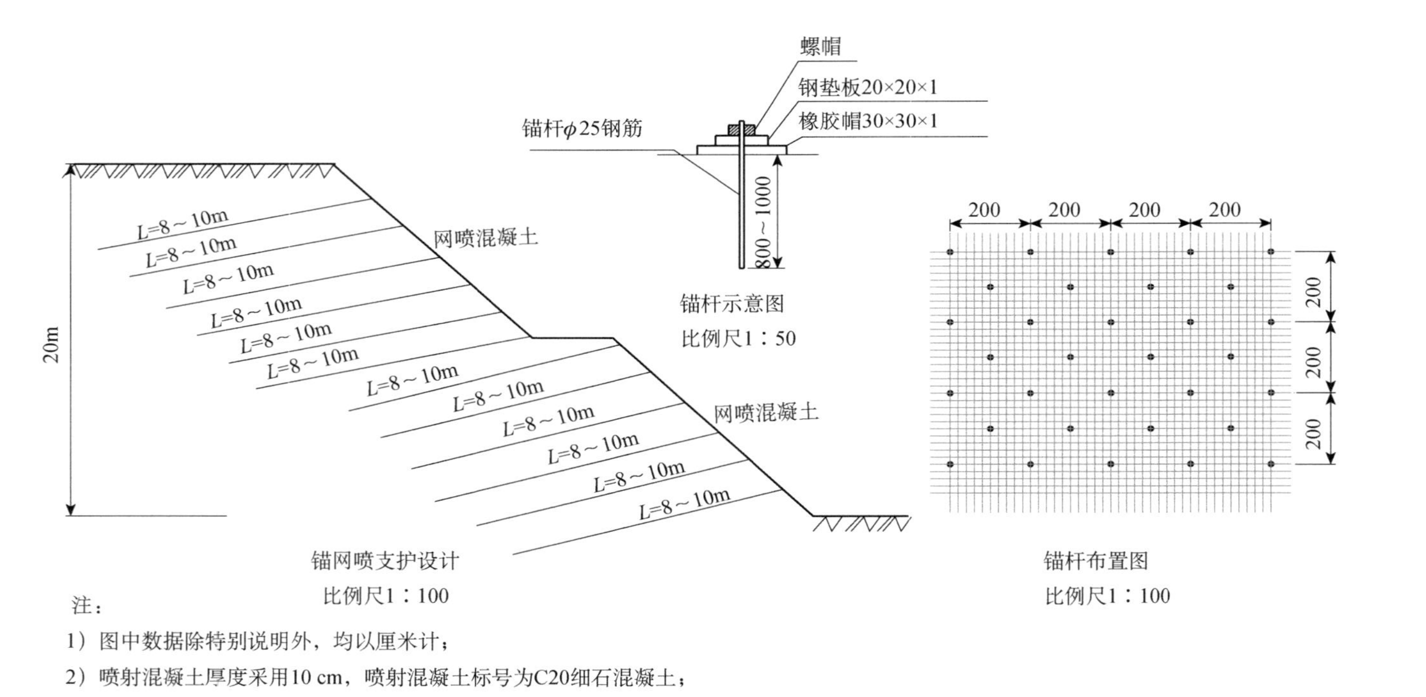

注：

1）图中数据除特别说明外，均以厘米计；

2）喷射混凝土厚度采用10 cm，喷射混凝土标号为C20细石混凝土；

3）系统锚杆采用ϕ25号钢筋，采用HRB335级钢筋，水泥砂浆强度M30；

4）土质边坡砂浆锚杆长度为8～10m，对于岩质边坡锚杆长度可适当减小，取4～6m，施工时可根据实际情况进行修改，以穿过风化岩层为准；

5）实际钻孔取70mm，锚杆间距采用2m×2m，梅花型布置；

6）钢筋网的孔眼尺寸采用20cm×20cm的方孔，钢筋采用ϕ6盘条；

7）喷锚支护体系施工过程为先施工锚杆，再进行坡面钢筋网施工，施工完后喷射混凝土；

8）每20m设置一条伸缩缝，缝宽2cm，伸缩缝采用沥青麻絮堵塞；每4m^{2}设一个直径为5~8cm泄水孔，对于有裂隙水出露处，宜增设泄水孔。

图 7-18　锚喷支护设计方案及细部结构图

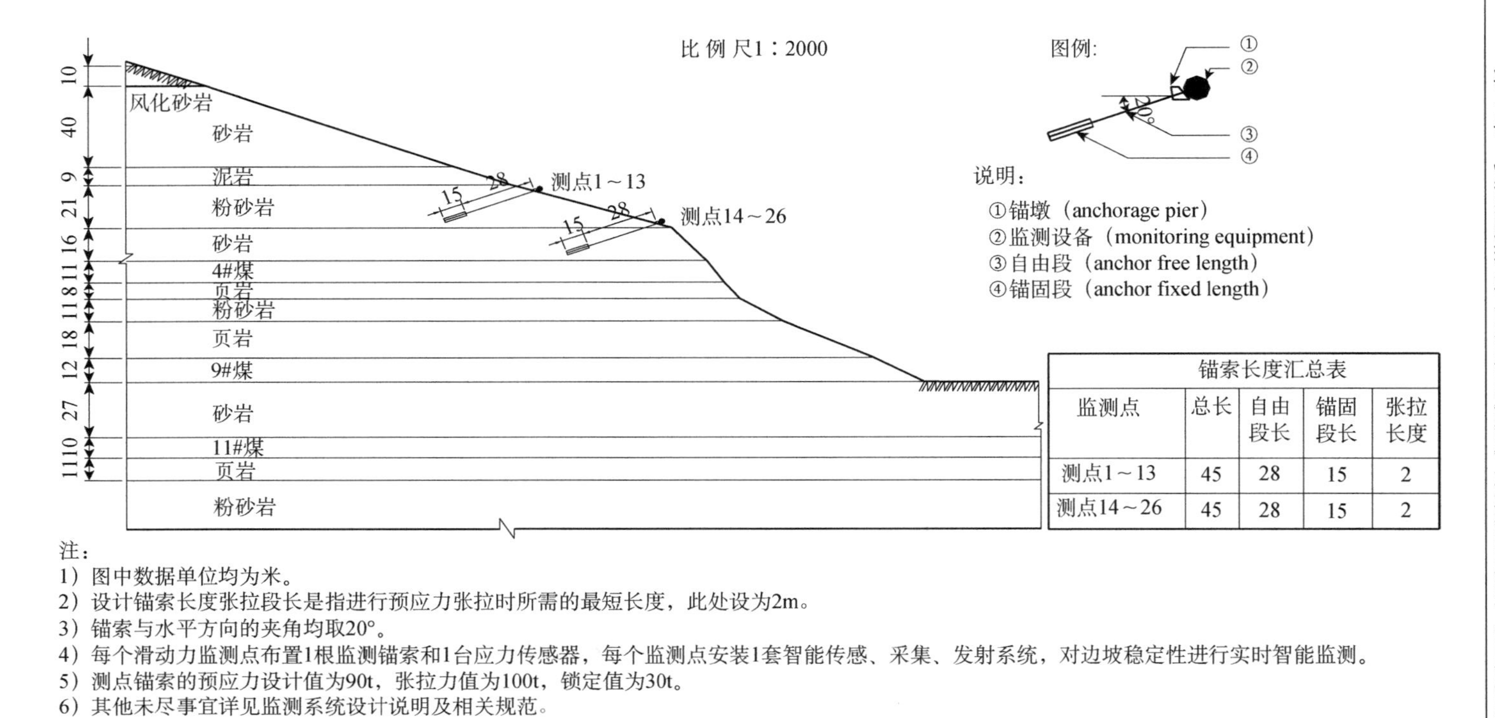

锚索长度汇总表

监测点	总长	自由段长	锚固段长	张拉长度
测点1～13	45	28	15	2
测点14～26	45	28	15	2

注：
1）图中数据单位均为米。
2）设计锚索长度张拉段长是指进行预应力张拉时所需的最短长度，此处设为2m。
3）锚索与水平方向的夹角均取20°。
4）每个滑动力监测点布置1根监测锚索和1台应力传感器，每个监测点安装1套智能传感、采集、发射系统，对边坡稳定性进行实时智能监测。
5）测点锚索的预应力设计值为90t，张拉力值为100t，锁定值为30t。
6）其他未尽事宜详见监测系统设计说明及相关规范。

图 7-19　A、B 区监测点设计图

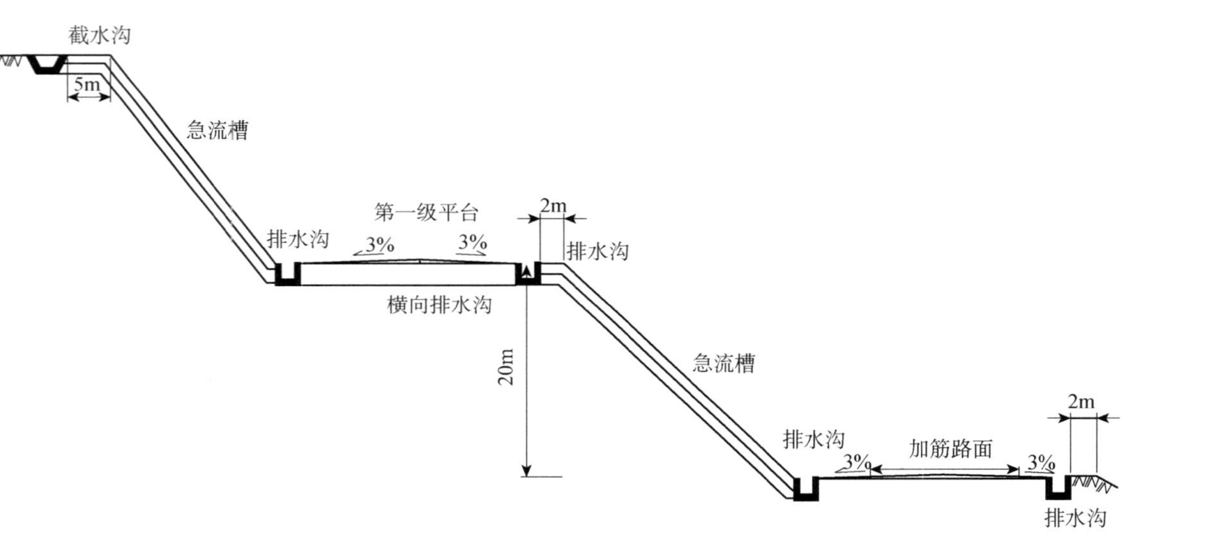

注：

1）在道路上方第一级平台上部边坡顶部修建一条截水沟，汇集滑坡体外雨水；平面上依地形而定，多呈“人”字形展布。沟底坡降设为2%，以方便排水。截水沟迎水面需设置泄水孔。

2）由于平台汇水面积较大，每级平台设两条排水沟。考虑到坡面汇水面积较大，可在边坡中部平台修建1条排水沟。排水沟之间相互连通，最终与已有的排水系统相连接，保证水排到滑坡体以外的区域。沟底坡降设为2%，以方便排水。

3）将平台进行平整，使其中央比两侧高约2%，有利于将平台雨水引流到两侧排水沟中，减少坡面冲刷。同时在边坡平台修建横向排水沟，与吊沟对接，对道路平台排水沟顶面需用混凝土板铺盖，吊沟间距设为100m。

4）为了防止水流的下渗，在滑坡体上也应充分利用自然沟谷，布置成树枝状排水系统，使水流得以汇集旁引。

5）利用吊沟（急流槽）工程汇集截水沟、集水沟、排水沟所收集雨水，并与已有的排水系统相连接；吊沟（急流槽）间距设为100m。

6）吊沟（急流槽）进水口与沟渠泄水口之间做成喇叭口式联结，变宽段应有至少15cm的下凹并做铺砌防护。吊沟出水口处应设置消能设施，可采用混凝土或石块铺筑的消力坪或消力池。

7）排水设施断面数据见相关设计图，施工符合相关规范要求。

图 7-20　边坡排水系统设计断面图

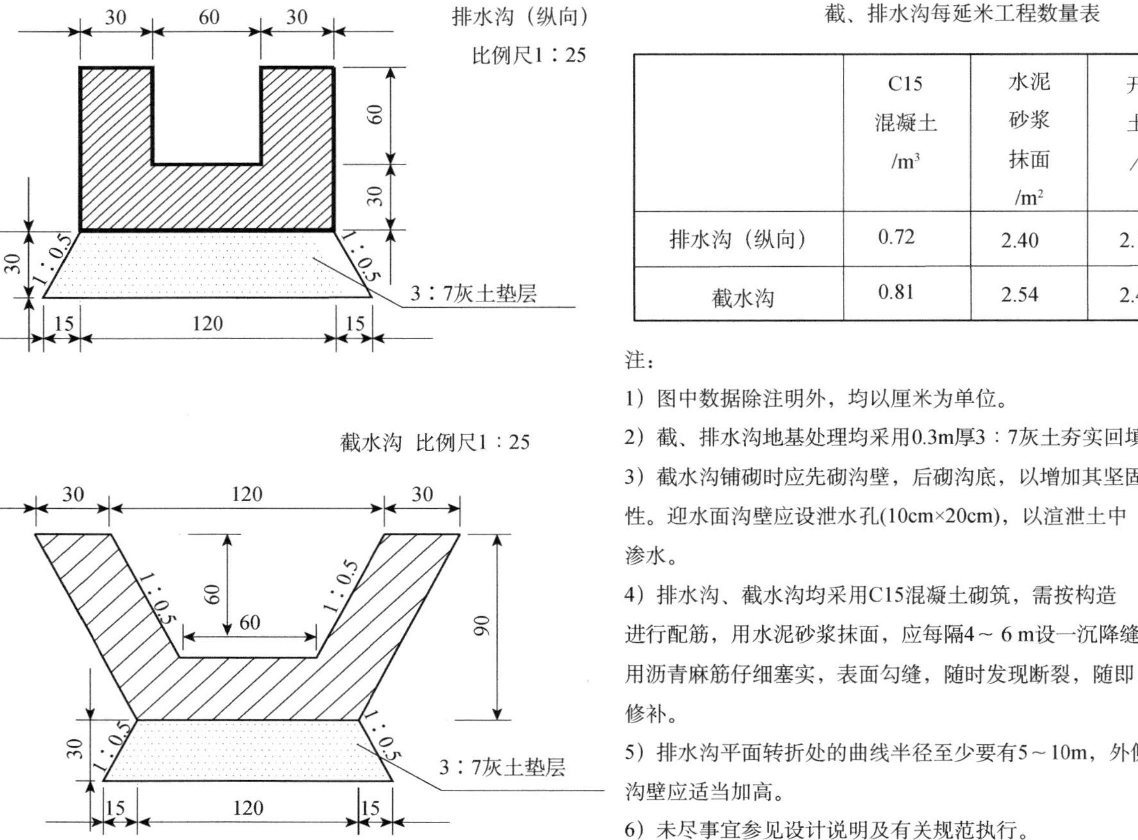

截、排水沟每延米工程数量表

	C15混凝土/m³	水泥砂浆抹面/m²	开挖土方/m³	3:7灰土/m³	坡面整形/m³
排水沟（纵向）	0.72	2.40	2.16	0.41	
截水沟	0.81	2.54	2.40	0.41	

注：

1）图中数据除注明外，均以厘米为单位。

2）截、排水沟地基处理均采用0.3m厚3：7灰土夯实回填。

3）截水沟铺砌时应先砌沟壁，后砌沟底，以增加其坚固性。迎水面沟壁应设泄水孔(10cm×20cm)，以渲泄土中渗水。

4）排水沟、截水沟均采用C15混凝土砌筑，需按构造进行配筋，用水泥砂浆抹面，应每隔4～6 m设一沉降缝，用沥青麻筋仔细塞实，表面勾缝，随时发现断裂，随即修补。

5）排水沟平面转折处的曲线半径至少要有5～10m，外侧沟壁应适当加高。

6）未尽事宜参见设计说明及有关规范执行。

图 7-21　排水沟(纵向)、截水沟设计图

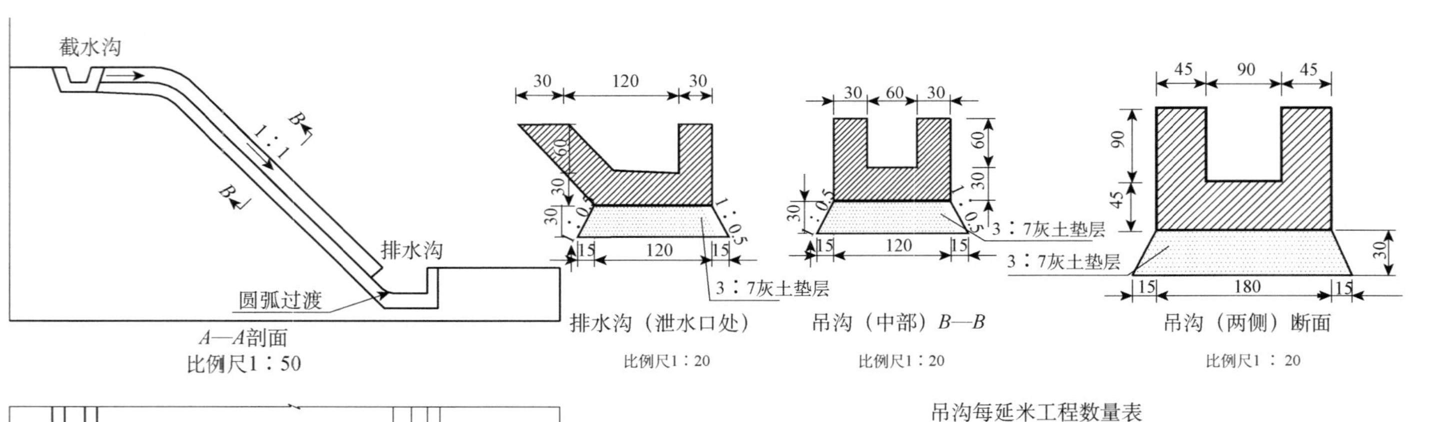

吊沟每延米工程数量表

	C15混凝土/m^3	水泥砂浆抹面/m^2	开挖土方/m^3	3：7灰土/m^3	坡面整形/m^3
吊沟(两侧)	0.72	2.40	2.16	0.41	
吊沟(中部)	1.62	3.60	3.30	0.41	

注：
1）本图数据均以cm计，比例见图。
2）边坡高度5m以内时，采用单级吊沟，边坡高度大于5m时，可采用多级吊沟，平台宽度可取0.5m，吊沟间距设为100m。
3）吊沟底面每隔300cm设置凸榫嵌入基底中，榫底为50cm×50cm。
4）吊沟设置以实际地形为准，数量计入排水工程数量表。
5）排水沟、截水沟均采用C15混凝土砌筑，需按构造进行配筋，并用水泥砂浆抹面，应每隔4～6 m设一沉降缝，用沥青麻筋仔细塞实，表面勾缝，随时发现断裂，随即修补。
6）吊沟地基处理均采用0.3m厚3:7灰土夯实回填。

图 7-22　吊沟设计图

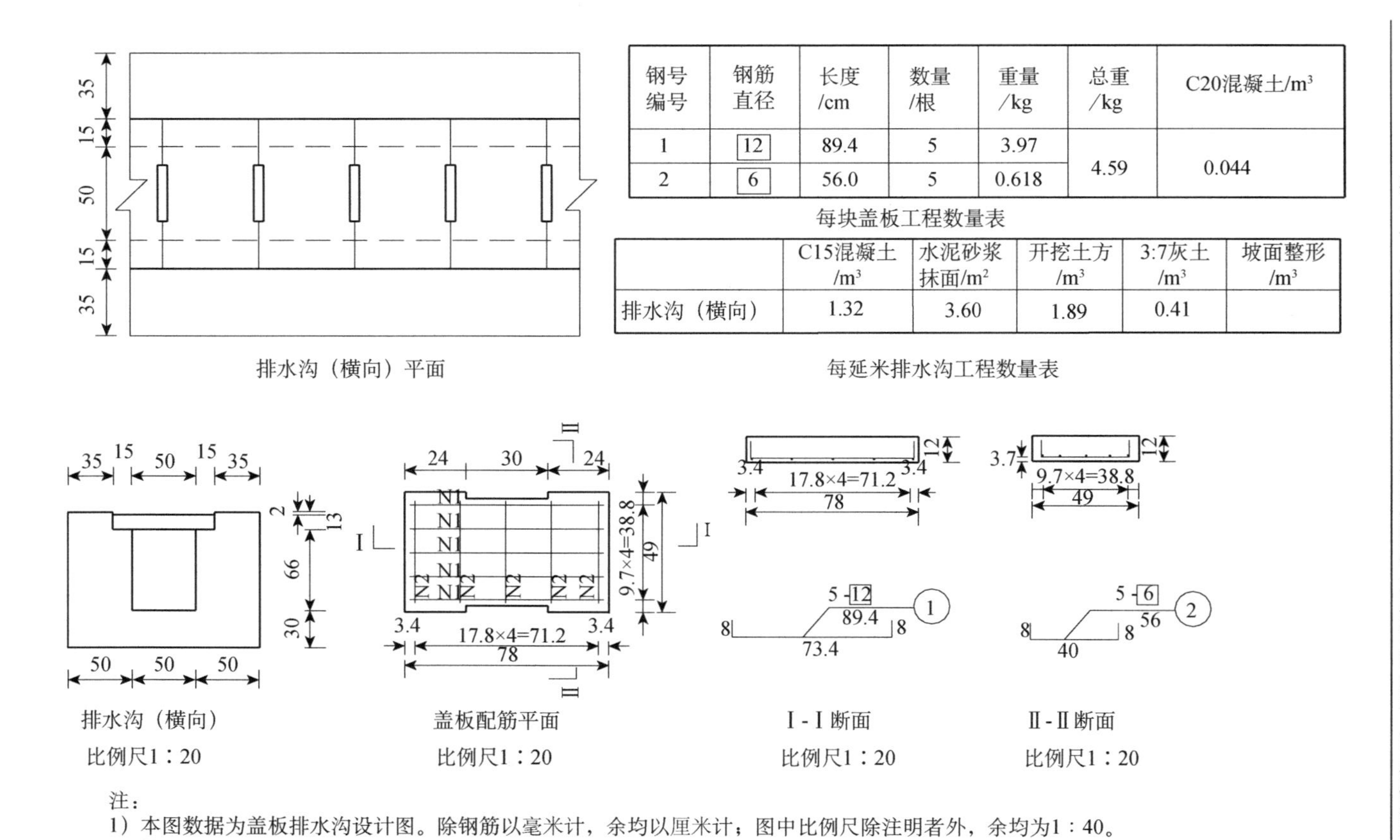

钢号编号	钢筋直径	长度/cm	数量/根	重量/kg	总重/kg	C20混凝土/m³
1	12	89.4	5	3.97	4.59	0.044
2	6	56.0	5	0.618		

每块盖板工程数量表

	C15混凝土/m³	水泥砂浆抹面/m²	开挖土方/m³	3:7灰土/m³	坡面整形/m³
排水沟（横向）	1.32	3.60	1.89	0.41	

每延米排水沟工程数量表

注：
1）本图数据为盖板排水沟设计图。除钢筋以毫米计，余均以厘米计；图中比例尺除注明者外，余均为1：40。
2）排水沟，采用毛石混凝土或素混凝土修建，标号不低于C15。
3）钢筋采用HPB235级钢筋。
4）地基处理均采用0.3m厚3：7灰土夯实回填。

图 7-23　排水沟(横向)设计图

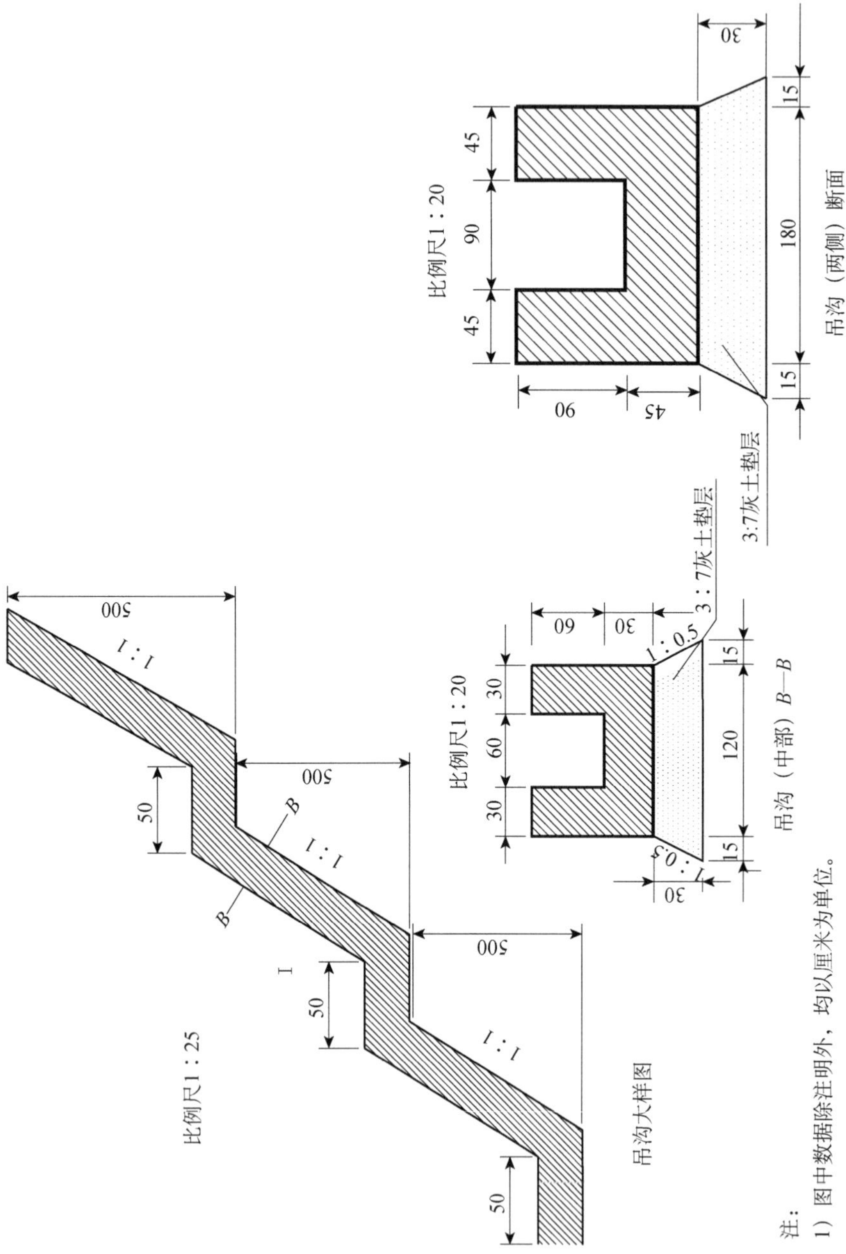

注：
1）图中数据除注明外，均以厘米为单位。
2）吊沟地基处理均采用0.3m厚3：7灰土夯实回填。
3）未尽事宜参见设计说明及有关规范执行。

图 7-24　多级吊沟设计图

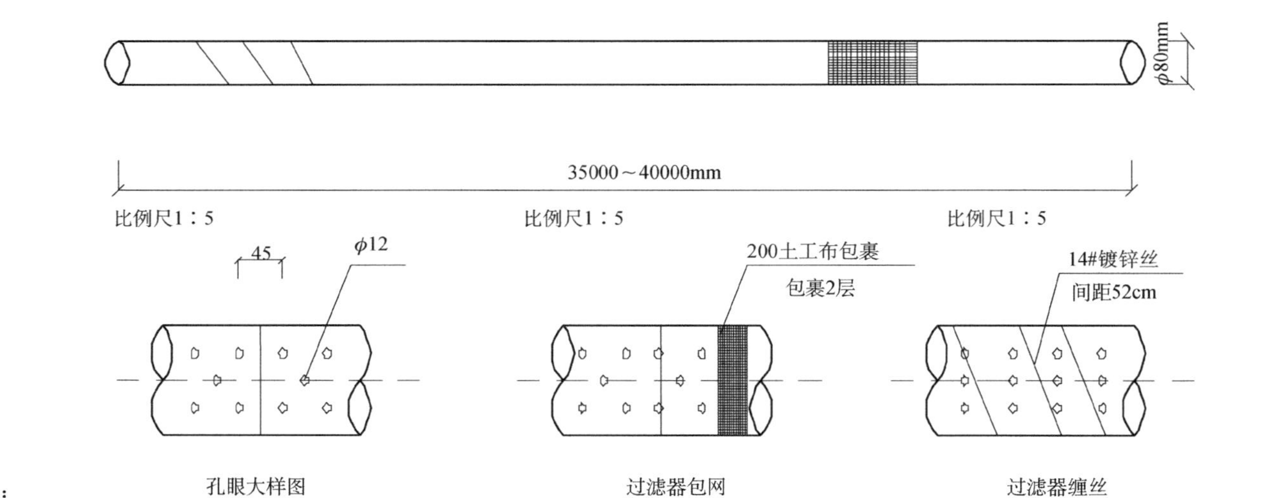

注：

排水孔施工技术要求如下：

1）排水孔实际钻孔位置允许偏差≤10cm，实际孔位和孔口标高应测量记录。

2）施工过程中，要求采取一定措施确保钻机定位定向准确，满足设计要求。

3）排水孔施工完毕后，在钻孔位置用醒目标记标明排水孔孔位和孔号。

4）钻孔必须顺直，孔斜偏差≤2%孔深。钻孔孔深需达到排水孔孔底设计标高，偏差≤8cm。

5）排水孔钻进过程中，如果遇到岩层和岩性变化，发生夹钻、坍孔、钻速变化、失水、回水变色等异常情况，应当详细记录，并及时通知设计人员。

6）排水孔在施工过程中遇到堵塞，应当按照监理人员指示重新钻孔。

7）排水孔排出的水，应当采取措施集中排泄。

8）钻孔结束后，应当敞开孔口进行钻孔冲洗，直到孔口流出清水，再延续冲洗钻孔15min，确保孔底残留岩粉厚度≤15cm。

9）钻孔冲洗时如果较长时间冲洗不干净，回水中含有岩屑、岩块或回水浑浊，应当采取措施将沉积在钻孔底部的混浊物打捞干净，并通知监理、设计单位研究处理措施。

10）钻孔冲洗完毕后，凡是有涌水的排水孔必须进行涌水量和涌水压力观测，单孔涌水量大于0.6L/min的排水孔，采取自上而下分段阻塞方法找出涌水出水点的位置，并做好详细记录。

图 7-25　仰斜疏干孔结构图

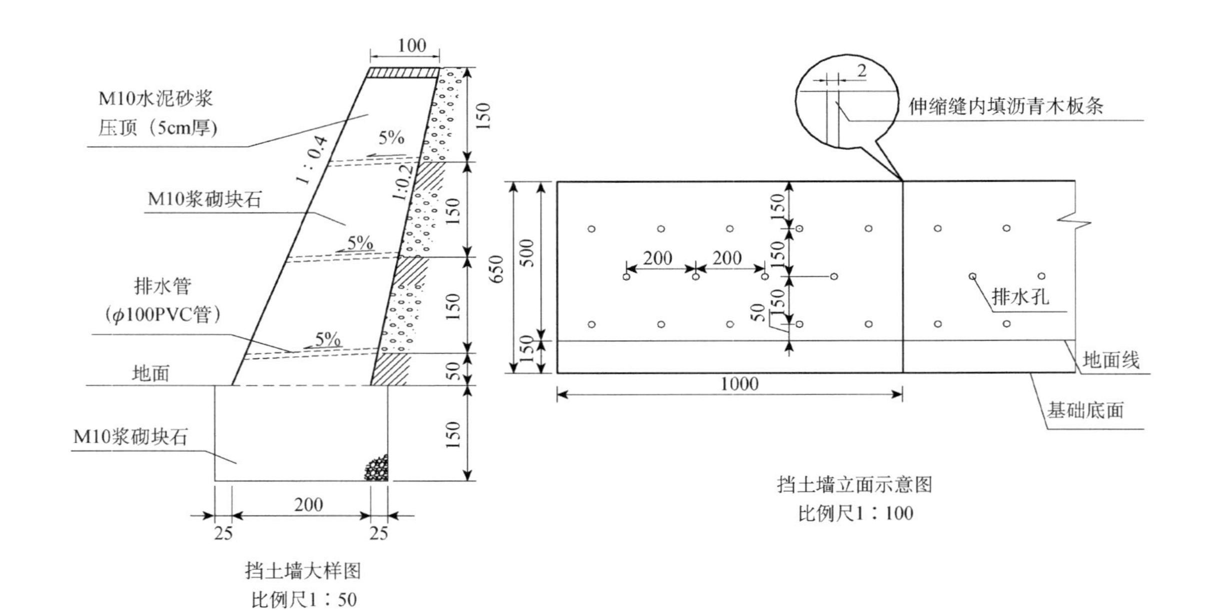

注：

1）图中数据除注明外，均以厘米为单位。

2）挡土墙基础埋入设计地坪面以不小于1m，施工时基础开挖至1.3m，用3:7灰土夯实回填0.3m后，压实系数大于等于0.95。

3）挡土墙采用M10浆砌块石砌筑，块石极限抗压强度R不得低于30MPa，采用挤浆法砌筑，砂浆饱满，表面勾凸缝。

4）挡土墙基槽应分段跳槽开挖，每段长10m，挖成一段，砌筑一段，以保证施工安全，避免造成边坡失稳。

5）沿挡土墙长每隔10m设置伸缩缝，缝宽2cm，缝内沿墙的内、外、顶三边填塞沥青木板条，塞入深度0.2m。

6）墙体预留泄水孔，内置ϕC100PVC管，进水口用反滤土工布包裹，呈梅花型布置，最下一排泄水孔高出地面或平台0.5m。泄水孔以下填筑宽50cm的黏土（压实），墙被填筑厚30cm，直径2～5mm的砾石反滤层，砾料必须纯洁。

7）未尽事宜参见设计说明及有关规范执行。

图 7-26　挡土墙设计图

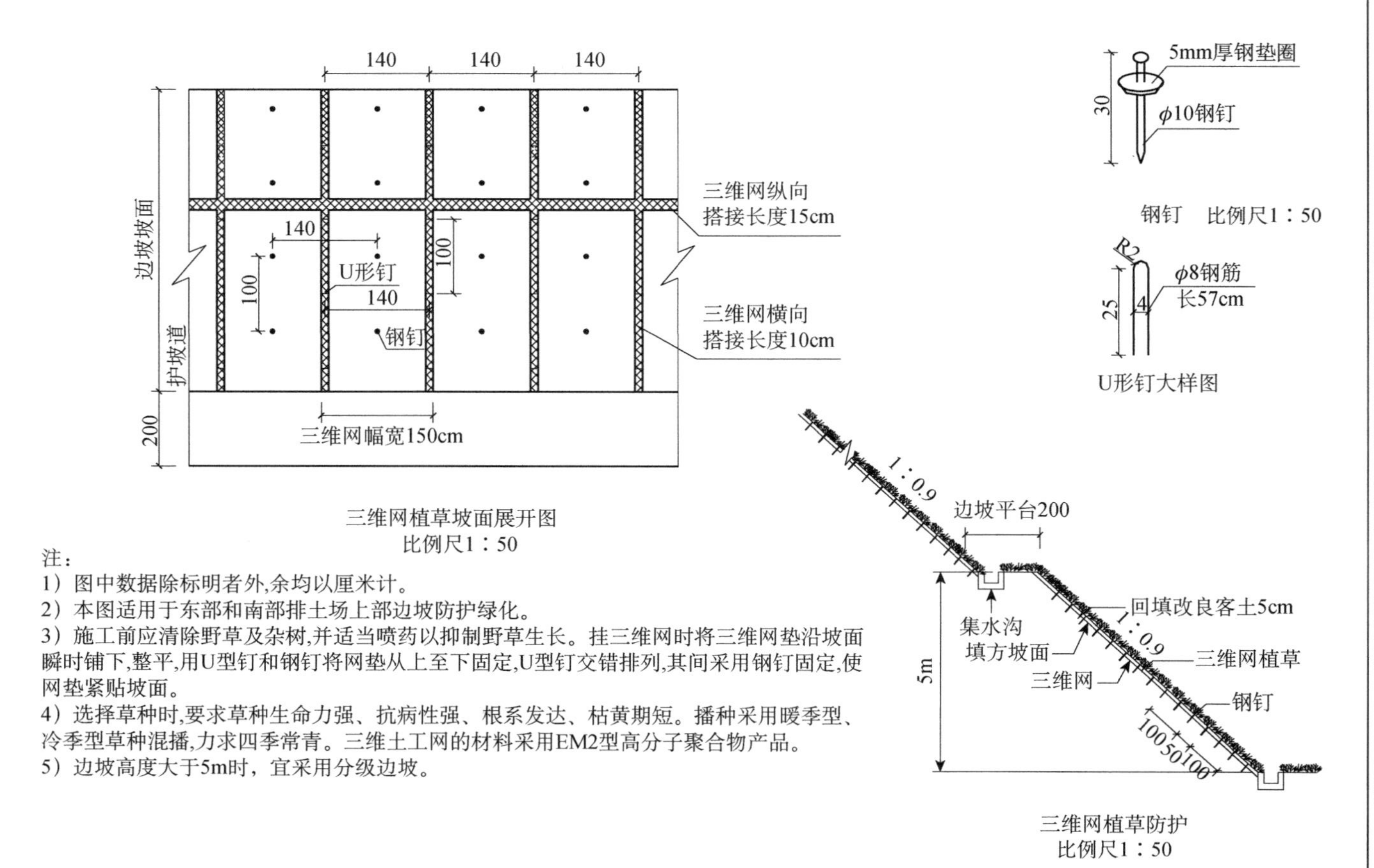

注：
1）图中数据除标明者外,余均以厘米计。
2）本图适用于东部和南部排土场上部边坡防护绿化。
3）施工前应清除野草及杂树,并适当喷药以抑制野草生长。挂三维网时将三维网垫沿坡面瞬时铺下,整平,用U型钉和钢钉将网垫从上至下固定,U型钉交错排列,其间采用钢钉固定,使网垫紧贴坡面。
4）选择草种时,要求草种生命力强、抗病性强、根系发达、枯黄期短。播种采用暖季型、冷季型草种混播,力求四季常青。三维土工网的材料采用EM2型高分子聚合物产品。
5）边坡高度大于5m时，宜采用分级边坡。

图 7-27 三维植草护坡设计图

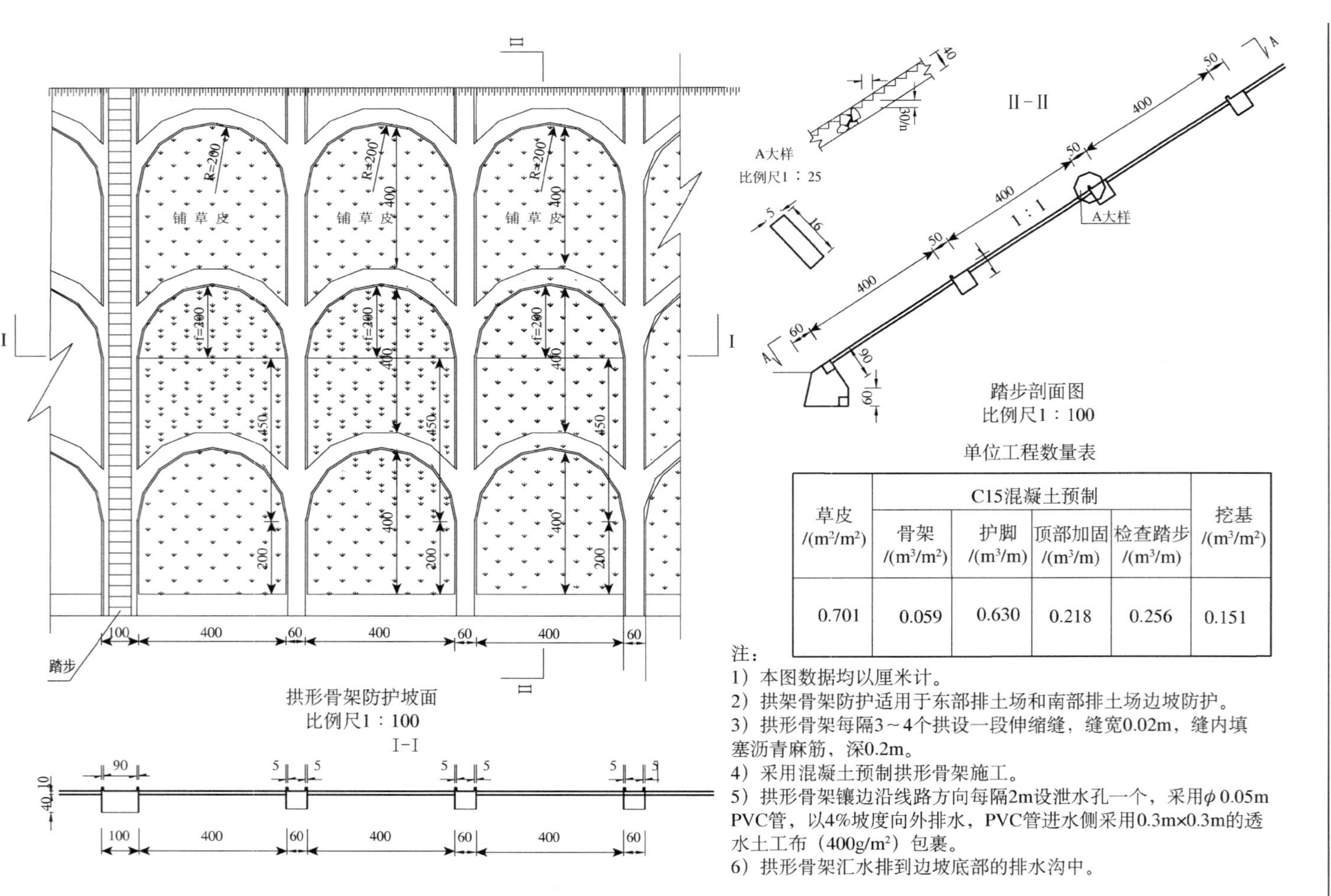

单位工程数量表

草皮 /(m²/m²)	C15混凝土预制				挖基 /(m³/m²)
	骨架 /(m³/m²)	护脚 /(m³/m)	顶部加固 /(m³/m)	检查踏步 /(m³/m)	
0.701	0.059	0.630	0.218	0.256	0.151

注：

1）本图数据均以厘米计。

2）拱架骨架防护适用于东部排土场和南部排土场边坡防护。

3）拱形骨架每隔3～4个拱设一段伸缩缝，缝宽0.02m，缝内填塞沥青麻筋，深0.2m。

4）采用混凝土预制拱形骨架施工。

5）拱形骨架镶边沿线路方向每隔2m设泄水孔一个，采用ϕ 0.05m PVC管，以4%坡度向外排水，PVC管进水侧采用0.3m×0.3m的透水土工布（400g/m²）包裹。

6）拱形骨架汇水排到边坡底部的排水沟中。

图 7-28　拱形骨架护坡设计图

7.3　井东煤业滑坡灾害综合防治工程实施

7.3.1　回填裂缝、夯实平台

在多降暴雨的地方，下暴雨时张裂隙中的水位上升很快，开口的张裂隙是很危险。因此，张裂隙充水后所产生的水压，很可能导致边坡破坏。

发现山坡有坑洼、塌陷、裂缝时，应立即进行处理。要夯实整平坡面，减少坑洼，夯填裂缝，防止积水，尽量减少地表水渗入量。

对于该类张裂隙，除了将地表水引开使其不流入坡体外，还要用柔性物料(黏土)将裂隙堵塞密封。当裂隙比较宽大时，底部先采用砾石或废石充填，顶部再堵塞黏土密封。如果裂缝比较深时，可以先挖深1m，每侧宽0.5m，采用有适当含水量的黏性土分层夯实。填入砾石或废石透水材料能使地下水自由通过，以便地下水流入也能自由排出，不会造成较大的孔隙水压。在填塞山坡裂缝切忌采用砂或透水性强的土壤。

夯实裂缝时，顶部要夯成鱼背形，可以防止地表水在已夯实的裂缝处滞留而渗透下去。夯实裂缝后要不断地进行观测，尤其是雨后几天内及每年的雨季前后都要作细致的检查，有裂缝出现要立即夯实。

滑坡体内外的坑洼处，都为地表水带来很好的渗透条件。因此，在滑坡区应该采取削高补低，填平坑洼，排除积水。

7.3.2　坡顶削坡、坡脚堆载

由于边坡上建有排水系统，若不能保证边坡的稳定性，排水设施亦会随边坡的不断移动而发生破坏。所以，边坡加固须进行适当的削坡，将已扰动土清理干净，提高边坡的稳定性。

对边坡中上部已发生滑动的土体按1∶1的坡比削成两级边坡，须保证将已滑移的扰动土清理干净。边坡中部预留卸载平台2～4m。削坡后对其表面进行密实处理，平台需夯实；清除边坡下部表面松散土体，进行密实处理后，将上部削坡所得碎石土堆载在边坡下部，堆载坡比为1∶1。堆载时需分层夯实，对边坡表面进行密实处理。

在对滑坡体作减重处理时，必须切实注意施工方法，尽量做到先上后下，先高后低，均匀减重，以防挖土不均匀造成滑坡的分解和恶化。对于减重后的坡面要进行平整，及时做好排水和防渗。在滑坡前部的抗滑地段，采用坡脚堆载的措施，可以产生稳定滑坡的作用，当条件许可时，应尽可能地将坡顶减重土石堆于坡脚抗滑地段。为了加强堆土的反压作用，可以将堆土修成抗滑土堤，堆土时要分层夯实，外露坡面应种植草木，土堤内侧应修渗沟，土堤和老土之间应修隔渗层。

7.3.3 建立完善的地表排水系统

在滑坡体区域修筑截水沟、排水沟组成的树杈状、网状排水系统。这些设施的修筑基本上是在滑坡体坡面外或坡面内进行的。由于其尺度一般较小，且土石方开挖量较小，其施工较为简单。施工时关键要细致，各个施工程序及时到位。排水系统施工应符合《滑坡防治工程设计与施工技术规范》(DZ/T 0219—2006)等的要求。

1. 截水沟的施工要求

截水沟常用的横断面形式有梯形、矩形和三角形等几种，工程中用得最多的是梯形和矩形截水沟。截水沟一般设在滑坡体外适当的地方，用以拦截上方来水，防止滑坡体外的水流入滑坡体内。截水沟施工时应注意：

(1) 当山坡覆盖土层较薄，又不稳定时，截水沟的沟底应设置在基岩上，以拦截覆盖土层与基岩面间的地下水，同时保证截水沟自身的稳定和安全。

(2) 在截水沟沟壁最低边缘开挖深度不能满足断面设计要求时，可在沟壁较低一侧培筑土埂。土埂顶宽1～2m，背水面坡度采用1∶1～1∶1.5，迎水面坡度则按设计水流流速、漫水高度确定。例如，土埂基底横向坡度陡于1∶5时，应沿地面挖成台阶，台阶宽度应符合设计要求，一般不小于1m。

(3) 截水沟的出口处应与其他排水设施平顺衔接，同时要注意防渗处理，必要时可设跌水或急流槽，避免排水在山坡上任意自流，造成坡脚稳定土体的冲刷，影响滑坡体的稳定性。

(4) 截水沟应结合地形地质合理布置，要求线形顺直舒畅，在转弯处应以平滑曲线连接，尽量与大多数地面水流方向垂直，以提高截水效果和缩短截水沟长度。若因地形限制，截水沟须绕行，工程艰巨，附近又无出水口，可分段考虑，中部以急流槽衔接。

(5) 截水沟应与侧沟、排水沟、桥涵勾通，达到沟涵相连，以便有效、全面地控制地表水，使之迅速流出滑坡范围。

(6) 截水沟布置应避免距滑坡裂缝太近，导致开裂破坏。必须经过裂缝区时可用临时性的折叠式木槽沟或混凝土板和砂胶沥青柔性混凝土预制块板水沟。它容许有一定的伸缩，可防止山坡变形拉断截水沟。它既能防冲、防渗，且经久耐用，又便于施工和养护。

(7) 采用混凝土修筑截水沟时，每隔4～6m应设沉降缝，缝内用沥青麻筋仔细塞实，表面勾缝，随裂随补。当滑坡地段上覆土层中水量丰盈时，则截水沟上侧应增设泄水孔，泄水孔背后设反滤层，必要时还应在水沟底设石碴或卵石垫层。

(8)在砂黏土、黏砂土或黄土质砂黏土的路堑边坡上，当流速不大于 2.5m/s 时，可采用 1∶3 石灰砂浆抹面，厚度为 3～5cm，表层再用 1∶3 水泥砂浆抹面，厚度 3cm，或用 1∶1∶5(石灰∶黏土∶炉渣)三合土，或用 1∶3∶6∶9(水泥∶石灰∶河沙∶炉渣)四合土捶面做防渗层。在岩层破碎、节理发育的坡面上修建截水沟，为减少造价，可以在沟壁、沟底采用 1∶3 水泥砂浆抹面或采用 1∶3∶6 (石灰∶黏土∶炉渣)三和 1∶3∶6∶9 (水泥∶石灰∶河沙∶炉渣)三配合比的三合土、四合土捶面，勾缝等方法处理，以减少雨水沿岩层裂隙渗透。

(9)施工工程中要注意施工质量，沟底、沟壁要求平整密实，不滞水，不渗水，必要时要予以加固，防止渗漏和冲刷。

2. 排水沟的施工要求

排水沟的作用主要在于引排截水沟的汇水和滑坡体附近及其滑坡体内低洼处积水或出露泉水等水流。排水沟平面线形应力力求简捷，尽量采用直线，必须转弯时，可做成圆弧形，其半径不宜小于 10m。

在滑坡体内修筑排水沟时，应有防止渗水的措施，如采用混凝土板或沥青板铺砌，沙胶沥青堵塞砌缝等，避免沟内排水渗入滑坡体内。

利用地表凹形部位设置排水沟时，每隔 20～30m 应设置一个连接箍，特别是在地基松软的情况下，有时还要用桩来固定。对于土质松软的坡面，可就地夯成沟形，上铺黏性土或石灰三合土加固。通过裂缝处，可采用搭叠式木质水槽、混凝土槽或钢筋混凝土槽，以防山坡变形拉断水沟，使坡面水集中下渗。

排水沟的末端应设置端墙，并将水排到滑坡体以外的渠河或河道等处。

排水沟的施工要求与截水沟的施工要求相似，其施工质量应符合相关工程质量检验评定标准。

A、B 区边坡排水系统总体设计图如图 7-29 所示。

7.3.4　建立边坡远程智能稳定性监测系统

通过建立边坡远程智能稳定性监测系统对整个西部及蠕滑边坡进行全方位远程实时动态监测，可以实现对边坡表面及内部发展过程的有效监控，并得到边坡的应力和位移变化全程实时动态监测数据，通过对监测数据的分析，可以有效地总结研究边坡的变形和破坏机制，并为滑坡的防治和治理提供依据，从而达到减少人员伤亡和财产损失、保证矿区安全生产的目的。

应力及位移监测点布置见图 6-7，监测系统实施过程见第 6 章。

图 7-29　A、B 区边坡排水系统总图

第8章　安太堡露天矿高陡边坡综合治理措施应用效果分析

第3章对安太堡露天矿周边高陡边坡存在的安全隐患及稳定性的影响因素进行了详细分析。在此基础上针对各个区域的隐患情况进行分区研究，因地制宜地进行防治设计，并进行具体实施。以往在恶劣天气条件下出现的暴雨冲刷各级平台时出现的处处有冲沟、平台外缘出现大幅度下错，以及局部滑塌、泥石流等现象得到了明显改善。

本章着重对安太堡露天矿周边高陡边坡综合治理措施的应用状况及治理效果进行分析，主要工作内容有以下几点：

(1) 简要概述安太堡露天矿高陡边坡综合治理实施情况。

(2) 第7章对安太堡露天矿周边边坡进行了区域划分，并提出了各分区治理方案，应用Slide软件对西北帮边坡排水、削坡等治理措施实施前后边坡的稳定性进行分析，说明治理措施的应用效果。

(3) 远程应力智能监测自实施以来获得了大量的应力数据信息，对各监测点边坡内部应力数据进行统计分析，研究监测区域应力值的变化情况，并基于应力监测预警模式对各监测区域的稳定状况进行确定。

(4) 基于安太堡露天矿西北帮边坡的位移监测结果，绘制代表性区域的位移–时间曲线，掌握各监测点的位移发展趋势，并结合应力数据对西北帮陡帮边坡进行应力–位移综合分析。

8.1　安太堡露天矿高陡边坡灾害防治措施的实施情况

8.1.1　平台裂缝治理

开挖回填是处理裂缝比较彻底的方法，适用于处理深度较浅的裂缝。安太堡露天矿西北帮多级平台边坡普遍存在边缘张拉裂缝，并且呈现不断发展的趋势，局部区域裂隙两侧出现了近0.5m的下错，表现出明显的滑坡迹象，在降雨天气时这些裂缝的存在为降雨入渗提供了极大的便利条件，加快了滑坡发展。

针对A、B区域即安太堡西北帮边坡平台张拉裂缝情况，井东煤业公司根据滑坡灾害防治措施进行了治理，多级平台边坡进行裂缝开挖回填(图 8-1)，阻断了大气降水直接入渗坡体内部的路径，减小雨水在降雨过程中对坡体造成的静水压力、超孔隙水压力等不利影响。并对平台进行夯实处理，增加平台的密实度，原本松散垮落的平台外缘整体性能得到加强，提高了稳定性。

(a) 平台修正前

(b) 平台修正后

图 8-1　边坡平台裂缝治理

8.1.2　排水系统建立

水是诱发滑坡的重要因素之一。大气降水在边坡积水区的汇集是地下水补给的一个重要来源。地下水位的升高会直接造成静水压力的激增，内部水力梯度加大，渗流力增强。边坡内部的软弱面多由易遇水软化的胶结物充填，在水的软化作用下，抗剪能力大大降低。另外在高边坡中，大量坡面径流的冲刷作用也对边坡造成了很大的危害，易发生边坡失稳。因而进行边坡排水具有重要意义。

第 7 章做了详尽的排水设计方案，庞大的露天边坡排水系统覆盖整个西、北边坡。整个排水网络正在加紧实施建设，排水功能正在逐步实现。以往降雨后边坡平台出现大面积积水的现象(图 8-2)消失了。截水沟将地表水汇集，然后疏导出边坡区域(图 8-3)，保证边坡排水顺畅，大大降低了降水对边坡的危害。

8.1.3　边坡表面锚喷防护

地层岩性是边坡稳定性的重要内在影响因素之一，安太堡露天矿西北帮边坡下部岩石存在泥岩等软弱岩层，泥岩构成的坡体风化速度快，暴露的岩体受风化作用强烈。表层岩体支离破碎，大气降雨及工程排水等容易通过表层风化层进入边坡内部节理，渗水会沿着内部节理向深处扩散，造成岩体的软化。上部区域的土质边坡为矿山开采排土或者为黄土层，松散的坡体受雨水冲刷作用强烈。边坡表面的锚喷支护可以有效减少雨水的冲刷，提高其整体稳定性。

图 8-2　降雨后平台积水

图 8-3　建设完成的纵向排水系统一部分

锚喷支护构成了矿联井广场周边边坡的一层防护膜，使大气降水和坡体径流无法进入边坡，最终汇集到地表及内部排水系统之中，疏导出边坡区域，阻止了降雨入渗对边坡的危害。从而使边坡受暴雨等恶劣天气的影响将大大降低。图 8-4 为西北角边坡上部土质边坡锚喷支护。

图 8-4　土质边坡的锚喷支护

8.1.4　远程智能应力监测

滑坡监测是边坡防治的一项重要内容，国内外对滑坡预报成功的例子也有很多，对滑坡的成功预报挽救了无数生命，避免了经济损失。为了及时掌握边坡的变形动态和加固效果，了解锚索在边坡发生变形后的受力情况，高陡边坡必须建立一整套的监测系统，一旦有边坡滑动的前兆，可以及时采取相关措施，避免造成重大的人身伤害和财产损失。

安太堡露天矿边坡采取的滑坡监测措施为位移-应力综合监测。前期安太堡西北帮上部土质已经布设了大量的地表位移监测点。针对矿区高陡边坡出现的安全隐患和未来正常生产运转面临的几大难题，必须对关键部位进行更为有效的滑坡监测。由于边坡发生失稳时其应力变化要先于应变的发生，因此应力监测在滑坡监测方面有其独特的优点。本项目采用的远程应力智能监测已经在全国多个露天矿、公路边坡的安全监测中应用，并成功预报滑坡多次。

2010 年 11 月，安太堡露天矿西北帮周边陡帮边坡的应力监测系统构建完毕(图 8-5)，西、北边坡 30 个远程应力智能监测点全天候监测着区域的边坡内部应力状况。目前运行状况良好，监测区域边坡内部应力变化平稳。图 8-6 为远程应力监测点Ⅲ-2，从 2010 年 9 月开始到 2012 年 3 月所监测到的内部应力变化。自监测开始监测锚索的拉力一直处于 20t 左右没有太大的变动，这表明Ⅲ-2 监测点边坡内部应力没有出现异常变化。从监测曲线分析得出：Ⅲ-2 监测点内部滑动力一直处于比较平稳的状态，此区域边坡目前稳定，不会出现滑坡的危险。

图 8-5　应力监测点 Ⅲ-2

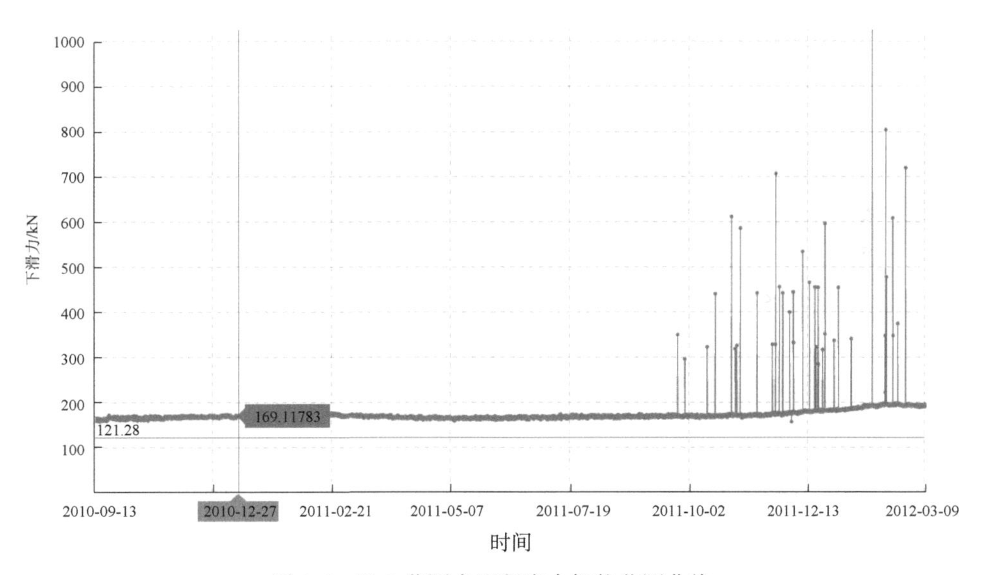

图 8-6　Ⅲ-2 监测点远程应力智能监测曲线

8.2　滑坡治理应用效果评价

8.1 节依照设计方案对边坡不同区域的安全隐患进行了治理，借助国内外通用的 Slide 软件对治理后的边坡进行强度稳定性分析，并通过边坡稳定性计算结果进行对比分析，检验边坡综合治理效果。对边坡强度稳定性分析时，采用路径搜索方法，随机搜索滑动面次数为 3000 次，滑体条分块数为 50 次。

8.2.1　排水治理后的稳定性

边坡在未进行排水治理之前，一部分降雨会汇聚在各级平台洼地形成积水，慢慢渗入边坡内部；另一部分则直接通过坡表裂隙进入坡体。在这种情况下计算时要考虑最不利情况，设定边坡最不利地下水位线，在渗流或饱水条件下应用 Slide 软件，边坡强度稳定性计算结果如图 8-7 所示。通过修建排水沟、截水沟、吊沟等排水设施，可以有效减少雨水的大量入渗，实现边坡排水，从而改善坡体稳定状况。边坡在排水条件下(不设水位线)计算所得的最危险滑动面和可能滑动区域如图 8-8、图 8-9 所示，最小安全系数为 1.010。

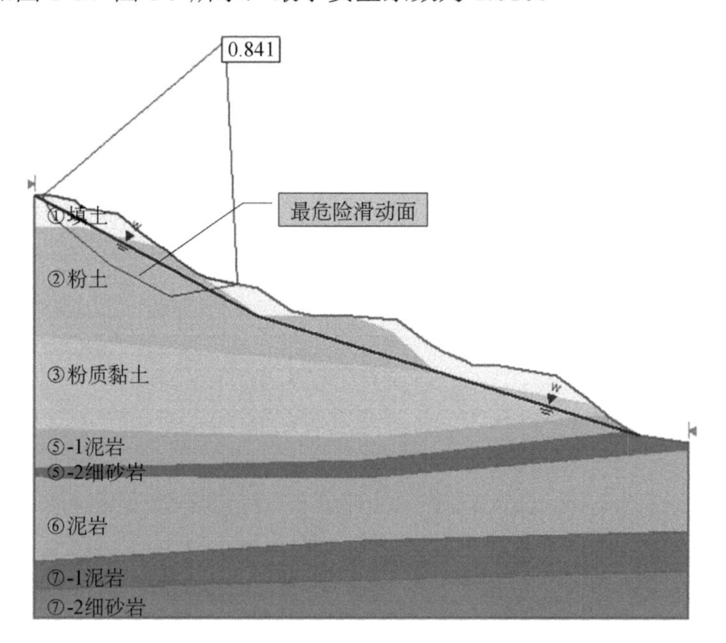

图 8-7　边坡在饱水条件下最危险滑动面

通过对边坡排水治理前后边坡稳定性分析结果对比，主要结论如下：

(1) 由计算结果可知，边坡在排水条件下，计算的稳定系数大于 1，说明采取排水措施后，边坡稳定性明显提高。

(2) 由图 8-8 可知，边坡在排水条件下最危险的滑动面仍然位于边坡上部，但滑动区域 A 相比降雨条件下(图 8-7) 明显减小，滑动面也随之减小，说明排水设施效果显著；由图 8-9 可知，通过分析稳定系数小于 1 的危险滑动面，可以得出边坡的可能滑动区域 A 和 B，该两个区域发生滑坡的可能性较大。

(3)进行排水治理之后虽然边坡稳定性有所提高，但边坡强度储备明显不足，且不满足规范要求。《岩土工程勘察规范(2009 年版)》(GB 50021—2001)规定，对于重要工程边坡稳定系数的取值为 1.30～1.50。故边坡除采取排水措施外，还应该进行削坡、预应力锚索或分段抗滑桩加固和动态应力及位移监测等综合治理措施。

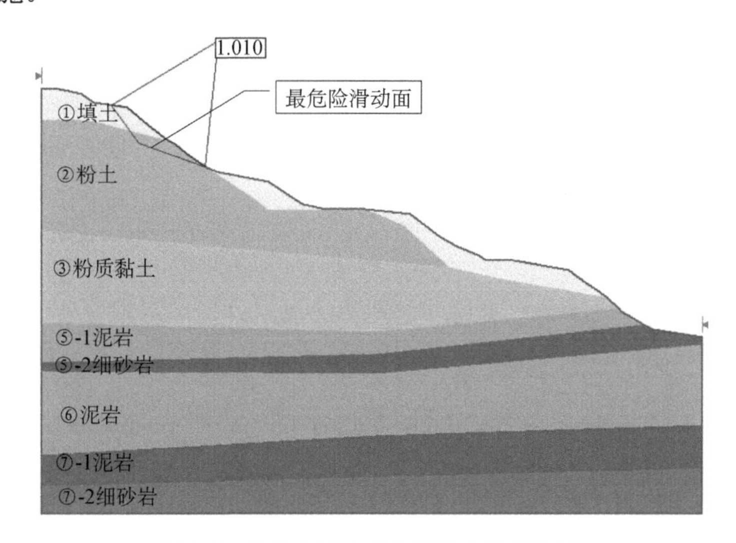

图 8-8　边坡在排水条件下最危险滑动面

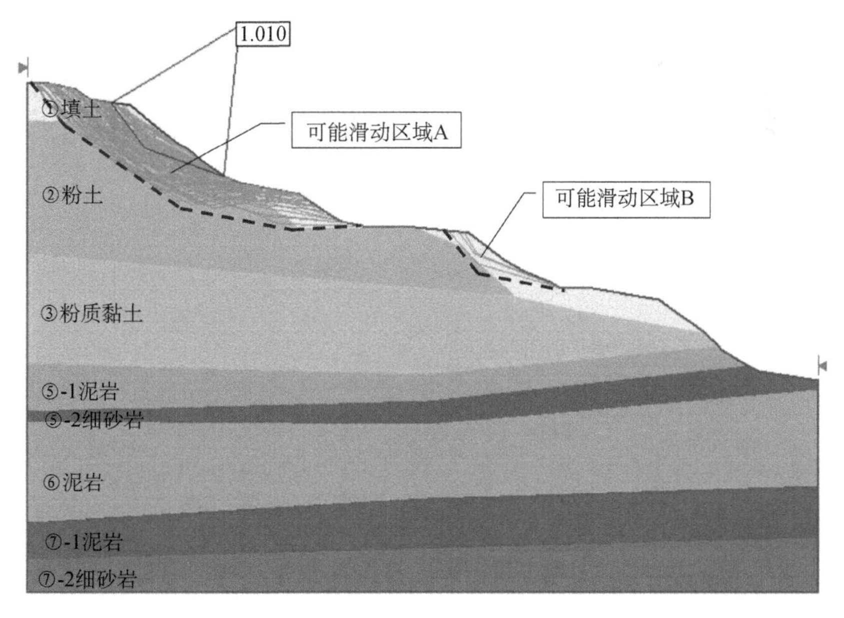

图 8-9　排水条件下稳定系数小于 1 的危险滑动面及可能滑动区域图

8.2.2 削坡治理后的稳定性

对于已发生边坡滑动的区域，若只采取回填裂缝、夯实平台的做法并不能从根本上保证边坡的稳定性。因为滑坡一旦发生滑动，说明其内部已经产生滑动面，只是并未与底部贯通，边坡在上部滑体推力的作用下仍将会沿该滑面继续滑动，最终导致滑坡的发生。同时，由于边坡上建有排水系统，若不能保证边坡的稳定性，排水设施亦会随边坡的不断移动而发生破坏。所以，边坡须进行削坡，以此提高边坡的稳定性。

削坡设计方案如下：

(1) 对边坡土体按 1∶1 的坡比进行削坡，必须保证将已滑移的扰动土清理干净。边坡中部预留卸载平台 2～4m。削坡后对其表面进行密实处理，平台需夯实。

(2) 另外，可以清除边坡下部表面松散土体，进行密实处理后，将上部削下来的碎石土堆载在边坡下部，堆载坡比为 1∶1。堆载时需分层夯实，对边坡表面进行密实处理。

(3) 在边坡削坡条件下按照两种情况分别进行强度稳定性分析：①对边坡上部 A 区采取削坡措施，削坡面积为 102.24m^2，边坡削坡模型如图 8-10 所示；②对边坡上部 A 区和边坡中部 B 区同时采取削坡措施，削坡面积为 200.56m^2，削坡模型如图 8-11 所示。

对 A 区边坡削坡后的稳定性分析结果如图 8-12 所示，A 区、B 区同时削坡后稳定性分析结果如图 8-13 所示。

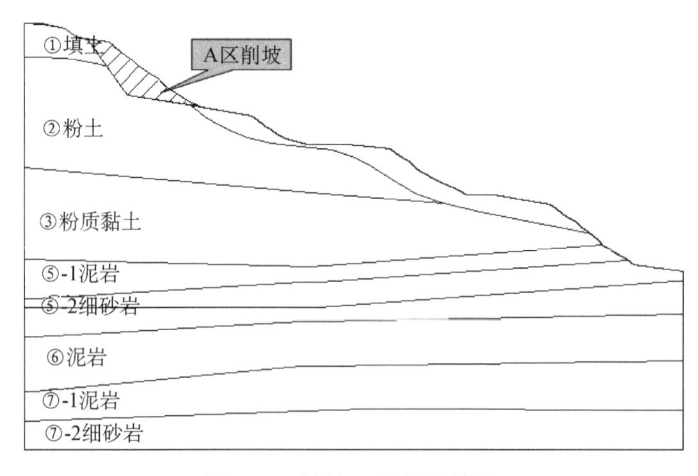

图 8-10　边坡 A 区削坡模型

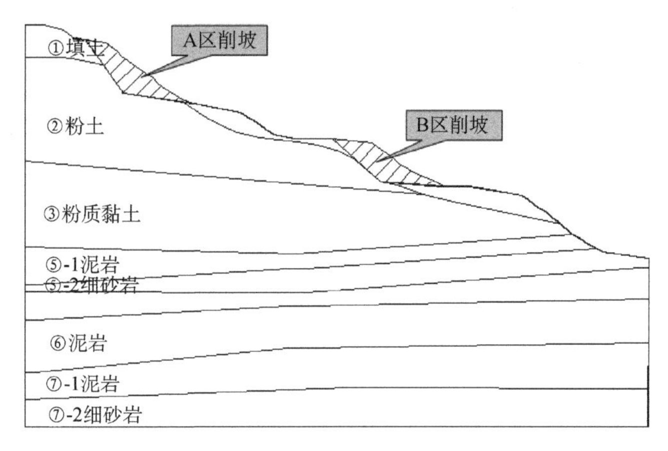

图 8-11　边坡 A、B 区削坡模型

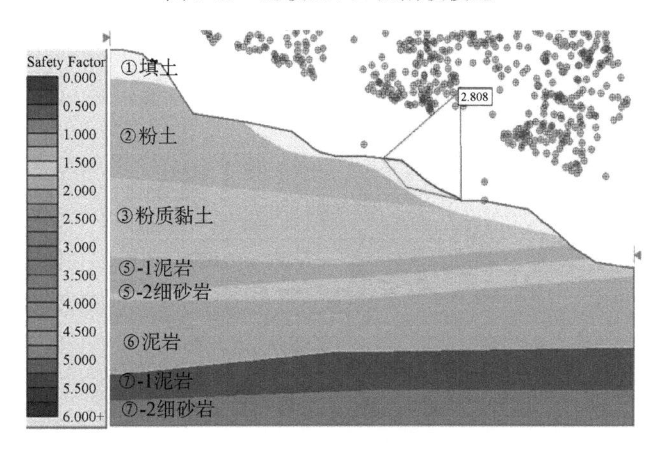

图 8-12　边坡 A 区削坡稳定性分析结果

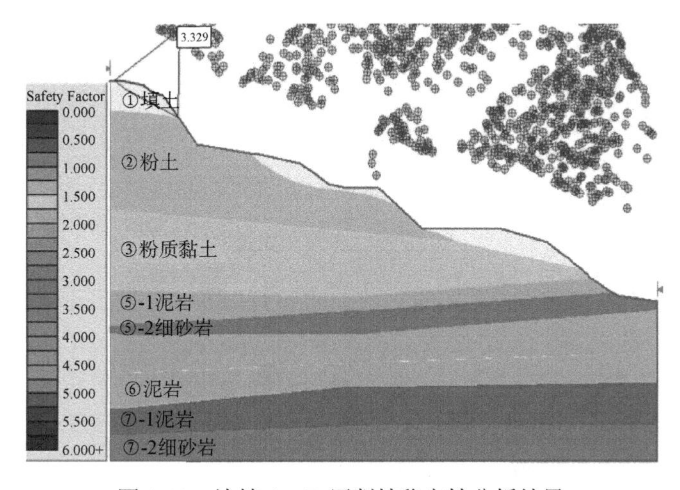

图 8-13　边坡 A、B 区削坡稳定性分析结果

通过对边坡采取削坡措施后的稳定性分析，主要结论如下：

(1)边坡采取削坡措施后，应用 Slide 软件计算得出的安全系数均显著提高，说明削坡可以显著提高边坡的稳定性，边坡治理应该优先采取削坡措施。

(2)对边坡同时采取 A 区和 B 区削坡，稳定系数较大，说明同时进行上部和中部削坡，边坡稳定性提高更为显著，应该优先采用。

(3)对边坡治理的同时还应在重点部位采取锚索加固、布设远程应力和位移监测点等综合治理措施。

8.2.3 远程应力锚索加固边坡稳定性

远程应力监测锚索具有监测、预警、加固与防治一体化功能，根据边坡稳定性分析结果，在可能滑动区域 A 和 B 各布置一套远程应力监测设备，锚索布置如图 8-14 所示。

预应力监测锚索设计参数如下：预应力锚索设计值 1500kN，锚索长度 42m，自由段 34m，锚固段 8m，锚索倾角 20°。边坡在原始状态下和在远程应力监测锚索锚固条件下的稳定系数分别为 0.841 和 1.103。

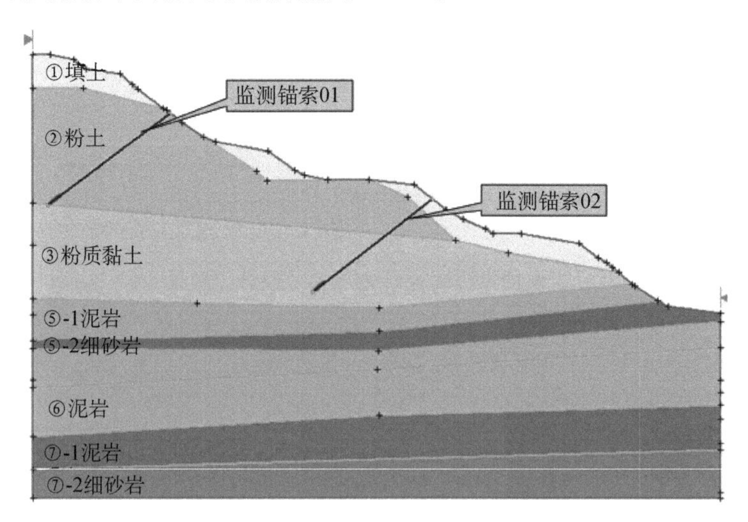

图 8-14　边坡远程应力监测锚索布置图

通过对远程应力监测锚索加固后边坡稳定性分析，主要结论如下：

(1)由计算结果可知，边坡采用远程应力监测锚索加固后，边坡的稳定系数均有一定提高，锚索起到进行应力监测和加固的双重效果。

(2)因为边坡强度储备明显不足，且不满足规范要求。《岩土工程勘察规范(2009 年版)》规定，边坡稳定系数的取值，重要工程宜取 1.30～1.50。故边坡除采取应力监测措施外，还应该进行削坡、预应力锚索或分段抗滑桩加固等综合治理措施。

8.3　应力监测结果

安太堡露天矿高陡边坡远程应力监测系统自安装调试正常运行至今，通过近两年的严密动态监测，掌握了大量的应力数据信息，为滑坡体内部应力发展趋势和稳定性评价提供了翔实的科学资料。监测周期内有效地保障了安太堡西北帮高陡边坡下方井东煤业生产的正常运行。

8.3.1　应力监控预警模型

远程监控系统的监控锚索可以单独设置，也可以采用工程加固锚索兼作监控锚索，施加初始预紧力，按下式确定：

$$P_0=(0.25-0.5)P_{max} \tag{8-1}$$

监控预警过程中采用预警准则：

$$\bar{p}=(1.4-2)P_0 \tag{8-2}$$

式中，P_0 为监控设计初始滑动力；P_{max} 为监测锚索最大设计荷载；$\bar{p}$ 为滑动力预警值。

根据远程监控系统的理论和实践应用监控成果研究，监控曲线存在 4 种类型，即预警模式共分为 4 种。

1) 稳定模式

该模式监控曲线在不同时间段可能有小幅度波动，但总体趋于水平，没有持续升高到与警戒线相交的趋势(图 8-15)。

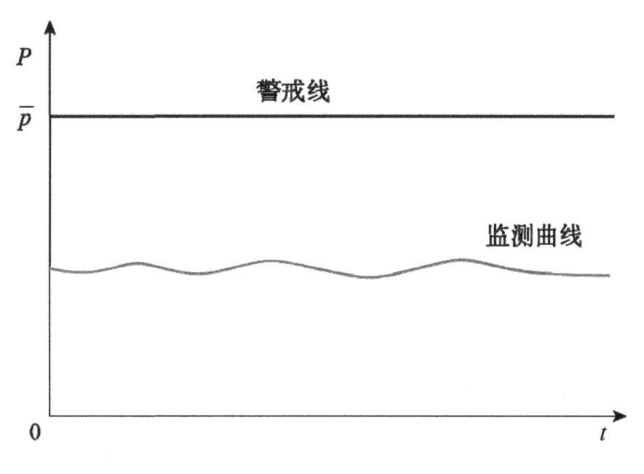

图 8-15　稳定模式监控曲线特征

2) 滑坡模式

该模式监测曲线总体存在与警戒线相交的趋势，监测曲线与警戒线最终产生交点，交点位置对应的横坐标即是监测预警时间，当监测曲线超过警戒线达到某一值后，边坡发生滑坡破坏(图 8-16)。

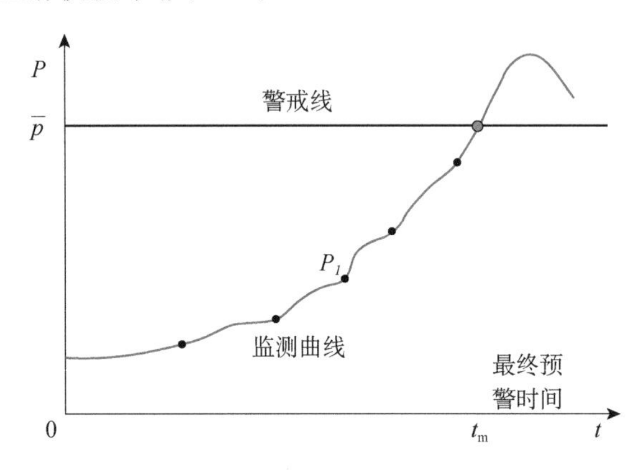

图 8-16　滑坡模式监控曲线特征

3) 软化压入模式

该模式主要因为雨水等地表水下渗，使锚索端部锚墩等结构下方土体发生软化，监控锚索产生回弹使预应力降低导致监控曲线在某一时间段内发生监控值降低的情况(图 8-17)。

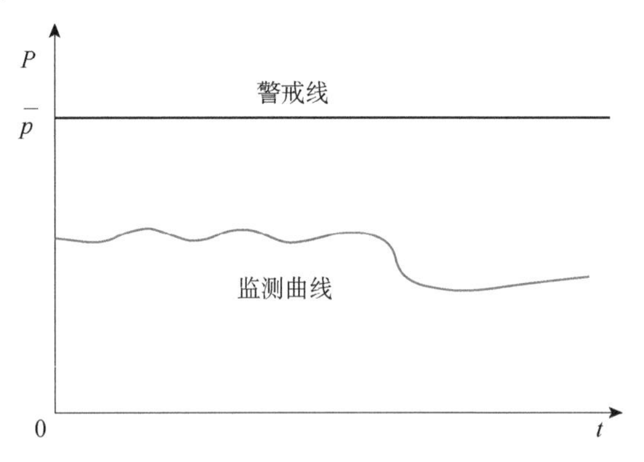

图 8-17　软化压入模式监控曲线特征

4) 震动扰动模式

该模式监控曲线在某时段监控值有明显的短暂大幅度波动，但波动后监控值很快恢复至原值附近(图 8-18)。此种监控曲线模式的出现，说明监控现场有地震、爆破作业、重型车辆通过、其他信号干扰等扰动因素，对边坡产生较大影响。另外电池电压不稳也会产生此类奇异数据点。

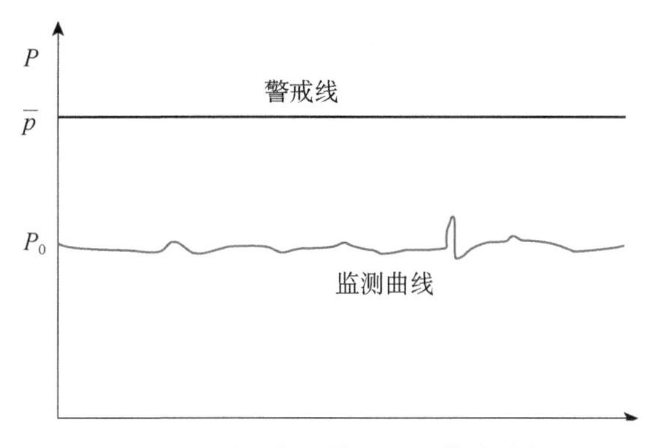

图 8-18　震动扰动模式监控曲线特征

8.3.2　应力监测数据

远程应力智能监测系统自 2010 年开始运行至 2012 年 4 月，从现场获取了数以万计的数据信息，为了使庞大的数据结果清晰化，特将各监测点的月平均数据进行统计，见表 8-1～表 8-3。

从下表中可以清楚地看出当月各监测点边坡内部的应力平均数值，通过当月应力数值与监测初期应力值的比较可以看出监测区域应力值的变化情况，从而针对某些变化异常点进行分析确定应力变化的原因。

表 8-1　滑动力平均监测值（一）

剖面号	监测点号	应力监测数据月平均值 $\bar{p}$ /kN							备注
		9 月	10 月	11 月	12 月	1 月	2 月	3 月	
Ⅰ	Ⅰ-1	—	—	251.24	249.41	223.81	218.47	218.00	
	Ⅰ-2	—	177.3584	176.3461	175.2447	175.8843	—	176.3562	
Ⅱ	Ⅱ-1	—	—	184.3356	178.0657	166.1388	164.1598	162.5643	
	Ⅱ-2	—	—	206.9160	174.8903	165.6943	170.1492	171.2331	
Ⅲ	Ⅲ-1	133.0726	121.1851	133.0461	164.8180	151.5864	153.0671	154.2312	11 月 23 号补拉
	Ⅲ-2	—	59.33418	103.2968	150.5294	122.3677	117.0663	118.6528	11 月 23 号补拉
	Ⅲ-3	—	66.35039	89.4162	141.9841	143.4673	142.1905	141.6894	11 月 23 号补拉
Ⅳ	Ⅳ-1	196.2039	194.9127	195.1139	196.0132	195.0557	192.7813	190.4897	
	Ⅳ-2	—	—	289.6241	283.9305	285.8426	281.7262	281.3242	
	Ⅳ-3	—	211.9776	214.6058	223.9383	224.6667	215.2549	213.6981	
Ⅴ	Ⅴ-1	320.1194	315.8124	314.4533	312.0246	322.5187	—	315.3364	
	Ⅴ-2	—	284.4342	286.8084	287.4198	282.7143	284.0412	284.5623	
	Ⅴ-3	—	244.0947	252.9940	248.9193	245.9002	248.2274	249.8657	

续表

剖面号	监测点号	应力监测数据月平均值 $\bar{p}$ /kN							备注
		9月	10月	11月	12月	1月	2月	3月	
Ⅵ	Ⅵ-1	—	184.2670	200.4955	192.6498	194.9529	188.4839	187.6453	
	Ⅵ-2	153.3239	150.4600	165.0335	210.7659	215.2091	234.7549	233.6587	11月23号补拉
	Ⅵ-3	163.1378	148.8989	162.4952	191.2432	171.9321	163.6749	162.3586	11月22号补拉
Ⅶ	Ⅶ-1	—	198.5972	199.7102	194.1298	190.9796	193.3441	194.8267	
	Ⅶ-2	123.4268	113.2456	131.3389	185.0322	176.6728	180.2269	181.7846	11月23号补拉
	Ⅶ-3	—	31.2781	208.2421	275.5501	266.8699	265.3307	268.3467	11月23号补拉
Ⅷ	Ⅷ-1	—	170.7265	176.7247	181.0262	189.7009	185.7567	185.1137	
	Ⅷ-2	162.1292	163.8071	166.3948	167.1928	174.0579	177.0749	178.4982	
	Ⅷ-3	—	196.2231	189.8749	168.5007	164.0366	149.8103	149.3497	
Ⅸ	Ⅸ-1	—	—	221.6821	224.6201	228.4603	241.7882	238.2416	
	Ⅸ-2	178.7987	176.2086	187.6681	185.5813	170.2138	177.0344	178.1114	
	Ⅸ-3	—	316.3072	318.7489	313.5616	306.8195	306.5216	307.4381	
Ⅹ	Ⅹ-1	162.1887	157.5968	169.4601	196.1632	192.8479	195.6038	195.7225	
	Ⅹ-2	—	37.7309	73.7014	165.9098	163.6791	166.5044	167.3020	11月22号补拉
	Ⅹ-3	—	74.2807	93.9396	222.7511	233.9762	—	287.7964	
Ⅺ	Ⅺ-1	—	146.4193	152.7784	167.9499	179.6924	180.2978	180.3226	
	Ⅺ-2	—	192.0074	188.1970	183.7076	171.5649	185.4192	186.9941	

注：1. 统计数据从2010年9月到2011年3月。
2. 统计中忽略了脉冲峰值点数据。
3. “—”号代表观测点正在安装调试过程中。

表8-2　滑动力平均监测值（二）

剖面号	监测点号	应力监测数据月平均值 $\bar{p}$ /kN							备注
		4月	5月	6月	7月	8月	9月	10月	
Ⅰ	Ⅰ-1	196.89	195.73	193.79	190.31	191.59	187.65	186.58	
	Ⅰ-2	168.71	166.58	164.88	164.10	164.07	162.00	160.25	
Ⅱ	Ⅱ-1	162.22	162.71	166.33	168.51	169.94	168.87	167.01	
	Ⅱ-2	180.15	182.15	186.92	187.92	190.24	180.75	171.04	
Ⅲ	Ⅲ-1	141.17	142.90	145.95	147.91	149.64	149.07	146.40	
	Ⅲ-2	67.18	54.08	51.10	50.74	45.89	44.14	35.14	
	Ⅲ-3	136.58	134.79	135.64	136.87	138.29	135.64	132.81	

续表

剖面号	监测点号	应力监测数据月平均值 $\overline{p}$ /kN							备注
		4 月	5 月	6 月	7 月	8 月	9 月	10 月	
Ⅳ	Ⅳ-1	182.61	179.74	178.12	179.68	180.63	184.77	187.34	
	Ⅳ-2	286.94	290.03	295.07	296.23	299.31	297.59	293.80	
	Ⅳ-3	221.92	225.96	228.32	227.80	229.66	225.33	223.60	
Ⅴ	Ⅴ-1	317.07	321.18	326.92	336.64	346.58	353.93	356.02	
	Ⅴ-2	286.02	286.22	287.42	286.59	288.73	287.20	285.64	
	Ⅴ-3	242.11	246.99	251.19	247.55	247.89	242.10	242.21	
Ⅵ	Ⅵ-1	235.36	228.76	227.82	223.43	233.65	220.48	219.44	
	Ⅵ-2	212.26	214.44	212.26	212.25	213.52	214.29	215.76	
	Ⅵ-3	146.41	142.13	139.81	141.59	142.85	142.95	146.54	
Ⅶ	Ⅶ-1	198.69	200.44	202.78	200.21	202.25	201.37	204.44	
	Ⅶ-2	168.78	165.55	162.84	159.86	157.94	155.73	152.99	
	Ⅶ-3	247.85	246.05	246.14	246.89	251.09	247.90	249.10	
Ⅷ	Ⅷ-1	176.11	173.21	170.99	171.33	174.15	190.58	189.04	
	Ⅷ-2	164.46	163.41	164.21	165.40	166.97	167.59	168.33	
	Ⅷ-3	121.29	113.18	104.60	102.80	99.84	92.35	94.12	
Ⅸ	Ⅸ-1	175.12	—	182.09	180.77	179.71	173.69	172.15	
	Ⅸ-2	176.78	178.46	182.09	180.33	178.47	175.62	172.23	
	Ⅸ-3	297.16	294.16	295.46	292.15	293.34	290.68	291.72	
Ⅹ	Ⅹ-1	189.35	190.73	194.65	198.53	190.31	184.44	185.77	
	Ⅹ-2	141.17	142.90	145.95	147.91	149.64	149.07	146.40	
	Ⅹ-3	284.10	290.89	289.63	286.18	285.12	279.83	276.73	
Ⅺ	Ⅺ-1	155.16	140.35	133.86	127.27	127.65	130.84	134.61	
	Ⅺ-2	146.83	141.50	133.45	133.80	121.51	116.49	110.76	

注：1. 统计数据从 2011 年 4 月到 2011 年 10 月。
2. 统计中忽略了脉冲峰值点数据。

表 8-3　滑动力平均监测值（三）

剖面号	监测点号	应力监测数据月平均值 $\overline{p}$ /kN						备注
		11 月	12 月	1 月	2 月	3 月	4 月	
Ⅰ	Ⅰ-1	176.47	172.49	167.51	168.91	177.78	188.79	
	Ⅰ-2	156.91	154.84	154.26	155.50	156.87	157.71	

续表

剖面号	监测点号	应力监测数据月平均值 $\bar{p}$ /kN						备注
		11 月	12 月	1 月	2 月	3 月	4 月	
Ⅱ	Ⅱ-1	163.62	160.58	158.38	158.54	161.49	165.21	
	Ⅱ-2	181.29	—	—	—	—	—	
Ⅲ	Ⅲ-1	142.48	141.89	—	—	—	—	
	Ⅲ-2	30.03	27.87	23.22	17.13	15.23	17.74	
	Ⅲ-3	135.31	—	—	—	—	—	
Ⅳ	Ⅳ-1	191.82	194.64	194.30	193.11	189.92	184.07	
	Ⅳ-2	285.77	280.09	277.78	279.10	283.73	291.61	
	Ⅳ-3	—	—	—	—	—	—	
Ⅴ	Ⅴ-1	367.02	373.31	358.32	357.30	363.62	372.26	
	Ⅴ-2	282.70	280.42	279.68	280.13	281.36	285.29	
	Ⅴ-3	238.71	234.83	235.27	237.96	241.08	245.45	
Ⅵ	Ⅵ-1	181.50	174.22	190.86	—	—	—	
	Ⅵ-2	213.56	220.15	230.88	234.70	245.32	241.16	
	Ⅵ-3	147.68	148.74	148.28	—	—	—	
Ⅶ	Ⅶ-1	198.73	209.10	208.20	187.65	—	—	
	Ⅶ-2	149.98	147.49	145.31	145.99	150.41	151.15	
	Ⅶ-3	263.50	263.28	276.01	267.65	259.43	259.01	
Ⅷ	Ⅷ-1	188.80	198.34	202.74	209.50	205.89	202.15	
	Ⅷ-2	169.51	175.39	183.07	192.59	192.48	188.60	
	Ⅷ-3	87.57	85.91	86.67	87.49	89.41	89.13	
Ⅸ	Ⅸ-1	167.62	164.09	163.36	164.31	170.49	173.80	
	Ⅸ-2	167.62	164.09	163.36	164.31	170.49	173.80	
	Ⅸ-3	286.82	283.37	284.16	283.60	283.96	288.18	
Ⅹ	Ⅹ-1	175.75	171.57	171.97	170.10	172.72	179.07	
	Ⅹ-2	144.63	139.34	140.27	142.84	142.40	148.25	
	Ⅹ-3	271.63	263.48	271.35	288.24	297.88	298.03	
Ⅺ	Ⅺ-1	136.81	151.31	179.72	183.93	182.40	173.12	
	Ⅺ-2	105.04	102.29	102.55	104.53	106.70	112.59	

注：1. 统计数据从 2011 年 11 月到 2012 年 4 月。
2. 统计中忽略了脉冲峰值点数据。

8.3.3　应力监测曲线

远程应力智能监测室内系统通过内部软件将现场监测传输的全过程信息转换成应力变化动态曲线，以下是安太堡露天矿西北帮高陡边坡 2010 年 9 月至 2012 年 4 月期间的 30 个监测点动态监测曲线中两个具有代表性的动态监测曲线（图 8-19、图 8-20）。

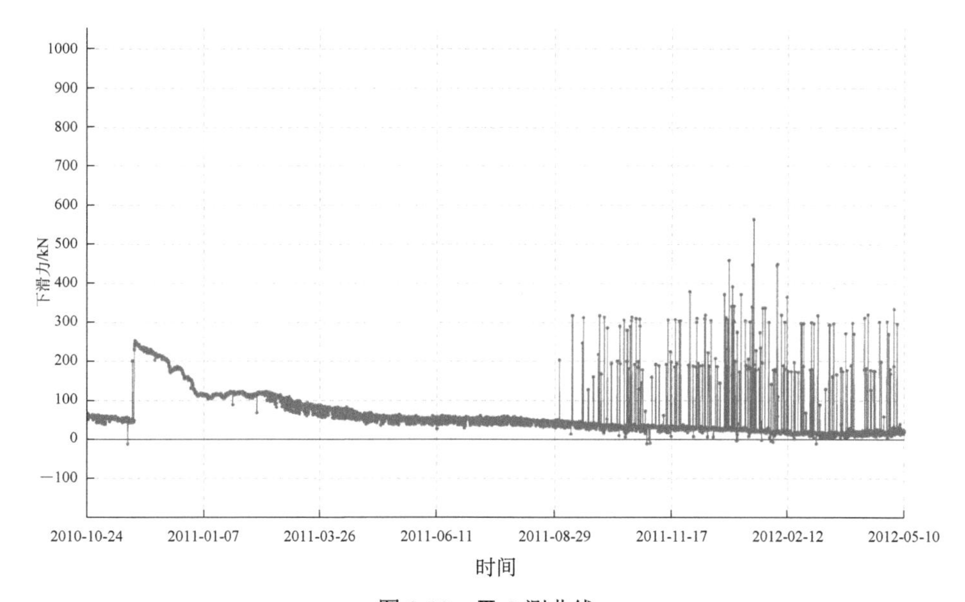

图 8-19　Ⅲ-2 测曲线

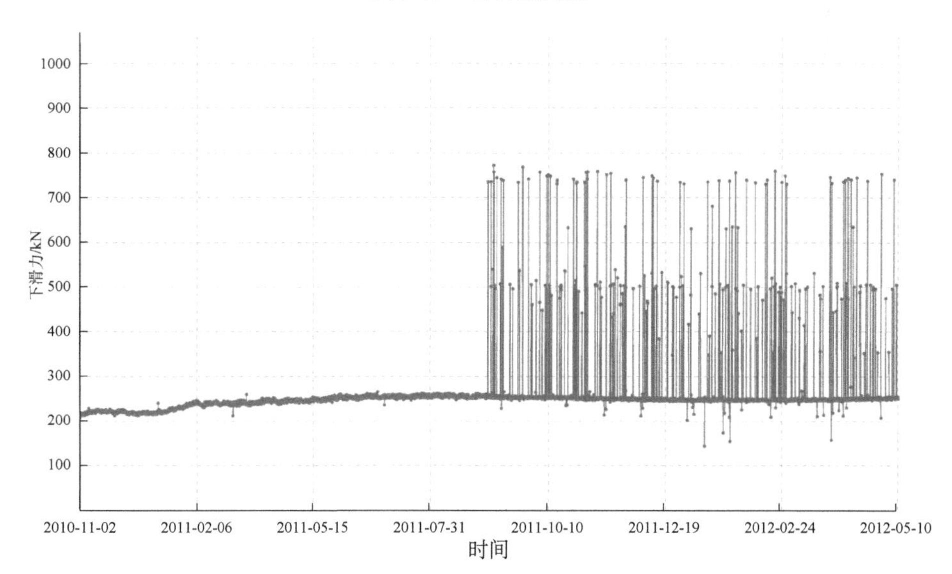

图 8-20　Ⅸ-1 监测曲线

8.3.4　应力监测结果

采用数学统计方法对安太堡西北帮周边陡帮边坡 30 个滑动力监测点的历史监测数据进行统计处理和分析，分别计算其样本极差和样本标准差，处理后的数据如表 8-4 所示。

表 8-4　应力监测数据统计分析

剖面号	监测点号	Ⅰ-1	Ⅰ-2		备注
Ⅰ剖面	ΔP(kN)	94.8786	22.2101	—	Ⅰ-2 监测点于 2011 年 2 月电池故障
	标准差 s	20.8092	5.4228	—	
Ⅱ剖面	编号	Ⅱ-1	Ⅱ-2	—	
	ΔP(kN)	29.9554	49.7609	—	
	标准差 s	5.3217	10.6055	—	
Ⅲ剖面	编号	Ⅲ-1	Ⅲ-2	Ⅲ-3	
	ΔP(kN)	39.2912	252.326	31.9402	
	标准差 s	7.41394	1.3481	3.6494	
Ⅳ剖面	编号	Ⅳ-1	Ⅳ-2	Ⅳ-3	
	ΔP(kN)	23.3869	31.2575	24.7826	
	标准差 s	6.2306	7.0452	12.3455	
Ⅴ剖面	编号	Ⅴ-1	Ⅴ-2	Ⅴ-3	Ⅴ-1 监测点于 2011 年 2 月电池故障
	ΔP(kN)	86.1221	49.229	38.6096	
	标准差 s	19.6172	3.6016	5.5516	
Ⅵ剖面	编号	Ⅵ-1	Ⅵ-2	Ⅵ-3	
	ΔP(kN)	111.7317	42.6807	62.6468	
	标准差 s	11.5695	11.6945	16.1098	
Ⅶ	编号	Ⅶ-1	Ⅶ-2	Ⅶ-3	
	ΔP(kN)	90.1630	59.0820	134.2806	
	标准差 s	11.6755	12.6389	19.6812	
Ⅷ	编号	Ⅷ-1	Ⅷ-2	Ⅷ-3	
	ΔP(kN)	137.4611	35.4909	102.8681	
	标准差 s	17.1269	9.3891	29.5362	
Ⅸ	编号	Ⅸ-1	Ⅸ-2	Ⅸ-3	
	ΔP(kN)	64.8663	42.3873	44.0660	
	标准差 s	16.8087	8.2231	9.1258	
Ⅹ	编号	Ⅹ-1	Ⅹ-2	Ⅹ-3	Ⅹ-3 监测点于 2011 年 2 月电池故障
	ΔP(kN)	47.2799	44.6871	93.5611	
	标准差 s	9.6254	10.1138	23.0185	
Ⅺ	编号	Ⅺ-1	Ⅺ-2	—	
	ΔP(kN)	66.0940	99.4164	—	
	标准差 s	20.8587	27.0268	—	

注：1.统计数据从 2010 年 9 月到 2012 年 4 月。
2.统计中忽略了部分监测点补拉前数据和脉冲峰值点数据。

截止到 2012 年 4 月 30 日，安太堡西北帮高陡边坡的 30 个应力监测点，运行状态正常，全天候的自动化监测功能有效地保障了边坡内部应力状况的实时传输。

根据监测点分类标准和原则对现场采集的监测数据进行分析得出表 8-4。计算结果分析得出，30 个应力监测点中个别应力极差较大，但均呈现应力降低，不会发生滑坡危险，其余监测点的样本极差和样本标准差数值都较小，表明监测点位处岩土内部应力状况一直处于平稳状态。除Ⅲ-2 监测点由于内部岩土软化，监测锚索预应力降低较大外，其余监测点均属于正常监测点。

根据自监测开始到 2012 年 4 月末应力动态曲线的走向趋势对监测点进行分析，大致可以分为以下几类。

(1) 补拉曲线。监测点Ⅲ-1、Ⅲ-2、Ⅲ-3、Ⅵ-2、Ⅵ-3、Ⅶ-2、Ⅶ-3、Ⅹ-2 由于前期监测锚索预应力未达到设计值，在 2010 年 11 月对这些监测点进行了补拉，因而在曲线中表现出应力值突增，达到一个新的应力水平。补拉后的应力值将重新作为监测标准，以后监测点的应力变化状况也将参照此标准进行分析。

(2) 应力松弛曲线。应力监测点Ⅲ-2、Ⅺ-3 和Ⅷ-3 在补拉完成后曲线表现出向下倾斜趋势，表明监测锚索的应力下降。产生此种现象主要有两种原因：①锚固段岩土体遇水软化等因素使锚索发生回弹，应力值降低；②二次张拉时传感器锁片未将锚索锁紧，造成监测锚索预应力降低。

(3) 应力上升曲线。Ⅹ-3 监测点由于电池问题于 2011 年 3 月更换后恢复数据传输，监测发现其应力值较以前有所增长，增值达到 60kN。此处边坡岩体向矿坑一侧的蠕变是其应力增大的原因之一，但目前应力状况一直处于平稳阶段。

(4) 异常脉冲点。由于受到现场磁场干扰，爆破震动，车辆荷载等因素影响，监测曲线出现一些单个突变的异常点，但干扰消失后监测值又会恢复正常，因而在监测数据分析处理时应该过滤异常脉冲点。

(5) 稳定曲线。除上述应力发生上升和下降的个别监测点外，其余监测点监测曲线一直处于平稳状态，曲线波动很小，表明内部应力从监测到现在并未发生太大的波动，监测处边坡暂时处于稳定状态。

8.4　位移监测结果

8.4.1　位移监测数据分析

前期中煤平朔煤业有限责任公司针对安太堡露天矿西北帮上部边坡进行了地表位移监测布置，编号为 JD-C2-01～JD-CS-08，布点区域位于应力监测点区域的上部边坡。绘制各监测点 2010 年 7 月到 2012 年 4 月的位移-时间曲线，通过对监测数据进行分析，确定其周边陡帮边坡地表监测点的移动状况。由于西北帮边坡多级平台都布设有位移监测点，位移监测数目众多，特选取各级平台西边坡段、边坡中段及北边坡段(图 8-21)中具有代表性监测点的位移-时间曲线绘制如下(图 8-22、图 8-23)。

图 8-21　边坡区段划分示意图

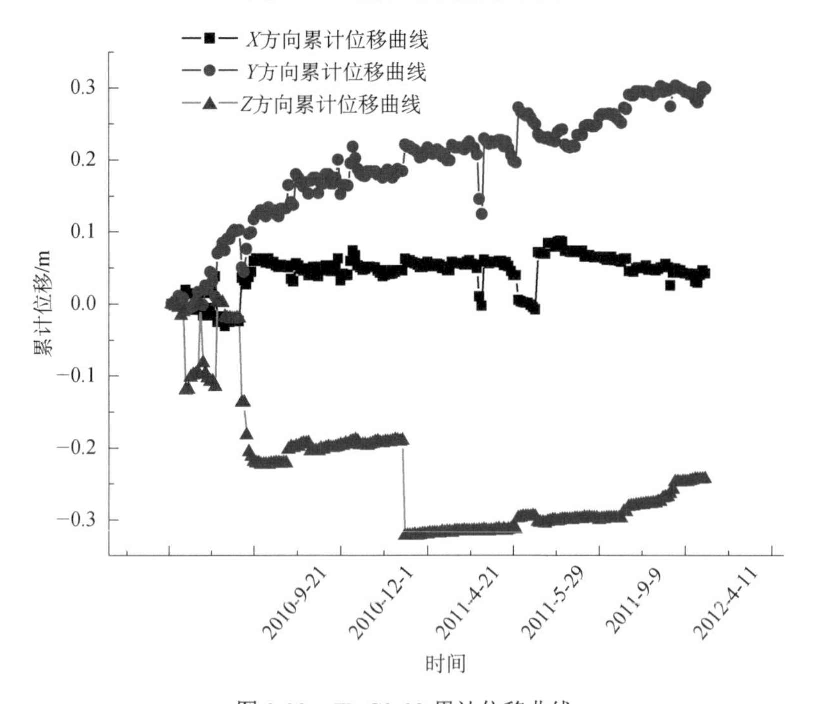

图 8-22　JD-C2-03 累计位移曲线

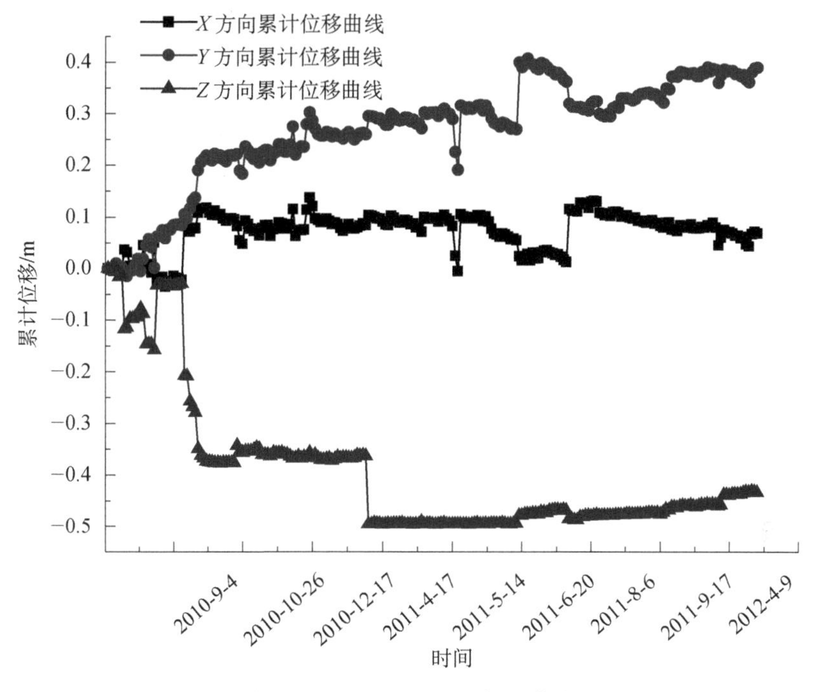

图 8-23　JD-C6-08 累计位移曲线

后期在应力监测点施工过程中，在应力监测锚墩上同步布设了位移监测点，编号为 JD-C1-01～JD-C1-25，并于 2010 年 11 月 23 日开始进行观测，其平台西边坡段、边坡中段及北边坡段具有代表性的 4 个监测点的位移-时间曲线如图 8-24、图 8-25 所示。

通过绘制的位移-时间曲线可以直观地反映出监测点的位移变化趋势及在监测时期位移变化的幅值，依此可以对边坡的稳定状态进行初步分析评价。安太堡露天矿西北帮高陡边坡布设了 100 余个地表位移监测点，根据绘制的累计位移与时间曲线可以发现不同区域坡表位移的变化趋势和变化幅值也不尽相同。

将安太堡露天矿西北帮高陡边坡分为西边坡段、边坡中段及北边坡段，选取代表性点位的位移曲线对边坡在 *X*、*Y*、*Z* 3 个方向上的移动状况进行分析说明。由各区域地表监测点位移监测资料绘制的位移时间曲线(图 8-22)不难看出地表位移监测点的位移变化形态。对各监测点的位移资料进行单独分析(如表 8-5 所示)，各区域监测点的移动规律如下。

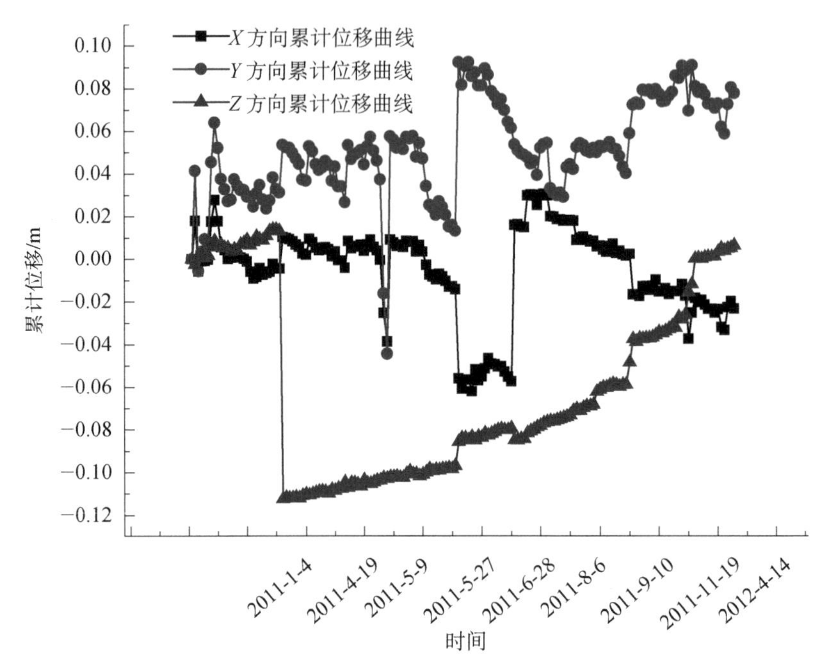

图 8-24　JD-C1-01 累计位移曲线

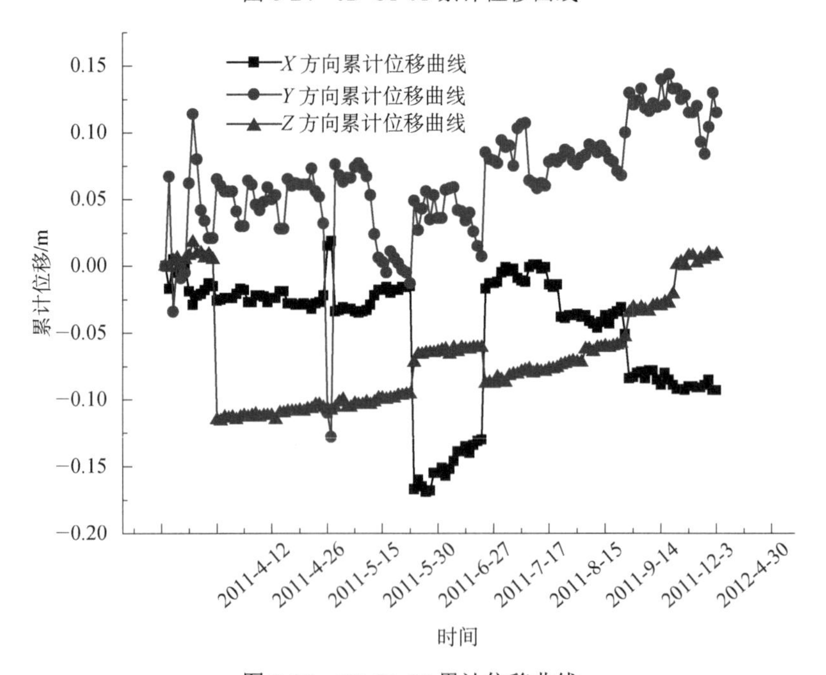

图 8-25　JD-C1-25 累计位移曲线

1. 西边坡段

1) 位移趋势

从曲线的走势上可以看出，整个西边坡段各监测点移动状况并不是完全一致。在 1335 平台以下，*X* 方向位移值都为负值即边坡均向南移动，而 1335 平台以上则向北方移动；*Y* 方向除 1376 平台监测点后期有向西移动趋势外，其他监测点均向东即露天矿坑一侧移动；各级平台监测点在竖直方向的移动趋势一致表现为先下沉后又逐渐回升。

2) 位移变化速率

不同位置处地表的移动幅值不同，相比于其他两个方向，*X* 方向累计位移相对较小，位移变化较为缓慢，变化速率大多都在 100mm/a 以下；监测点竖直方向变化最为强烈，沉降变化速率最大达到 249mm/a。从高程来看，上部边坡的位移速率和幅值普遍高于下部边坡，这与边坡的岩性有着很大的关系，土质边坡受外界影响的敏感性要大于下部岩质边坡(表 8-5)。

表 8-5　西边坡段

监测平台	监测点号	*X* 方向位移变化	*Y* 方向位移变化	*Z* 方向位移变化
1268	JD-C1-23	位移速率 33.3mm/a 前期移动很小后期向南移动	位移速率 53.3mm/a 持续向东移动	位移速率 121mm/a 地表先发生下沉后期逐渐回升
1292	JD-C1-12	位移速率 20.1mm/a 前期移动很小后期向南移动	位移速率 50.4mm/a 持续向东移动	位移速率 122mm/a 地表先发生下沉后期逐渐回升
1315	JD-C1-01	位移速率 15.3mm/a 持续向南移动	位移速率 51.9mm/a 持续向东移动	位移速率 122mm/a 地表先发生下沉后期逐渐回升
1325	JD-C2-03	位移速率 28mm/a 前期移动很小后期向南移动	位移速率 198.7mm/a 持续向东移动	位移速率 162mm/a 地表先发生下沉后期逐渐回升
1335	JD-C3-08	位移速率 28mm/a 前期移动很小后期向南移动	位移速率 74.7mm/a 持续向东移动	位移速率 178.7mm/a 地表先发生下沉后期逐渐回升
1350	JD-C3-02	位移速率 25.3mm/a 持续向北移动	位移速率 33.3mm/a 持续向东移动	位移速率 249.4mm/a 地表逐渐下沉
	JD-C4-03	位移速率 20.7mm/a 前期移动很小后期向北移动	位移速率 282mm/a 持续向东移动	位移速率 48mm/a 地表先发生下沉后期逐渐回升
1376	JD-C5-01	位移速率 20.7mm/a 前期移动很小后期向北移动	位移速率 15mm/a 前期向东移动后向西移动趋于停止	位移速率 60mm/a 地表先发生下沉后期逐渐回升
	JD-C5-04	位移速率 86.7mm/a 前期向北移动后逐渐回移并趋于稳定	位移速率 30mm/a 前期向东移动后向西移动趋于稳定	位移速率 60mm/a 地表先发生下沉后期逐渐回升
1403	JD-C6-02	位移速率 200.7mm/a 持续向北移动	位移速率 230mm/a 持续向东移动	位移速率 246.7mm/a 地表先发生下沉后期逐渐回升

2. 边坡中段

1) 位移趋势

从曲线的走势上可以看出，边坡中段各监测点的移动状况和西边坡段存在差异，但此区域各监测点的位移变化整体性很强。边坡中段 *X* 方向位移趋势较为一致，前期都向北方移动然后逐渐回移，这一现象与边坡内部的井工开采影响有关。*Y* 方向统一表现为向东移动即向露天矿坑一侧移动。各级平台监测点在竖直方向的移动趋势一致表现为先下降后又逐渐回升。

2) 位移变化速率

边坡中段的位移速率同样表现出一定的时空差异，但相对于西边坡段其移动速率较小。3 个位移方向中，*X* 方向累计位移相对较小，变化速率也最为缓慢，变化速率都低于 100mm/a 以下；监测点 *Y* 方向和竖直方向变化相对较为强烈，沉降变化速率最大达到 249mm/a。从高程来看，上部边坡的位移速率和幅值普遍高于下部边坡，最上一级平台边坡位移变化最为剧烈(表 8-6)。

表 8-6　边坡中段

监测平台	监测点号	*X* 方向位移变化	*Y* 方向位移变化	*Z* 方向位移变化
1268	JD-C1-24	位移速率 90mm/a 前期向北移动后逐渐回移	位移速率 29.3mm/a 逐渐向东移动并趋于稳定	位移速率 46.7mm/a 地表先发生下沉后期逐渐回升
1292	JD-C1-05	位移速率 34mm/a 前期向北移动后逐渐回移	位移速率 72mm/a 逐渐向东移动	位移速率 8.7mm/a 地表先发生下沉后期逐渐回升
	JD-C1-16	位移速率 35.3mm/a 前期向北移动后逐渐回移	位移速率 73.5mm/a 逐渐向东移动	位移速率 77.1mm/a 地表先发生下沉后期逐渐回升
1325	JD-C2-09	位移速率 26.7mm/a 前期向北移动后逐渐回移	位移速率 130mm/a 逐渐向东移动	位移速率 16.7mm/a 地表先发生下沉后期逐渐回升
1350	JD-C4-11	位移速率 54mm/a 前期向北移动后逐渐回移	位移速率 168mm/a 逐渐向东移动	位移速率 18.9mm/a 地表先发生下沉后期逐渐回升
1376	JD-C5-12	位移速率 52mm/a 前期向北移动后逐渐回移	位移速率 169mm/a 逐渐向东移动	位移速率 116.7mm/a 地表先发生下沉后期逐渐回升
1403	JD-C6-08	位移速率 52mm/a 前期向北移动后逐渐回移	位移速率 169mm/a 逐渐向东移动	位移速率 116.7mm/a 地表先发生下沉后期逐渐回升

3. 北边坡段

1) 位移趋势

北边坡走向东西，其位移变化特点不同于西边坡段和边坡中段。由北边坡段位移曲线的走势上可以看出，在 *X* 方向边坡各级平台监测点处均产生向南的位移即向露天矿坑一侧方向移动；*Y* 方向与边坡的走向一致，且各级平台位移监测点同边坡中段一样，统一向东移动；各级平台监测点在竖直方向的移动趋势与其他区域一样，一致表现为先下沉后又逐渐回升。

2）位移变化速率

北边坡段的位移速率变化情况与边坡中段相似，*X* 方向前期移动缓慢，整体变化速率不大。后期移动加快，整个北边坡段的各级平台都出现了向露天矿坑一侧加速移动的趋势，这跟北帮内部井工开采的影响有很大关系；监测点在 *Y* 方向变化最为强烈，随着平台高度的增加这种影响更为强烈，1403 平台的位移速率达到 188mm/a；边坡的沉降速率与边坡高程没有太大关系，各级垂直位移速率约为 130mm/a（表 8-7）。

表 8-7　北边坡段

监测平台	监测点号	*X* 方向位移变化	*Y* 方向位移变化	*Z* 方向位移变化
1268	JD-C1-25	位移速率 52mm/a 向南移动前期较为平稳后移动速度加快	位移速率 76.7mm/a 逐渐向东移动	位移速率 113.6mm/a 地表先发生下沉后期逐渐回升
1292	JD-C1-11	位移速率 62mm/a 向南移动前期较为平稳后移动速度加快	位移速率 84mm/a 逐渐向东移动	位移速率 113.6mm/a 地表先发生下沉后期逐渐回升
	JD-C1-22	位移速率 75.3mm/a 向南移动前期较为平稳后移动速度加快	位移速率 74.7mm/a 逐渐向东移动	位移速率 120mm/a 地表先发生下沉后期逐渐回升
1325	JD-C2-10	位移速率 64.7mm/a 向南移动前期较为平稳后移动速度加快	位移速率 166mm/a 逐渐向东移动	位移速率 131.2mm/a 地表先发生下沉后期逐渐回升
1342	JD-C3-14	位移速率 64.7mm/a 先向北移动后逐渐回移向南移动	位移速率 166mm/a 逐渐向东移动	位移速率 131.2mm/a 地表先发生下沉后期逐渐回升
1350	JD-C4-15	位移速率 73mm/a 先向北移动后逐渐回移向南移动	位移速率 182mm/a 逐渐向东移动	位移速率 127.1mm/a 地表先发生下沉后期逐渐回升

8.4.2　位移与地理信息叠加分析

克里金插值法是一种比较合理的区域地理空间离散点插值算法，又称空间自协方差最佳插值法，它首先考虑的是空间属性在空间位置上的变异分布，确定对一个待插点值有影响的距离范围，然后用此范围内的采样点来估计待插点的属性值。从插值角度讲此方法适用的条件是区域化变量存在空间相关性，它最大限度地利用了空间取样所提供的各种信息，不仅考虑了该样点的数据，还考虑了邻近样点的数据，不仅考虑了待估样点与邻近已知样点的空间位置，而且还考虑了各邻近样点彼此之间的位置关系，同时利用了已有观测值空间分布的结构特征，从而使这种插值方法比其他方法更精确[68, 70]。本文使用 Ordinary Kriging 插值法进行位移数据空间插值。

根据边坡的工程地质特征，在工业广场北帮边坡布置 4 条监测线，在西帮边坡布置 7 条监测线，西北帮边坡共设 85 个监测点，在东部排土场布置 8 个监测点，安太堡露天矿远程监测系统共有 93 个位移监测点。位移监测点在空间离散分布，为实现理想的可视化效果，拟对位移数据进行空间插值。将各个位移监测点最大的累积位移量作为本次研究的位移数据，同时选取矿坑底部水平部位 11 个点作为位移零点，共计 104 个位移数据点，位移数据见表 8-8，通过建立位移数据库，将表 8-8 中位移数据导入地理信息系统。

表 8-8　位移监测点坐标及监测数据

点号	*X*	*Y*	位移/mm	点号	*X*	*Y*	位移/mm
JD-BACK1	484482.9	4375188	117.5357	JD-C4-03	484393.4	4375223	212.2902
JD-C1-01	484484.8	4375113	84.42802	JD-C4-04	484412.4	4375254	208.3791
JD-C1-02	484497.3	4375186	99.37805	JD-C4-05	484427.5	4375297	230.9034
JD-C1-03	484522	4375288	119.764	JD-C4-06	484444.7	4375342	233.2734
JD-C1-04	484568.6	4375358	134.1829	JD-C4-07	484478.6	4375376	161.0906
JD-C1-05	484593.6	4375396	141.659	JD-C4-08	484515.9	4375422	154.3926
JD-C1-06	484643.9	4375445	151.5205	JD-C4-09	484542.7	4375445	174.7084
JD-C1-07	484711.8	4375463	159.3766	JD-C4-10	484560.3	4375463	221.5539
JD-C1-08	484751.6	4375461	230.5502	JD-C4-11	484615.1	4375522	222.6282
JD-C1-09	484793.5	4375484	167.8817	JD-C4-12	484673	4375564	264.5137
JD-C1-10	484838.7	4375487	171.3886	JD-C4-13	484721.6	4375594	272.1316
JD-C1-11	484923.7	4375474	175.4177	JD-C4-14	484719.9	4375569	233.3921
JD-C1-12	484514.2	4375111	80.90826	JD-C4-15	484783.3	4375606	246.7874
JD-C1-13	484514.2	4375185	97.26804	JD-C5-01	484296.2	4375074	229.5862
JD-C1-14	484537.3	4375280	116.0519	JD-C5-02	484306.3	4375124	269.0626
JD-C1-15	484581.8	4375348	130.6005	JD-C5-03	484317.3	4375160	271.4671
JD-C1-16	484615.9	4375382	137.5247	JD-C5-04	484325.2	4375188	129.0498
JD-C1-17	484658.2	4375428	147.9173	JD-C5-05	484343.8	4375236	190.4553
JD-C1-18	484707.6	4375447	153.4012	JD-C5-06	484359.8	4375287	267.6472
JD-C1-19	484751.2	4375441	155.3988	JD-C5-07	484379.8	4375330	274.7742
JD-C1-20	484792.3	4375443	158.8318	JD-C5-08	484411.4	4375369	247.4332
JD-C1-21	484841.8	4375436	159.5959	JD-C5-09	484439.4	4375412	252.1136
JD-C1-22	484893.1	4375436	164.8048	JD-C5-10	484479.5	4375457	310.5508
JD-C1-23	484535.3	4375183	95.18733	JD-C5-11	484521.3	4375508	197.854
JD-C1-24	484744.6	4375432	151.1441	JD-C5-12	484581.7	4375570	233.7561

续表

点号	X	Y	位移/mm	点号	X	Y	位移/mm
JD-C1-25	484791.8	4375432	153.1647	JD-C6-01	484274.8	4375004	131.4169
JD-C2-01	484433.7	4375051	116.5159	JD-C6-02	484263.1	4375048	298.7541
JD-C2-02	484434.6	4375079	190.7591	JD-C6-03	484248.3	4375076	227.0155
JD-C2-03	484437.8	4375118	230.5994	JD-C6-04	484244.5	4375121	302.4355
JD-C2-04	484441.3	4375164	151.1657	JD-C6-05	484267.0	4375180	256.9292
JD-C2-05	484445.6	4375196	228.1483	JD-C6-06	484266.7	4375234	149.3926
JD-C2-06	484447.7	4375252	151.1657	JD-C6-07	484293.5	4375294	155.237
JD-C2-07	484454.7	4375288	148.5736	JD-C6-08	484318.1	4375349	163.947
JD-C2-08	484472.8	4375322	179.0381	JD-CS-01	484895.8	4375039	377.6085
JD-C2-09	484617.3	4375500	183.1156	JD-CS-02	484909.4	4375011	373.675
JD-C2-10	484782.7	4375547	166.472	JD-CS-03	484928.8	4375008	291.8747
JD-C3-01	484457.1	4374870	122.3489	JD-CS-04	484741.0	4375045	302.4567
JD-C3-02	484422.9	4374898	199.8074	JD-CS-05	484733.1	4374994	292.0218
JD-C3-03	484408.1	4374911	117.9268	JD-CS-06	484770.0	4374987	154.8386
JD-C3-04	484391.3	4374935	192.3313	JD-CS-07	484808.5	4374974	122.1057
JD-C3-05	484351.4	4374974	130.2744	JD-CS-08	484835.0	4374975	123.8433
JD-C3-06	484343.1	4375005	141.1064	基准点 1	484640.3	4374941	0
JD-C3-07	484415.5	4375058	125.5413	基准点 2	484800.6	4375215	0
JD-C3-08	484417.5	4375120	236.0033	基准点 3	484748.1	4374921	0
JD-C3-09	484421.8	4375169	118.2558	基准点 4	484777.0	4375294	0
JD-C3-10	484422.2	4375201	236.3156	基准点 5	484646.3	4375209	0
JD-C3-11	484424.2	4375224	120.4301	基准点 6	484652.6	4375147	0
JD-C3-12	484788.2	4375563	239.985	基准点 7	484630.5	4375020	0
JD-C3-13	484870.1	4375546	247.0184	基准点 8	484830.7	4375350	0
JD-C3-14	484944.4	4375542	264.1102	基准点 9	484686.2	4375269	0
JD-C4-01	484392.9	4375128	174.2409	基准点 10	484644.9	4375079	0
JD-C4-02	484396.2	4375176	117.0174	基准点 11	484887.5	4374927	0

利用 101 个监测点测得的边坡位移量的实测数据，在充分认识监测区域工程地质条件和边坡形状的基础上，通过地理信息系统对位移数据进行空间插值，从而得到整个区域位移的近似分布。

在地理信息系统中使用克里金法对位移数据进行空间插值，得到位移在监测区域的空间分布，并将位移空间插值结果在 ArcScene 中进行三维显示。并将监测区域位移克里金插值结果按由小到大的顺序重新分成 4 类，位移分类标准见表

8-9。将位移空间插值结果重分类后在 ArcScene 中进行三维显示，如图 8-26 所示，可以看出，位移分类值较大的区域集中在北帮边坡上部、西帮边坡蠕滑区上部以及东部排土场上部，位移的大小和高程具有比较直观的相关性。

表 8-9　位移分类表

位移区间/mm	0～50	50～150	150～230	230～372
分类值	1	2	3	4

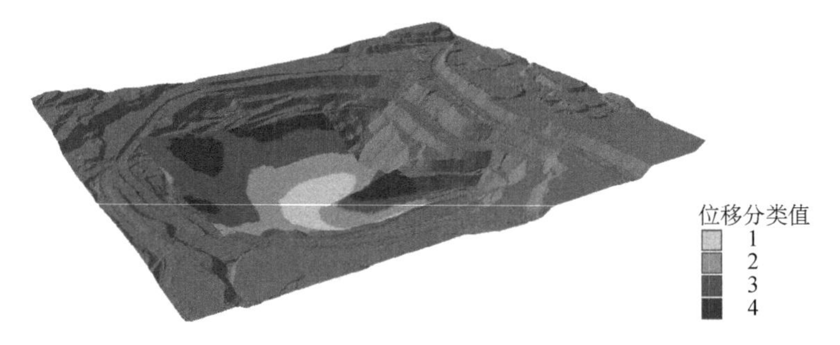

图 8-26　位移分类值可视化结果

北帮边坡受井工开采的影响较大，整块区域形成连续的大变形区域，西帮边坡蠕滑区受采空区和历史滑坡的影响，岩土体性质较差，会产生局部的较大位移，而东部排土场虽然高度不大，但长期自然暴露(暴露在自然环境下)，坡体变形不断发展。综上所述，有必要对位移和地理信息进行叠加分析，以进一步获取这 3 个区域的变形发展特点和主要影响因素。

根据位移和高程重分类的栅格数据图层，利用地理信息系统的空间分析功能实现栅格数据的属性叠加，得到了每个栅格位移分类值和高程分类值的双重属性统计结果，位移-高程叠加结果见表 8-10。位移-坡度叠加结果见表 8-11，位移-坡向叠加结果见表 8-12。使用“Spatial Analysis”工具中的栅格计算器功能，通过对栅格对应的位移分类值和地形信息分类值进行栅格运算，可以实现二者在重叠区域栅格属性的叠加运算。位移-高程叠加结果示意图如图 8-27 所示

表 8-10　位移-高程叠加结果　　(单位：mm)

位移	高程			
	1	2	3	4
1	2383	252	0	0
2	2607	971	325	166
3	713	2623	964	952
4	222	1258	846	350

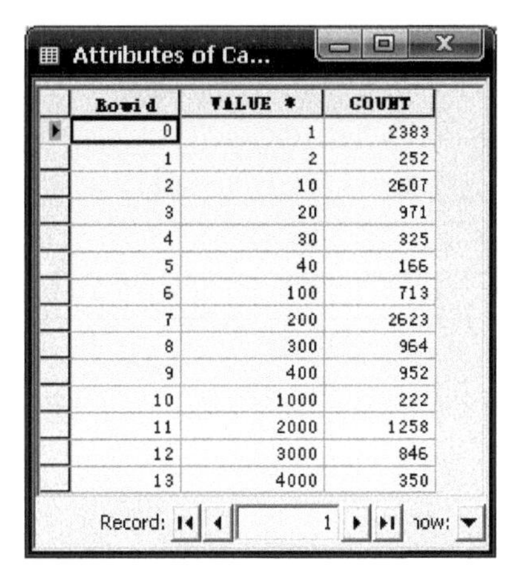

Attributes of Ca...

Rowid	VALUE *	COUNT
0	1	2383
1	2	252
2	10	2607
3	20	971
4	30	325
5	40	166
6	100	713
7	200	2623
8	300	964
9	400	952
10	1000	222
11	2000	1258
12	3000	846
13	4000	350

Record: 1 rows:

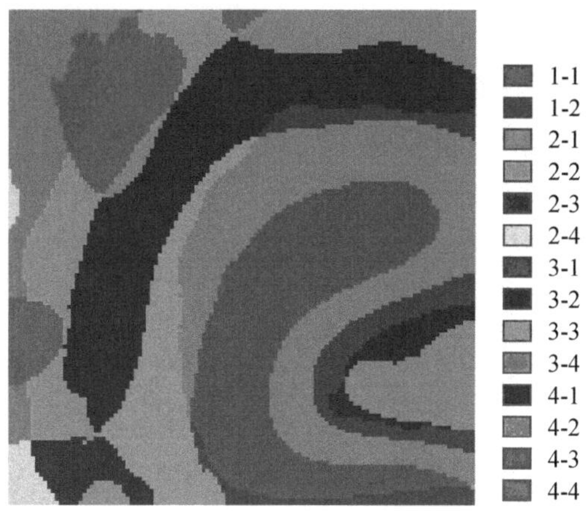

图 8-27　监测区域位移-高程属性叠加结果示意图

从表 8-10 中可以看出，随着高程分类值的增大，高程因子对大位移分类值的敏感性基本呈现递增的趋势，说明随着高程的增大，边坡的位移呈现增加的趋势，高程的增加和位移量的增大之间有比较明显的内在关系。从表 8-10 的信息量计算中也可以看出，随着高程分类值的增加，高程因子对大位移分类值的信息量逐渐增大。

从表 8-11 中可以看出，坡度分类值较小时，随着坡度分类值的增大，坡度因子对高位移分类值的敏感性总体上呈现出增大的趋势。但是位移分类值为 4 的栅格中坡度分类值为 4 的因子敏感性较高，敏感性计算数值达到 1.28，而坡度分类值为 6 和 7 的栅格对位移分类值 2 和 3 的敏感性较大，栅格坡度的大小和位移分类值的大小之间并没有严格的对应关系，只是在部分分类值的敏感性分析结果上有位移分类值随着坡度的增大而增大的规律。究其原因，可能是坡度分类值为 6 和 7 的栅格多集中在西北帮边坡底部，高程相对较小且之前已进行喷混加固，故相应区域的位移分类值并不大。

表 8-11　位移-坡度叠加结果　（单位：mm）

位移	坡度						
	1	2	3	4	5	6	7
1	1498	250	140	398	313	26	10
2	1685	427	324	965	401	144	123
3	2508	545	400	1104	467	126	102
4	1220	222	148	775	263	36	12

从表 8-12 中可以看出，随着坡向分类值的变化，相应的敏感性数值并没有明显的变化规律，坡向对位移的变化并没有决定性的影响。从表 8-12 也可以看

出坡向对位移分类值的信息量绝对值普遍较小，这也说明坡向和位移分类值之间的关系具有很大的随机性。

表 8-12　位移-坡向叠加结果　（单位：mm）

位移	坡向			
	1	2	3	4
1	331	341	1132	831
2	401	881	2196	591
3	470	1516	2749	517
4	257	747	1172	500

通过对坡度、坡高、坡向等地理信息进行影响因子的敏感性分析，得到如下结论：

(1) 位移-坡度敏感性分析。随着坡度的增大，坡度因子敏感性总体上呈现出增大的趋势，但是栅格坡度分类值的大小和位移分类值的大小之间并没有严格的对应关系，只在部分区间的敏感性分析结果中有位移分类值随着坡度的增大而显著增大的规律。

(2) 位移-坡高分析。通过建立数字高程模型（DEM），对高程数据进行重新分类，结果表明，高程因子对大位移分类值的敏感性随着高程分类值的增大基本呈现递增的趋势。

(3) 位移-坡向叠加分析。随着坡向分类值的变化，相应的敏感性数值并没有明显的变化规律，坡向对位移量的变化并没有决定性的影响。

8.5　边坡位移-应力综合监测效果评价

8.5.1　应力-位移关系拟合

8.3、8.4 节已经对远程应力智能监测数据和安太堡露天矿西北帮边坡位移监测数据分别进行了分析，结合数据分析结果对监测区域的稳定性进行了研究。

下面将应力与位移进行综合分析。根据应力监测区域监测锚索的应力数据和对应监测锚墩上 3 个方向（*X*、*Y*、*Z* 向）上的位移监测数据，以监测点位的应力值为横坐标，某方向位移值为纵坐标，分别绘制应力-位移图，并对应力-位移的对应关系进行数值拟合。同样选取各级平台代表性监测点，结果见图 8-28～图 8-31。

8.5.2　应力-位移综合分析

将应力监测数据与对应锚墩上 3 个方向位移数值建立一一对应关系，利用多项式进行应力-位移关系拟合。由上面应力-位移散点图及对应拟合曲线得出。

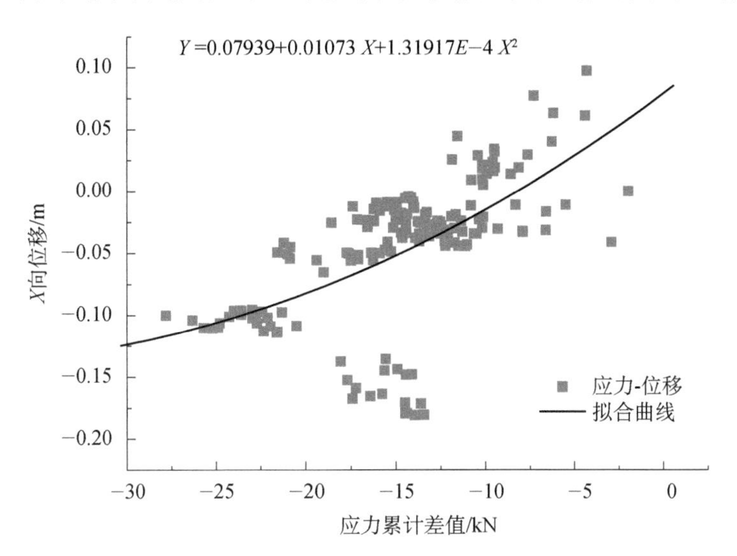

图 8-28　Ⅰ-2 应力−X 向位移关系图

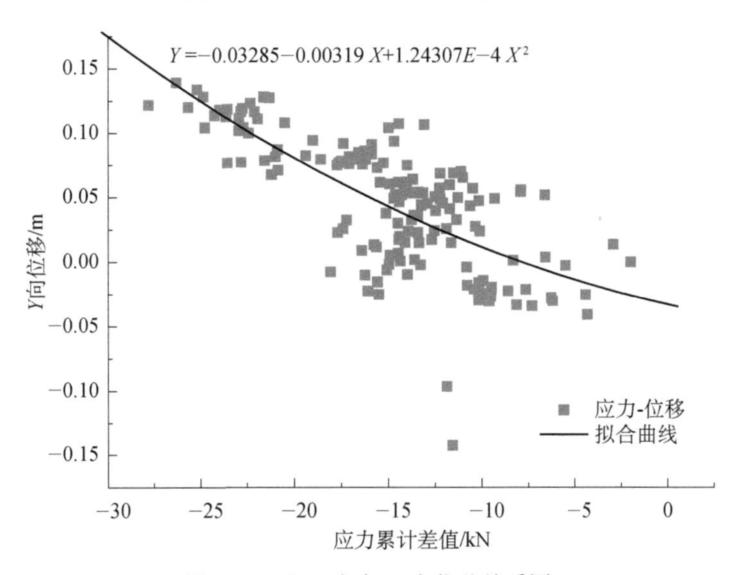

图 8-29　Ⅰ-2 应力−Y 向位移关系图

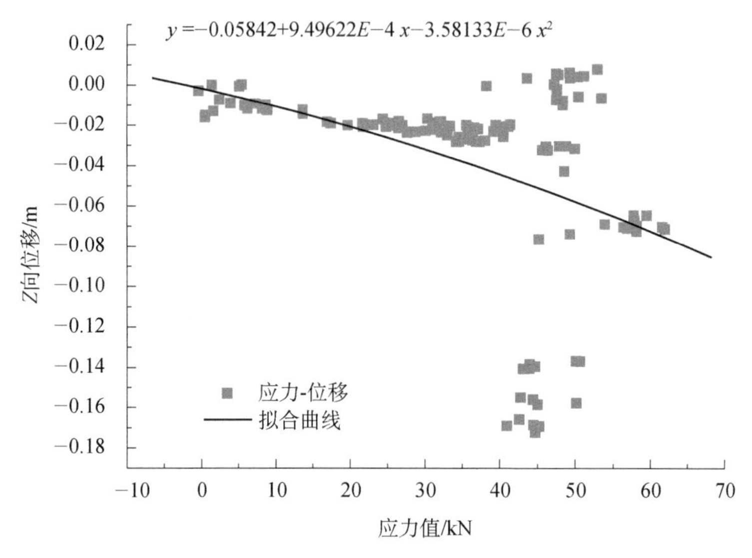

图 8-30　Ⅴ-1 应力–X 向位移关系图

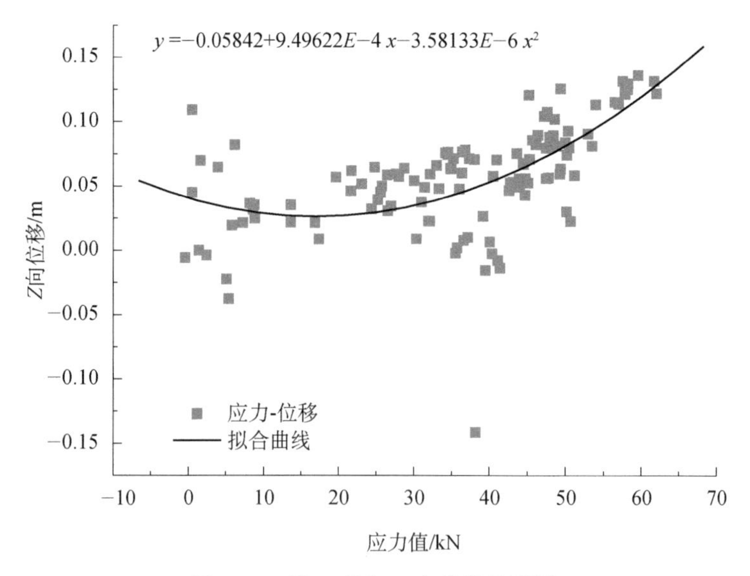

图 8-31　Ⅴ-1 应力–Y 向位移关系图

1）应力–位移关系

(1)从应力–位移关系图横坐标上可以看出监测点位应力的变动幅值，同时可以分析出在此应力变化范围内，监测点某一方向的位移数值变化。

(2)图中可以清晰反映出监测点处应力值与同一监测点位移值呈非线性关系，并且随着应力的增长，同一监测点处某一方向的位移并不是一直呈增长趋势。

2) 应力-位移拟合关系

(1) 由于地质状况空间上的差异、地表位移和坡体内部应力空间上的不同，为了更准确地对地表位移和应力监测值关系进行拟合，对每处监测点分别建立了拟合曲线。

(2) 对矿联井工业广场应力远程监测的 25 个监测点及其相应锚墩位移监测数值进行多项式拟合，拟合曲线及方程见上述图 8-28～图 8-31 中。其中Ⅱ-2、Ⅳ-2、Ⅵ-1、Ⅶ-2、Ⅶ-3、Ⅷ-2、Ⅷ-3、Ⅸ-2、Ⅸ-3、Ⅹ-2、Ⅹ-3、Ⅺ-2 等大部分监测点应力-位移关系的拟合较好。监测点位距离较远，基准点的变动、天气(风、霜、雨、雪)、爆破震动、车辆和内部开挖机械振动荷载等都将对数据监测产生影响，造成某些位移监测数值波动较大，从而使应力-位移点偏离拟合曲线较远。

(3) 通过应力-位移拟合曲线可以对应力发展过程中相应状态下的地表位移进行理论预测，从而反映应力-位移的变化规律，为边坡稳定性分析提供一定的参考依据。

参考文献

[1] 祁留金. 2010 年以来全球重大山体滑坡及泥石流灾害. 新华网, 2010-12-06[2012-2-10].

[2] 谭卫兵, 赵洁民. 菲律宾南部山体滑坡死亡人数上升到 27 人. 新华网, 2011-4-22[2012-2-10].

[3] 大洋新闻. 巴西暴雨及山体滑坡至少 361 人遇难. 广州日报, 2011-01-04[2012-2-10].

[4] 王恭先. 滑坡学与滑坡防治技术. 北京：中国铁道出版社, 2007.

[5] 中华人民共和国国土资源部. 中国地质环境公报(2004 年度). 2005.

[6] 中华人民共和国国土资源部. 中国地质环境公报(2005 年度). 2006.

[7] 中华人民共和国国土资源部. 中国地质环境公报(2006 年度). 2007.

[8] 中华人民共和国国土资源部. 中国地质环境公报(2007 年度). 2008.

[9] 中国国土资源部(中国地质环境监测院编), 全国地质灾害通报, 2009.

[10] 中国国土资源部(中国地质环境监测院编), 全国地质灾害通报, 2010.

[11] 中国国土资源部(中国地质环境监测院编), 全国地质灾害通报, 2011.

[12] Ashby J. Sliding and toppling modes of failure in models and jointed rock slopes.M.sci.thesis London University Imperial College, 1971.

[13] Prichard M A. Numerical modeling of toppling.Canadian Geotechnical Journal, 1990, 27.

[14] Bray J W, Goodman R E. The theory of base friction models. International Journal of Rock Mechanics and Mining Sciences & Geomechanics Abstracts, 1981, 18(6):453～468.

[15] 苏永华, 赵明华, 邹志鹏, 等. 边坡稳定性分析的 Sarma 模式及其可靠度计算方法. 水利学报, 2006, 37(4):457～463.

[16] 童志怡, 陈从新, 徐健, 等. 边坡稳定性分析的条块稳定系数法. 岩土力学, 2009, 30(5):1393～1398.

[17] 张子新, 徐营, 黄昕. 块裂层状岩质边坡稳定性极限分析上限解. 同济大学学报(自然科学版), 2010, 38(5):656～663.

[18] 方薇, 杨果林, 刘晓红. 非均质边坡稳定性极限分析上限法. 中国铁道科学, 2010, 31(6):14～20.

[19] Razdolsky A G. Slope stability analysis based on the direct comparison of driving forces and resisting forces. International Journal for Numerical and Analytical Methods in Geomechanics, 2009, 33(8):1123～1134.

[20] Razdolsky A G. Response to the criticism of the paper ‘Slope stability analysis based on the direct comparison of driving forces and resisting forces’. International Journal for Numerical and Analytical Methods in Geomechanics, 2011, 35(9):1076～1078.

[21] Baker R. Comment on the paper：Slope stability analysis based on the direct comparison of driving forces and resisting forces by Alexander G. Razdolsky, International Journal for Numerical and Analytical Methods in Geomechanics 2009, 33(8):1123-1134. International Journal for Numerical and Analytical Methods in Geomechanics, 2010, 34(8):879～880.

[22] Razdolsky A G, Yankelevsky D Z, Karinski Y S. Analysis of slope stability based on evaluation of force balance. Structural Engineering and Mechanics, 2005, 20(20):313～334.

[23] 郭明伟, 葛修润, 王水林, 等. 基于矢量和方法的边坡动力稳定性分析. 岩石力学与工程学报, 2011, 30(3):572～579.

[24] 郭明伟, 李春光, 葛修润, 等. 基于矢量和分析方法的边坡滑面搜索. 岩土力学, 2009, 30(6):1775～1781.

[25] 雷远见, 王水林. 基于离散元的强度折减法分析岩质边坡稳定性. 岩土力学, 2006, 27(10):1693～1698.

[26] 徐卫亚, 周家文, 邓俊晔, 等. 基于 Dijkstra 算法的边坡极限平衡有限元分析. 岩土工程学报, 2007, 29(8):1159～1172.

[27] 吴顺川, 金爱兵, 高永涛. 基于广义 Hoek-Brown 准则的边坡稳定性强度折减法数值分析. 岩土工程学报, 2006, 28(11):1975～1980.

[28] 宗全兵, 徐卫亚. 基于广义 Hoek-Brown 强度准则的岩质边坡开挖稳定性分析. 岩土力学, 2008, 29(11):3071～3076.

[29] 李湛, 栾茂田, 刘占阁, 等. 渗流作用下边坡稳定性分析的强度折减弹塑性有限元法. 水利学报, 2006, 37(5):554～559.

[30] 唐春安, 李连崇, 李常文, 等. 岩土工程稳定性分析 RFPA 强度折减法. 岩石力学与工程学报, 2006, 25(8):1522～1530.

[31] 李连崇, 唐春安, 邢军, 等. 节理岩质边坡变形破坏的 R F PA 模拟分析. 东北大学学报(自然科学版), 2006, 27(5):559～562.

[32] Cheng Y M, Lansivaara T, Wei W B. Reply to"comments on ‘two-dimensional slope stability analysis by limit equilibrium and strength reduction methods’ by Cheng Y M, Lansivaara T, Wei W B," by Bojorque J, De Roeck G, Maertens J. Computers and Geotechnics, 2008, 35(2):309～311.

[33] Bojorque J, de Roeck G, Maertens J. Comments on ‘Two-dimensional slope stability analysis by limit equilibrium and strength reduction methods’ by Cheng Y M, Lansivaara T, Wei W B [Computers and Geotechnics 34(2007)137-150]. Computers and Geotechnics, 2008, 35(2):305～308.

[34] 蒋青青, 胡毅夫, 赖伟明. 层状岩质边坡遍布节理模型的三维稳定性分析. 岩土力学, 2009, 30(3):712～716.

[35] 刘爱华, 赵国彦, 曾凌方, 等. 矿山三维模型在滑坡体稳定性分析中的应用. 岩石力学与工程学报, 2008, 27(6):1236～1242.

[36] 王瑞红, 李建林, 刘杰. 考虑岩体开挖卸荷动态变化水电站坝肩高边坡三维稳定性分析. 岩石力学与工程学报, 2007, 26(S1):3515～3521.

[37] Lu C W, Lai S C. Application of Finite Element Method for safety factor analysis of slope stability. 2011 International Conference on Consumer Electronics, Communications and Networks, 2011:3954～9957.

[38] D'Acunto B, Parente F, Urciuoli G. Numerical models for 2D free boundary analysis of groundwater in slopes stabilized by drain trenches. Computers and Mathematics with Applications, 2007, 53(10):1615～1626.

[39] Li X. Finite element analysis of slope stability using a nonlinear failure criterion. Computers and Geotechnics, 2007, 34(3):127～136.

[40] 陈昌富, 朱剑锋. 基于 Morgenstern-Price 法边坡三维稳定性分析. 岩石力学与工程学报, 2010, 29(7):1473～1480.

[41] 邓东平, 李亮, 赵炼恒. 一种三维均质土坡滑动面搜索的新方法. 岩石力学与工程学报, 2010, 29(S2):3719～3727.

[42] Brideau M A, Pedrazzini A, Stead D, et al. Three-dimensional slope stability analysis of South Peak, Crowsnest Pass, Alberta, Canada. Landslides, 2011, 8(2):139～158.

[43] Chang M. Three-dimensional stability analysis of the Kettleman Hills landfill slope failure based on observed sliding-block mechanism. Computers and Geotechnics, 2005, 32(8):587～599.

[44] Griffiths D V, Marquez R M. Three-dimensional slope stability analysis by elasto-plastic finite elements. Geotechnique, 2007, 6:537～546.

[45] 高玮. 基于蚁群聚类算法的岩石边坡稳定性分析. 岩土力学, 2009, 30(11):3476～3480.

[46] 徐兴华, 尚岳全, 王迎超. 基于多重属性区间数决策模型的边坡整体稳定性分析. 岩石力学与工程学报, 2010, 29(9):1840～1849.

[47] 孙书伟, 朱本珍, 马惠民. 一种基于模糊理论的区域性高边坡稳定性评价方法. 铁道学报, 2010, 32(3):77～83.

[48] 杨静, 陈剑平, 王吉亮. 均匀设计与灰色理论在边坡稳定性分析中的应用. 吉林大学学报(地球科学版), 2008, 38(4):654～658.

[49] 刘思思, 赵明华, 杨明辉, 等. 基于自组织神经网络与遗传算法的边坡稳定性分析方法. 湖南大学学报(自然科学版), 2008, 35(12):7～12.

[50] 于怀昌, 刘汉东, 余宏明, 等. 基于 FCM 算法的粗糙集理论在边坡稳定性影响因素敏感性分析中的应用. 岩土力学, 2008, 29(7):1889～1894.

[51] 黄建文, 李建林, 周宜红. 基于 AHP 的模糊评判法在边坡稳定性评价中的应用。岩石力学与工程学报, 2007, 26(S1):2627～2632.

[52] Xie S H. Analysis of RBF Neural Network in Slope Stability Estimation. Journal of Wuhan University of Technology, 2009.

[53] Sengupta A, Upadhyay A. Locating the critical failure surface in a slope stability analysis by genetic algorithm. Applied Soft Computing, 2009, 9(1):387～392.

[54] Zolfaghari A R, Heath A C, McCombie P F. Simple genetic algorithm search for critical non-circular failure surface in slope stability analysis. Computers and Geotechnics, 2005, 32(3):139～152.

[55] 刘立鹏, 姚磊华, 陈洁, 等. 基于 Hoek-Brown 准则的岩质边坡稳定性分析. 岩石力学与工程学报, 2010, 29(S1):2879～2886.

[56] 邬爱清, 丁秀丽, 卢波, 等. DDA 方法块体稳定性验证及其在岩质边坡稳定性分析中的应用. 岩石力学与工程学报, 2008, 27(4):664～672.

[57] 高文学, 刘宏宇, 刘洪洋. 爆破开挖对路堑高边坡稳定性影响分析. 岩石力学与工程学报, 2010, 29(S1):2982～2987.

[58] 沈爱超, 李铀. 单一地层任意滑移面的最小势能边坡稳定性分析方法. 岩土力学, 2009, 30(8):2463～2466.

[59] 许宝田, 钱七虎, 阎长虹, 等. 多层软弱夹层边坡岩体稳定性及加固分析. 岩石力学与工程学报, 2009, 28(S2):3959～3964.

[60] 黄宜胜, 李建林, 常晓林. 基于抛物线型 D-P 准则的岩质边坡稳定性分析. 岩土力学, 2007, (7):1448-1452.

[61] 张永兴, 宋西成, 王桂林. 极端冰雪条件下岩石边坡倾覆稳定性分析. 岩石力学与工程学报, 2010, 29(6):1164～1171.

[62] 周德培, 钟卫, 杨涛. 基于坡体结构的岩质边坡稳定性分析. 岩石力学与工程学报, 2008, 27(4):687～695.

[63] 姜海西, 沈明荣, 程石, 等. 水下岩质边坡稳定性的模型试验研究. 岩土力学, 2009, 30(7):1993～1999.

[64] 李宁, 钱七虎. 岩质高边坡稳定性分析与评价中的四个准则. 岩石力学与工程学报, 2010, 29(9):1754～1759.

[65] Zamani M. A more general model for the analysis of the rock slope stability. Sadhana, 2008, 33(4):433～441.

[66] Hadjigeorgiou J, Grenon M. Rock slope stability analysis using fracture systems. International Journal of Surface Mining, Reclamation and Environment, 2005, 19(2):87～99.

[67] 陈昌富, 秦海军. 考虑强度参数时间和深度效应边坡稳定性分析. 湖南大学学报(自然科学版), 2009, 36(10):1～6.

[68] Cha K S, Kim T H. Evaluation of slope stability with topography and slope stability analysis method. KSCE Journal of Civil Engineering, 2011, 15(2):251～256.

[69] Turer D, Turer A. A simplified approach for slope stability analysis of uncontrolled waste dumps. Waste Management and Research, 2011, 29(2):146～156.

[70] Legorreta-Paulin G, Bursik M. Logisnet：A tool for multimethod, multiple soil layers slope stability analysis. Computers and Geosciences, 2009, 35(5):1007～1016.

[71] Conte E, Silvestri F, Troncone A. Stability analysis of slopes in soils with strain-softening behaviour. Computers and Geotechnics, 2010, 37(5):710～722.

[72] Huat B B K, Ali F H, Rajoo R S K. Stability analysis and stability chart for unsaturated residual soil slope. American Journal of Environmental Sciences, 2006, 2(4):154～160.

[73] Chen W W, Lin J T, Li J H, et al. Development of the vegetated slope stability analysis system. Journal of Software Engineering Studies, 2009, 4(1):16～25.

[74] Roberto M, del Marco D F, Erica B, et al. Dynamic slope stability analysis of mine tailing deposits：The case of Raibl Mine. AIP Conference Proceedings, 2008:542-549.

[75] Kalinin E V, Panas'Yan L L, Timofeev E M. A New Approach to Analysis of Landslide Slope Stability. Moscow University Geology Bulletin, 2008, 63(1):19～27.

[76] Perrone A, Vassallo R, Lapenna V, et al. Pore water pressures and slope stability：A joint geophysical and geotechnical analysis. Journal of Geophysics and Engineering, 2008, 5(3):323～337.

[77] Navarro V, Yustres A, Candel M, et al. Sensitivity analysis applied to slope stabilization at failure. Computers and Geotechnics, 2010, 37(7-8):837～845.

[78] Bui H H, Fukagawa R, Sako K, et al. Slope stability analysis and discontinuous slope failure simulation by elasto-plastic smoothed particle hydrodynamics(SPH). Geotechnique, 2011, 61(7):565～574.

[79] 王栋, 金霞. 考虑强度各向异性的边坡稳定有限元分析. 岩土力学, 2008, 29(3):667～672.

[80] 周家文, 徐卫亚, 邓俊晔, 等. 降雨入渗条件下边坡的稳定性分析. 水利学报, 2008, 39(9):1066～1072.

[81] 吴长富, 朱向荣, 尹小涛, 等. 强降雨条件下土质边坡瞬态稳定性分析. 岩土力学, 2008, 29(2):386～391.

[82] 廖红建, 姬建, 曾静. 考虑饱和一非饱和渗流作用的土质边坡稳定性分析. 岩土力学, 2008, 29(12):3229～3234.

[83] 刘才华, 陈从新. 地震作用下岩质边坡块体倾倒破坏分析. 岩石力学与工程学报, 2010, 29(S1):3193～3198.

[84] 谭儒蛟, 李明生, 徐鹏逍, 等. 地震作用下边坡岩体动力稳定性数值模拟. 岩石力学与工程学报, 2009, 28(S2):3986～3992.

[85] 张国栋, 刘学, 金星, 等. 基于有限单元法的岩土边坡动力稳定性分析及评价方法研究进展. 工程力学, 2008, 25(S2):44～52.

[86] Presti D L, Fontana T, Marchetti D. Slope stability analysis in seismic areas of the northern apennines(Italy). AIP Conference. American Institute of Physics. 2008.

[87] Latha G M, Garaga A. Seismic Stability Analysis of a Himalayan Rock Slope. Rock Mechanics and Rock Engineering, 2010, 43(6):831～843.

[88] Chehade F H, Sadek M, Shahrour I. Non linear global dynamic analysis of reinforced slopes stability under seismic loading. 2009 International Conference on Advances in Computational Tools for Engineering Applications. IEEE, 2009:46～51.

[89] Li A J, Lyamin A V, Merifield R S. Seismic rock slope stability charts based on limit analysis methods. Computers and Geotechnics, 2009, 36(1-2):135～148.

[90] 高荣雄, 龚文惠, 王元汉, 等. 顺层边坡稳定性及可靠度的随机有限元分析法. 岩土力学, 2009, 30(4):1165～1169.

[91] 谭晓慧. 边坡稳定的非线性有限元可靠度分析方法研究. 合肥：合肥工业大学博士论文, 2008.

[92] 吴振君, 王水林, 汤华, 等. 一种新的边坡稳定性因素敏感性分析方法——可靠度分析方法. 岩石力学与工程学报, 2010, 29(10):2050～2055.

[93] Abbaszadeh M, Shahriar K, Sharifzadeh M, et al. Uncertainty and Reliability Analysis Applied to Slope Stability：A Case Study From Sungun Copper Mine. Geotechnical and Geological Engineering, 2011, 29(4):581～596.

[94] Massih D Y A, Harb J. Application of reliability analysis on seismic slope stability. 2009 International Conference on Advances in Computational Tools for Engineering Applications. IEEE, 2009:52～57.

[95] 徐卫亚, 蒋中明. 岩土样本力学参数的模糊统计特征研究. 岩土力学, 2004, 25(3):342～346.

[96] 徐卫亚, 蒋中明, 石安池. 基于模糊集理论的边坡稳定性分析. 岩土工程学报, 2003, 25(4):409～413.

[97] 蒋中明, 张新敏, 徐卫亚. 岩土边坡稳定性分析的模糊有限元方法研究. 岩土工程学报, 2005, 27(8):922～927.

[98] 蒋坤, 夏才初. 基于不同节理模型的岩体边坡稳定性分析. 同济大学学报(自然科学版), 2009, 37(11):1440～1445.

[99] 冯树荣, 赵海斌, 蒋中明. 节理岩体边坡稳定性分析新方法. 岩土力学, 2009, 30(6):1639～1642.

[100] 陈安敏, 顾欣, 顾雷雨, 等. 锚固边坡楔体稳定性地质力学模型试验研究. 岩石力学与工程学报, 2006, 25(10):2092～2101.

[101] Yoon W S, Jeongu J, Kim J H. Kinematic analysis for sliding failure of multi-faced rock slopes. Engineering Geology, 2002, 67(1-2):51～61.

[102] 李爱兵, 周先明. 露天采场三维楔形滑坡体的稳定性研究. 岩石力学与工程学报, 2002, 2l(1):52～55.

[103] 陈祖煜, 汪小刚, 邢义川, 等. 边坡稳定分析最大原理的理论分析和试验验证.岩土工程学报, 2005, 27(5):495～499.

[104] Chen Z Y. A generalized solution for tetrahedral rock wedge stability analysis. International Journal of Rock Mechanics and Mining Sciences, 2004, 41(4):613～628.

[105] Nouri H, Fakher A, Jones C J F P. Development of Horizontal slice Method for seismic stability analysis of reinforced slopes and walls. Geotextiles and Geomembranes, 2006, 24(2):175～187.

[106] Kumsar H, Aydan O, Ulusay R. Dynamic and static stability assessment of rock slope against wedge failures. Rock Mechanics and Rock Engineering, 2000, 33(1):31～51.

[107] McCombie P F. Displacement based multiple wedge slope stability analysis. Computers and Geotechnics, 2009, 36(1-2):332～341.

[108] 刘志平, 何秀凤, 何习平. 基于多变量最大 Lyapunov 指数高边坡稳定分区研究. 岩石力学与工程学报, 2008, 22(S2):3719～3724.

[109] 黄润秋, 唐世强. 某倾倒边坡开挖下的变形特征及加固措施分析. 水文地质工程地质, 2007(6):49～54.

[110] 曹平, 张科, 汪亦显, 等. 复杂边坡滑动面确定的联合搜索法. 辽宁工程技术大学学报, 2010, 29(4):814～821.

[111] Nizametdinov F K, Urdubayev R A, Ananin A I, et al. Methodology of Valuating Deep Open Pit Slopes State and Zoning By Stability Factor. Transactions of University, Karaganda State Technical University, 2010, 4:44～46.

[112] Yoshiharu Morimoto, Motoharu Fujigaki, Akihiro Masaya, et al. Accurate displacement measurement for landslide prediction by sampling moiré method. Advanced Materials Research, 2009, 865(7982):1731～1734.

[113] Song, K Y, Oh, H J, Choi J, et al. Prediction of landslides using ASTER imagery and data mining models. Advances in Space Research, 2012, 49(49):978～993.

[114] Andreas Terzis, Annalingam Anandarajah, Kevin Moore, et al. Slip surface localization in wireless sensor networks for landslide prediction. //2006 5th International Conference on Information Processing in Sensor Networks.IEEE, 2006.DOI:10.1145/1127777.1127797.

[115] Mehta P, Chander D, Shahim M, et al. Distributed Detection for Landslide Prediction using Wireless Sensor Network. IEEE, 2007.

[116] Hosseyni S, Bromhead E N, Majrouhi Sardroud J. Real-time landslides monitoring and warning using RFID technology for measuring ground water level. WIT Transactions on the Built Environment, 2011:45～54.

[117] 李炼, 陈从新, 徐宜保, 等. 露天矿边坡的位移监测与滑坡预报. 岩土力学, 1997, (4):69～74.

[118] 吴常栋, 樊宽林. 利用大地测量法实现施工期边坡稳定性实时准动态监测. 水电站设计, 2004, (4):91～93.

[119] 王秀美, 贺跃光, 曾卓乔. 数字化近景摄影测量系统在滑坡监测中的应用. 测绘通报, 2002, (2):28～30.

[120] 黄声享, 罗力. 三峡库区滑坡监测基准的稳定性分析及结果. 武汉大学学报(信息科学版), 2014, 39(3):367～372.

[121] 张保军, 张漫, 彭勇, 等. 杨家槽滑坡体稳定性位移监测. 长江科学院院报, 1999, (3):35～38.

[122] 孙世国, 蔡美峰, 王思敬. 露天转地下开采边坡岩体滑移机制的探讨.岩石力学与工程学报, 2000, 19(1):126～129.

[123] 丁瑜, 王全才, 石书云. 基于深部监测的滑坡动态特征分析. 工程地质学报, 2011, 19(2):284～288.

[124] 靳晓光, 王兰生, 李晓红. 位移监测在滑坡时空运动研究中的应用. 山地学报, 2002, (5):632～635.

[125] 王桂杰, 谢谟文, 柴小庆, 等. D-InSAR 技术在库区滑坡监测上的实例分析. 中国矿业, 2011, 20(3):94～101.

[126] 王仁波, 周蓉生, 章步云, 等. 基于 GPRS 数据传输的滑坡位移实时监测系统. 自然灾害学报, 2008, (3):163～166.

[127] 白永健, 郑万模, 邓国仕, 等. 四川丹巴甲居滑坡动态变形过程三维系统监测及数值模拟分析. 岩石力学与工程学报, 2011, 30(5):974～981.

[128] 朱建军, 丁晓利, 陈永奇. 集成地质、力学信息和监测数据的滑坡动态模型. 测绘学报, 2003, (3):261～266.

[129] 王利, 张勤, 丁晓利, 等. 基于无线通讯网络的 GPS 多天线监测系统及其应用. 地球科学与环境学报, 2009, 31(3):323～326.

[130] 胡铁松, 王尚庆. 滑坡预测的改进前馈网络方法研究. 自然灾害学报, 1998, (1):55～61.

[131] 于济民. 滑坡预报参数的选择和预报标准的确定方法. 中国地质灾害与防治学报, 1992, (2):41～49.

[132] 凌荣华, 陈月娥. 塑性应变与塑性应变率意义下的滑坡判据研究. 工程地质学报, 1997, (4):59～63.

[133] 胡高社, 门玉明, 刘玉海, 等. 新滩滑坡预报判据研究. 中国地质灾害与防治学报, 1996, (S1):67～72.

[134] 许东俊, 陈从新, 刘小巍, 等. 岩质边坡滑坡预报研究. 岩石力学与工程学报, 1999, (4):1～4.

[135] 伍法权, 王年生. 一种滑坡位移动力学预报方法探讨. 中国地质灾害与防治学报, 1996, (S1):38～41+85.

[136] 李天斌, 陈明东. 滑坡预报的几个基本问题.工程地质学报, 1999, (3):200～206.

[137] 阳吉宝. 堆积层滑坡临滑预报的新判据. 工程地质学报, 1995, (2):70～73.

[138] 秦四清, 张倬元. 滑坡灾害可预报时间尺度问题探讨. 中国地质灾害与防治学报, 1994, (1):17～22.

[139] 林孝松, 郭跃. 滑坡与降雨的耦合关系研究. 灾害学, 2001, (2):88～93.

[140] 朱冬林, 任光明, 聂德新, 等. 库水位变化下对水库滑坡稳定性影响的预测. 水文地质工程地质, 2002, (3):6～9.

[141] 李天斌, 陈明东. 滑坡预报的几个基本问题. 工程地质学报, 1999, (3):200～206.

[142] 宋雪琳, 阳吉宝. 堆积层滑坡稳定性评价及其时间预报. 河北地质学院学报, 1996, (Z1):352～357.

[143] 王恭先, 赵甫. 煤矿地区的滑坡灾害及其防治技术. 煤田地质与勘探, 2018, 46(2):1～7.

[144] Ocakoglu F, Gokceoglu C, Acikalin S, et al. Relations of active faulting to gigantic landslides in west central anatolia. Turkey, 2021.

[145] Sarma S K. Stability Analysis of Embankments and Slopes. Journal of the Geotechnical Engineering Divison, 1979,105(12). https://doi.org/10.106/AJGEB6.0000903.

[146] 霍起元, 何满潮. 萨尔玛方法简介及其应用. 露天采矿技术, 1985(2):7～12,37.

[147] 何满潮, 石磊. 用萨尔码法对滑坡体稳定性的验证. 工程勘察, 1986, (1):12～16,30.

[148] 何满潮, 霍起元. 萨尔码方法及其应用. 长春地质学院学报, 1986, (1):65～72.

[149] 何满潮, 王旭春, 姜衍祥, 等. MSARMA 边坡稳定性分析系统//何满潮，蒋宇静.三峡库区地质环境暨第二届中日地层环境力学国际学术讨论会论文集. 北京：煤炭工业出版社，1996.

[150] 姚爱军. 边坡工程稳定性耦合分析理论与方法研究. 岩石力学与工程学报, 2001, (3):418.

[151] 姚爱军, 何满潮. MSARMA 法在边坡稳态概率分析中的应用. 岩石力学与工程学报, 2002, (12):1839～1842.

[152] 何满潮. 滑坡地质灾害远程监测预报系统及其工程应用. 岩石力学与工程学报, 2009, 28(6):1081～1090.